全国计算机等级考试

二级 WPS Office 高级应用与设计
高频考点专攻
（含上机考试题库）

全国计算机等级考试配套用书编写组

高等教育出版社·北京

图书在版编目（CIP）数据

全国计算机等级考试二级 WPS Office 高级应用与设计
高频考点专攻 / 全国计算机等级考试配套用书编写组编
写 . -- 北京：高等教育出版社，2025.4. -- ISBN 978-
7-04-064265-0

I. TP317.1

中国国家版本馆 CIP 数据核字第 2025B4M151 号

QUANGUO JISUANJI DENGJI KAOSHI ERJI WPS Office GAOJI YINGYONG YU SHEJI GAOPIN KAODIAN
ZHUANGONG

策划编辑	何新权	责任编辑	何新权	封面设计	李树龙	版式设计	杜微言
责任绘图	黄云燕	责任校对	刘娟娟	责任印制	存 怡		

出版发行	高等教育出版社	咨询电话	400-810-0598
社　　址	北京市西城区德外大街 4 号	网　　址	http://www.hep.edu.cn
邮政编码	100120		http://www.hep.com.cn
印　　刷	肥城新华印刷有限公司	网上订购	http://www.hepmall.com.cn
			http://www.hepmall.com
开　　本	787mm×1092mm　1/16		http://www.hepmall.cn
印　　张	17.5	版　　次	2025 年 4 月第 1 版
字　　数	310千字	印　　次	2025 年 4 月第 1 次印刷
购书热线	010-58581118	定　　价	61.00 元

本书如有缺页、倒页、脱页等质量问题，请到所购图书销售部门联系调换

版权所有　侵权必究

物 料 号　64265-00

前　言

本书是依据教育部教育考试院最新版《全国计算机等级考试二级 WPS Office 高级应用与设计考试大纲》《全国计算机等级考试二级公共基础知识考试大纲》编写的,与教程配套。

本书在内容编排与结构设计上秉持"直击考点、实用高效"的原则,对必考、常考的知识点进行汇总编排,提纲挈领、深入浅出地进行说明,引导考生尽快掌握重点知识点;具有操作性强的特点,书中内容多以视频讲解配合图片展示的形式,将操作步骤予以直观呈现,旨在引领考生迅速地熟悉操作步骤和解题要点。本书在每一节后都配有模拟练习题,考生可随学随练,巩固所学知识,提高操作技能。

本书内容分为六章:第一章是考试指导;第二章是电子文档专题;第三章是电子表格专题;第四章是演示文稿专题;第五章是公共基础知识专题;第六章是 WPS 综合应用基础专题。带"*"内容是需要重点关注的内容。

本书配套电脑版题库软件,主要提供专项训练、题库练习、模拟考试等模块,考生可以通过该题库软件进一步巩固学习效果,同时提前熟悉考试流程,该付费产品为独立销售电子出版物,非本书内容组成部分,请读者根据需要决定是否付费选购。书中配套的素材可扫描下方二维码获取。

尽管经过了反复斟酌与修改,书中仍难免存在疏漏与不足之处,望广大读者提出宝贵的意见和建议,以便再次修订时更正。

编　者

素材下载

目　录

第一章 考试指导

1.1 考试大纲解读

考试基本要求

（1）正确采集信息并能在 WPS 中熟练应用。

（2）掌握 WPS 处理文字文档的技能，并熟练应用于编制文字文档。

（3）掌握 WPS 处理电子表格的技能，并熟练应用于分析计算数据。

（4）掌握 WPS 处理演示文稿的技能，并熟练应用于制作演示文稿。

（5）掌握 WPS 处理 PDF 文件的技能，并熟练应用于处理版式文档。

（6）掌握 WPS 在线办公的技能，并了解相关产品功能和应用场景。

1.2 考试内容及解读

内容	大纲要求	解读
WPS 综合应用基础	（1）WPS 一站式融合办公的基本概念，WPS Office 套件和金山文档的区别与联系。 （2）WPS 应用界面使用和功能设置。 （3）WPS 中进行 PDF 文件的阅读、批注、编辑和转换等操作。 （4）WPS 各组件之间的信息共享。 （5）WPS云办公应用场景，文件的云备份、云同步、云安全、云共享、云协作等操作	此部分内容会通过选择题和操作题两种形式进行考查。选择题主要考查点集中在WPS 应用界面及功能设置及云办公相关知识；操作题主要考查PDF 相关操作
WPS 处理文字文档	（1）文档的创建、编辑、保存、打印和保护等基本功能。 （2）设置字体和段落格式、应用文档样式和主题、调整页面布局等排版操作。	考查题型集中在文字处理题中，少量内容会以选择题出现。考查操作题主要集中在

续表

内容	大纲要求	解读
WPS 处理文字文档	（3）文档中表格的制作与编辑。 （4）文档中图形、图像（片）对象的编辑和处理，文本框和文档部件的使用，符号与数学公式的输入与编辑。 （5）文档的分栏、分页和分节操作，文档页眉、页脚的设置，文档内容引用操作。 （6）文档审阅和修订。 （7）多窗口和多文档的编辑，文档视图的使用。 （8）分析图文素材，并根据需求提取相关信息引用到 WPS 文字文档中	文字排版、文档内容格式设置、插入（图形、图片、表格）的格式设置修改、邮件合并等内容
WPS 处理电子表格	（1）工作簿和工作表的基本操作，工作视图的控制，工作表的打印和输出。 （2）工作表数据的输入和编辑，单元格格式化操作，数据格式的设置。 （3）数据的排序、筛选、对比、分类汇总、合并计算、数据有效性和模拟分析。 （4）单元格的引用，公式、函数和数组的使用。 （5）表的创建、编辑与修饰。 （6）数据透视表和数据透视图的使用。 （7）工作簿和工作表的安全性和跟踪协作。 （8）多个工作表的联动操作。 （9）分析数据素材，并根据需求提取相关信息引用到 WPS 表格文档中	考查题型集中在电子表格题，少量内容会以选择题出现。考查操作题主要集中在工作表与工作簿的相关设置、图表的创建与格式修改、数据透视表/图的建立、公式与函数的使用等，其中函数的应用考查概率较大且具有一定的难度
WPS 制作演示文稿	（1）演示文稿的基本功能和基本操作，幻灯片的组织与管理，演示文稿的视图模式和使用。 （2）演示文稿中幻灯片的主题应用、背景设置、母版制作和使用。 （3）幻灯片中文本、艺术字、图形、智能图形、图像（片）图表、音频、视频等对象的编辑和应用。 （4）幻灯片中对象动画、幻灯片切换效果、链接操作等交互设置。 （5）幻灯片放映设置，演示文稿的打包和输出。 （6）分析图文素材，并根据需求提取相关信息引用到 WPS 演示文稿中	考查题型集中在演示文稿题，少量内容会以选择题出现。考查操作题主要集中在幻灯片的创建、幻灯片内容的设置、插入（艺术字、音频、视频、超链接）内容的设置、幻灯片版式、幻灯片切换效果。动画效果等内容

1.3 考试方式

上机考试,考试时长 120 分钟,满分 100 分。

(1)题型及分值

单项选择题 20 分(含公共基础知识部分 10 分)。

WPS 处理文字文档操作题 30 分。

WPS 处理电子表格操作题 30 分。

WPS 处理演示文稿操作题 20 分。

(2)软件环境

操作系统:中文版 Windows 7 或以上,推荐 Windows 10。

考试环境:WPS 教育考试专用版。

第二章 电子文档专题

2.1 字体格式的设置

知识点框架：

```
                                    ※设置字体字号

                                      设置字形

              字体格式的设置 ———— 设置字体颜色

                                    ※设置字体特殊效果

                                    ※调整字符间距
```

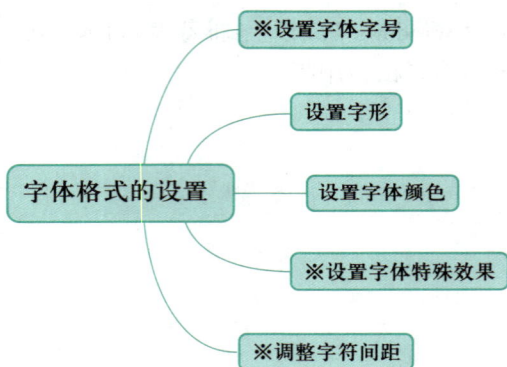

2.1.1 字体格式的设置简介

设置字体格式是指针对选中的文本进行包括字体、字号、特殊效果等的格式设置，使文档内容重点突出，便于阅读。

2.1.2 高频考点

（1）设置字体字号

选中需要设置字体字号的文字→点击"开始"选项卡（标号1）→点击"字体"下拉按钮（标号2），如图2.1所示，在弹出的下拉列表中点击选择需要的字体，如图2.2所示→点击"字号"的下拉按钮（标号3），如图2.1所示，在弹出的下拉列表中点击选择需要的字号，如图2.3所示。

图 2.1　设置字体字号

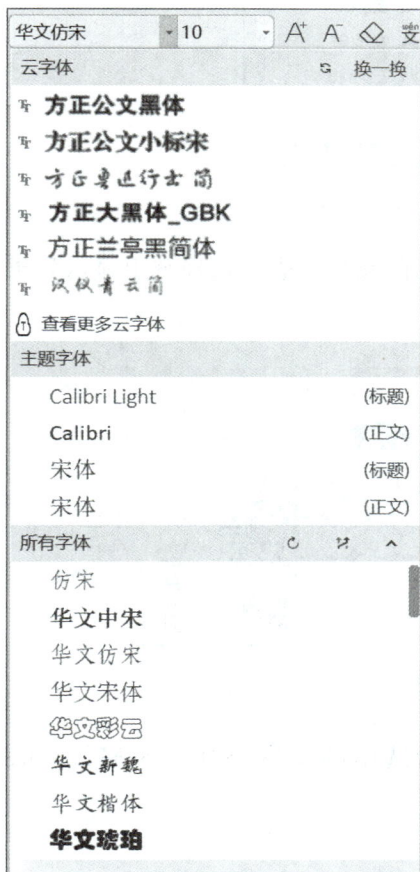

图 2.2　设置字体

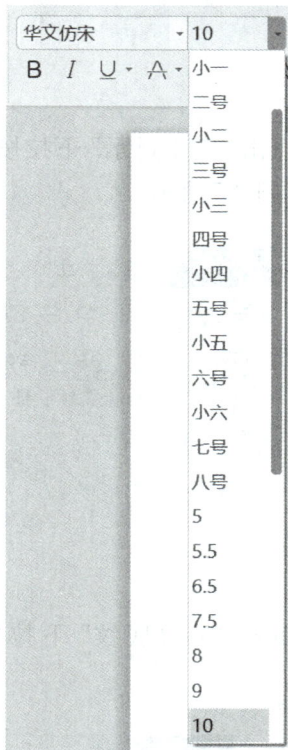

图 2.3　设置字号

（2）设置字体特殊效果

选中需要设置特殊效果的文字→点击"开始"选项卡（标号 1）→点击"文字效果"下拉按钮（标号 2），在弹出的下拉列表中可以设置艺术字、阴影、倒影等，如图 2.4 所示。

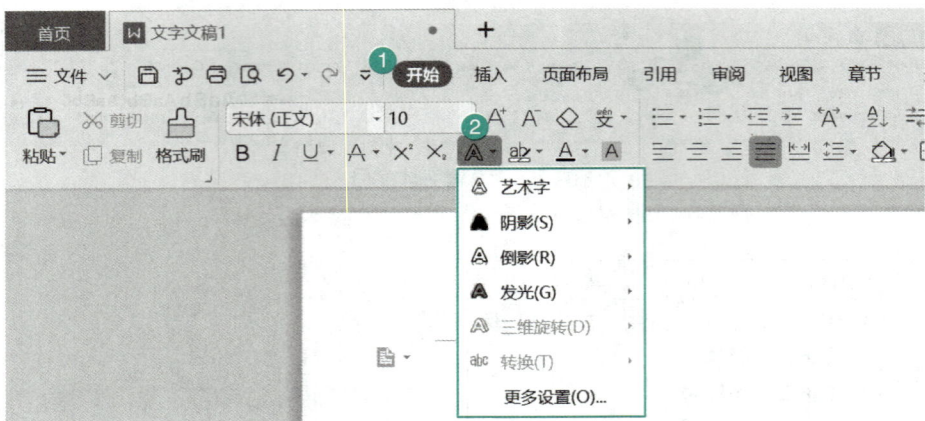

图 2.4　设置字体特殊效果

　　点击"突出显示"下拉按钮,在弹出的颜色列表中选择突出显示效果的颜色,如图 2.5 所示。

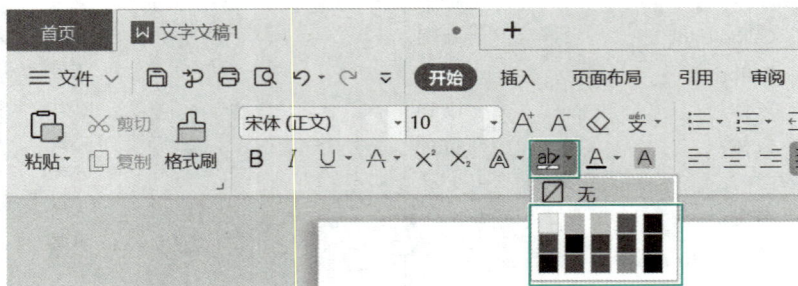

图 2.5　添加突出显示

　　点击"字符底纹"下拉按钮,可给选中的文本添加灰色底纹,如图 2.6 所示。

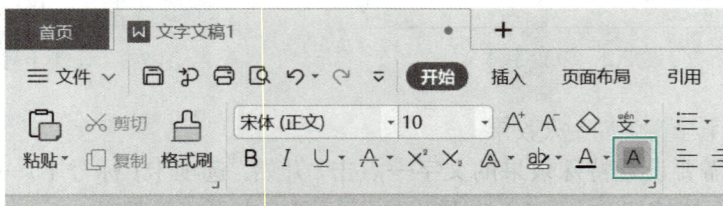

图 2.6　添加字符底纹

（3）调整字符间距

选中需要调整字符间距的文字→点击"开始"选项卡（标号 1）→点击"字体"选项组右下角的对话框启动器（标号 2），如图 2.7 所示→在弹出的"字体"对话框中点击"字符间距"选项卡，通过修改"缩放"命令的数值或"间距"的类型进行字符调整，也可在"值"文本框中输入想要的数值。设置完成后，点击"确定"按钮完成设置，如图 2.8 所示。

图 2.7　打开"字体"对话框

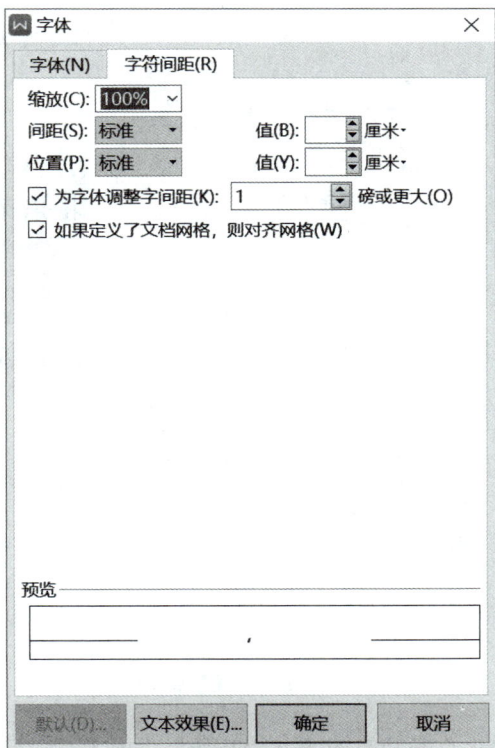

图 2.8　设置字符间距

2.1.3 实战演练

习题：

小王需要修改文档中的字体格式，把"北京故宫"标题设置字体为"宋体"、字号为"一号"，并设置艺术字为"渐变填充 – 钢蓝"，请帮他完成此项操作。

2.1.3
习题讲解

解析：

① 选中文字"北京故宫"→点击"开始"选项卡（标号 1）→点击"字体"下拉按钮（标号 2），在弹出的下拉列表中选择"宋体"（标号 3），如图 2.9 所示。

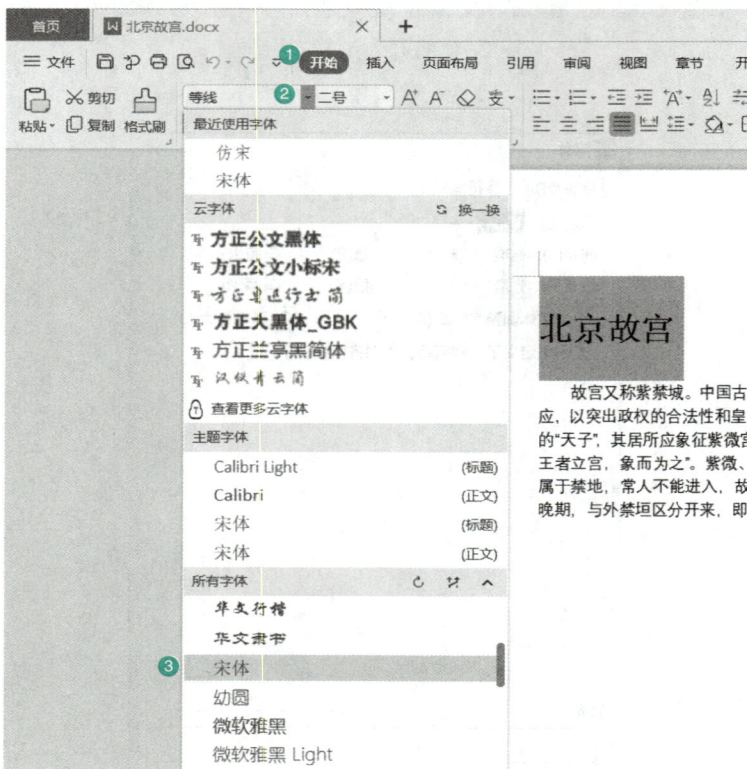

图 2.9　设置字体

② 选中文字"北京故宫"→点击"开始"选项卡（标号 1）→点击"字号"下拉按钮（标号 2），在弹出的下拉列表中选择"一号"（标号 3），如图 2.10 所示。

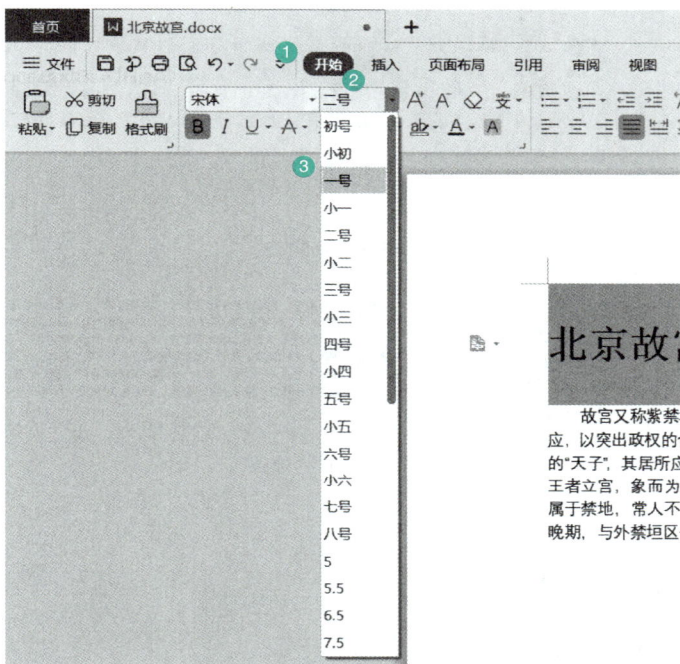

图 2.10　设置字号

③ 选中文字"北京故宫"→点击"开始"选项卡（标号 1）→点击"文字效果"下拉按钮（标号 2），在弹出的下拉列表的"艺术字"中选择"渐变填充 – 钢蓝"（标号 3），如图 2.11 所示，最终效果如图 2.12 所示。

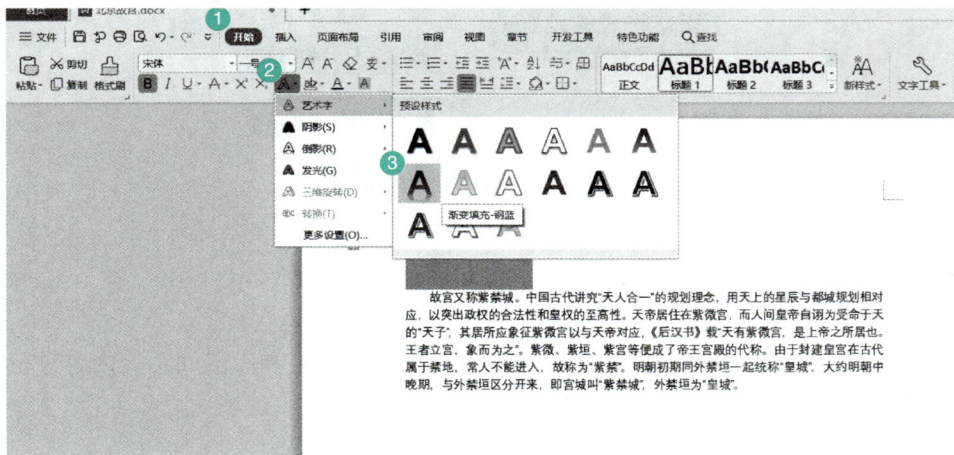

图 2.11　设置艺术字

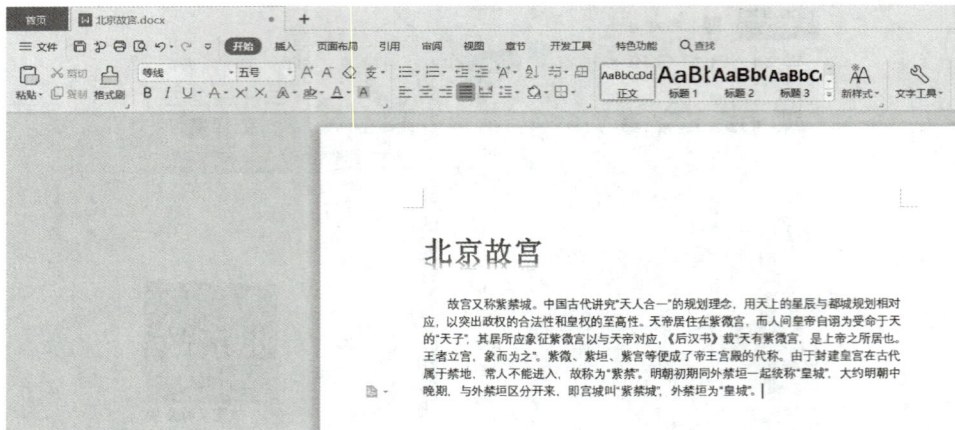

图 2.12　最终效果

2.2　段落格式的设置

知识点框架：

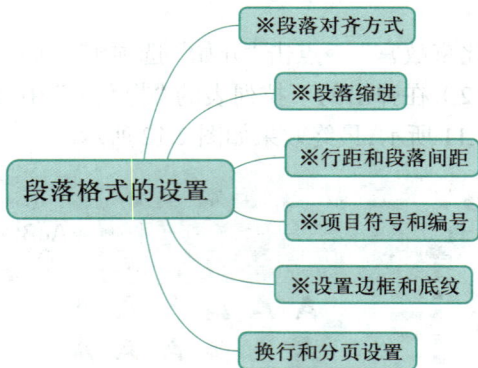

2.2.1　段落格式的设置简介

段落设置主要包括对段落对齐方式、段落缩进、行距和段落间距等内容进行调整，使文档结构清晰、美观，便于阅读。

2.2.2　高频考点

（1）段落对齐方式

选中需要设置对齐方式的段落→点击"开始"选项卡（标号 1）→在"段落"选项组的第二行中选择需要设置的段落对齐方式（标号 2），从左到右依次为"左对齐""居中对齐""右对齐""两端对齐""分散对齐"，如图 2.13 所示，点击想要的段落对齐方式即可完成设置。

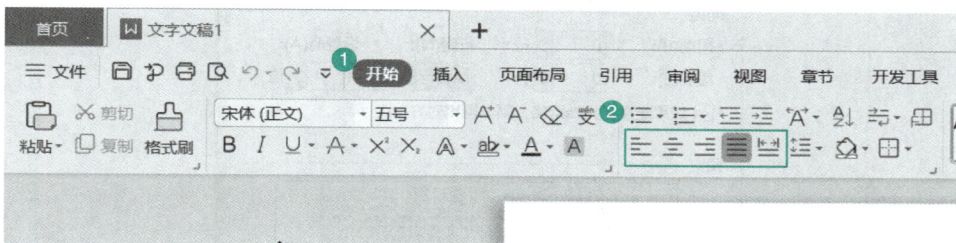

图 2.13　设置段落对齐方式

（2）段落缩进

选中需要设置缩进的段落→点击"开始"选项卡（标号 1）→点击"段落"选项组右下角的对话框启动器按钮（标号 2），如图 2.14 所示→在"段落"对话框的"缩进"功能区中设置段落文本之前、文本之后的缩进字符值以及特殊格式的缩进，如图 2.15 所示。

（3）行距和段落间距

① 行距设置。选中需要设置行距的文本→点击"开始"选项卡（标号 1）→点击"段落"选项组的"行距"按钮（标号 2）→在弹出的下拉菜单中选择合适的行距，如图 2.16 所示。

图 2.14　打开"段落"对话框

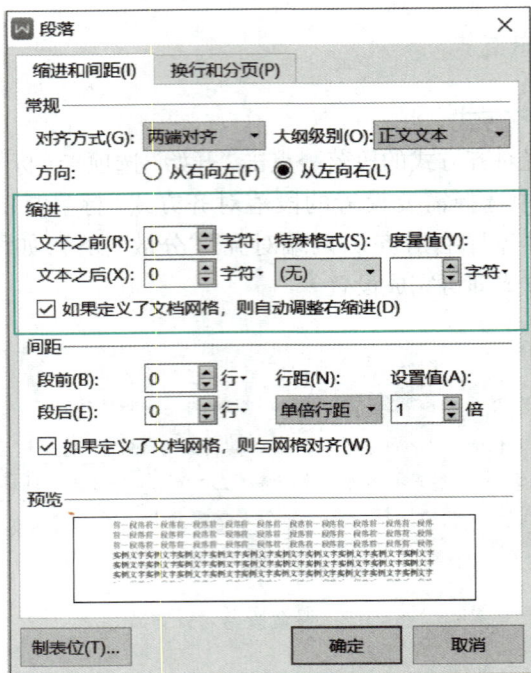

图 2.15　设置段落缩进

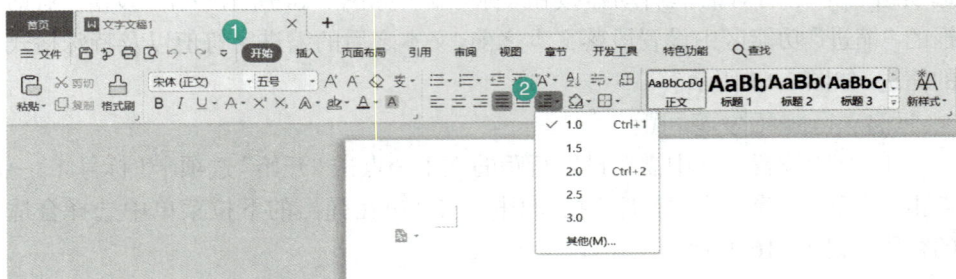

图 2.16　设置行距

② 段落间距设置。选中需要设置段落间距的文本→点击"开始"选项卡（标号 1）→点击"段落"选项组右下角的对话框启动器按钮（标号 2），如图 2.17 所示→在弹出的"段落"对话框中的"间距"功能区中设置段落的段前和段后间距，同时在"设置值"文本框中可以输入具体的行距值，如图 2.18 所示。

图 2.17　打开"段落"对话框

图 2.18　设置段落间距

（4）项目符号和编号

①　项目符号。选中需要设置项目符号的文本→点击"开始"选项卡（标号1）→点击"段落"选项组的"项目符号"按钮（标号2）→在弹出的下拉菜单中选择合适的项目符号，如图 2.19 所示。

②　编号。选中需要设置编号的文本→点击"开始"选项卡（标号1）→点击"段落"选项组的"编号"按钮（标号2）→在弹出的下拉菜单中选择合适的编号，如图 2.20 所示。

图 2.19　设置项目符号

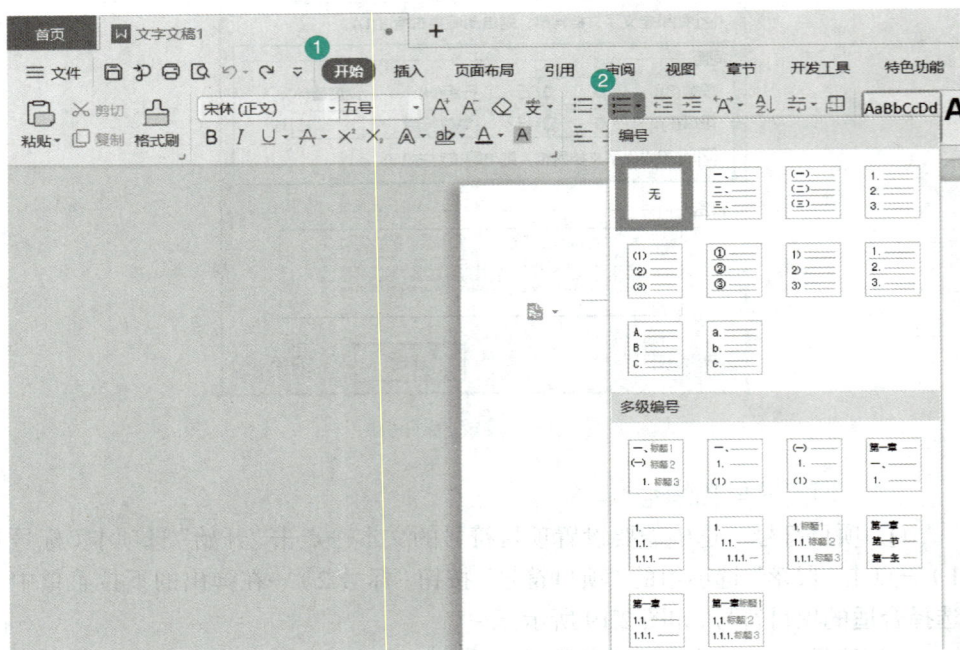

图 2.20　设置编号

（5）设置边框和底纹

选中需要设置边框或底纹的文本→点击"开始"选项卡（标号 1）→点击"段落"选项组的"边框"按钮（标号 2）→在弹出的下拉菜单中点击"边框和底纹"按钮（标号 3），如图 2.21 所示→在弹出的"边框和底纹"对话框中点击"边框"选项卡，可以设置边框的线型、颜色、宽度等，如图 2.22 所示→点击"底纹"选项卡，可以设置底纹的填充、图案、颜色等，如图 2.23 所示。

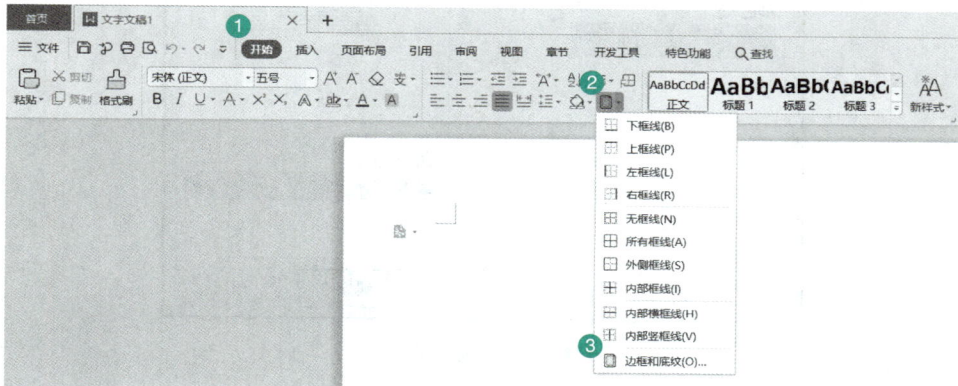

图 2.21　边框和底纹

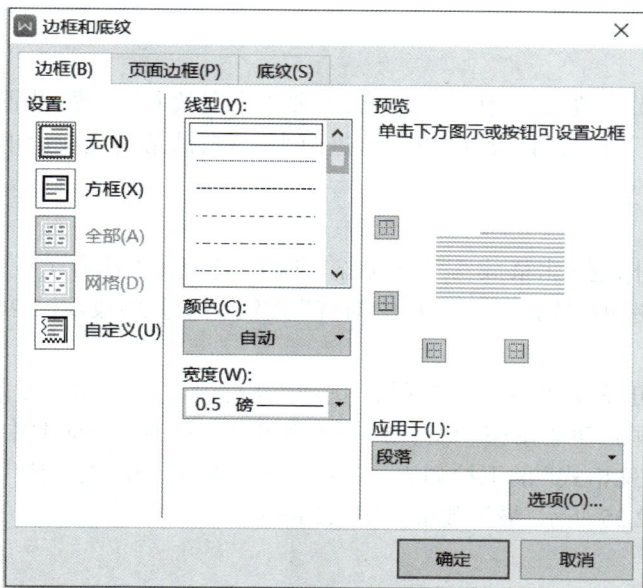

图 2.22　设置边框

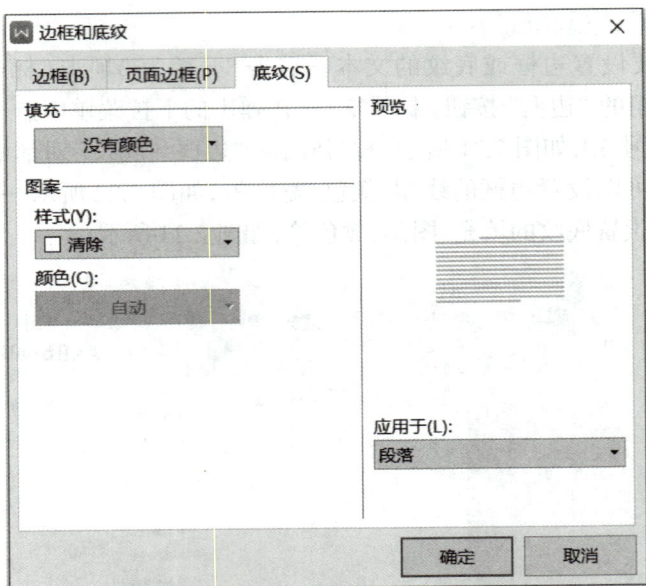

图 2.23   设置底纹

2.2.3   实战演练

习题：

小王需要修改文档中的段落格式，把"北京故宫"标题设置为"居中对齐"，正文每一段的段首缩进两个字符，请帮他完成此项操作。

2.2.3
习题讲解

解析：

① 选中标题"北京故宫"→点击"开始"选项卡（标号 1）→点击"段落"选项组第二行的"居中对齐"按钮（标号 2），如图 2.24 所示。

② 选中正文文本→点击"开始"选项卡（标号 1）→点击"段落"选项组右下角的对话框启动器按钮（标号 2）→在弹出的"段落"对话框中点击"缩进"功能区的"特殊格式"的下拉列表→选择"首行缩进"，在"度量值"文本框中输入"2"，如图 2.25 所示，最终效果如图 2.26所示。

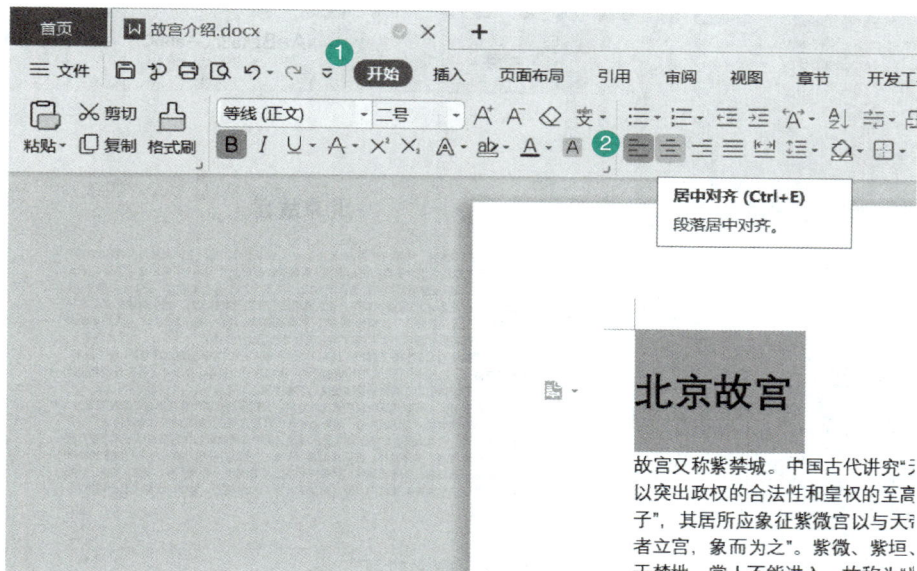

图 2.24 居中对齐

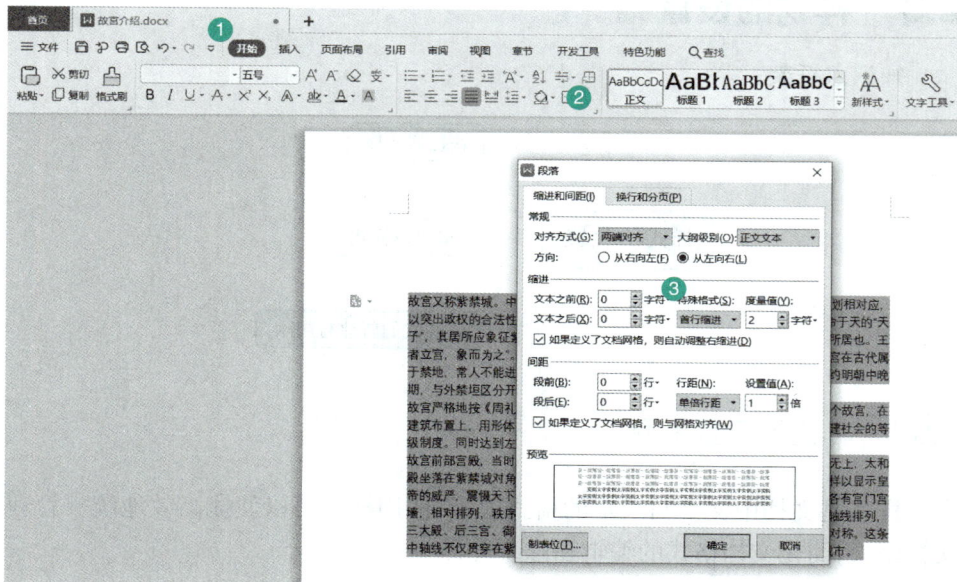

图 2.25 段首缩进

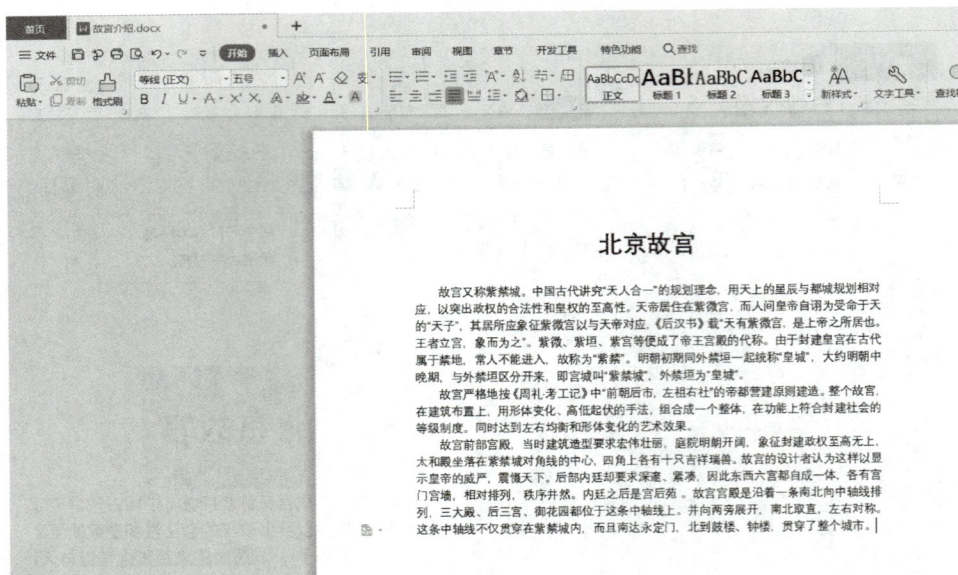

图 2.26　最终效果

2.3 样式的设置

知识点框架：

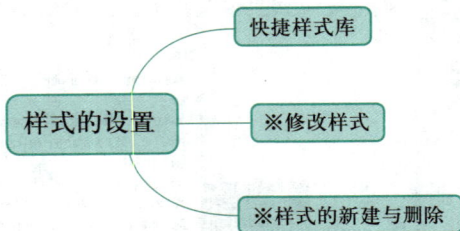

2.3.1 样式的设置简介

样式是文档中文字与段落的格式模板,使用样式可以便捷高效地统一管理文档格式,简化文档格式的编辑和修改过程。

2.3.2 高频考点

（1）修改样式

选中需要修改样式的文本→点击"开始"选项卡（标号1）→点击"样式"选项组右下角的对话框启动器（标号2），如图2.27所示→在弹出的"样式和格式"窗格中点击样式右侧的下拉按钮（标号3）→在下拉列表中点击"修改"命令（标号4），如图2.28所示→在弹出的"修改样式"对话框中，通过"格式"选项区的命令对样式进行修改，如图2.29所示。

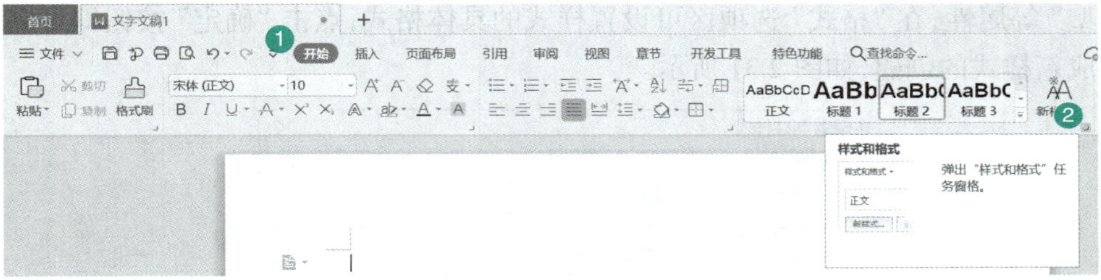

图 2.27　打开"样式和格式"窗格

图 2.28　"样式和格式"窗格

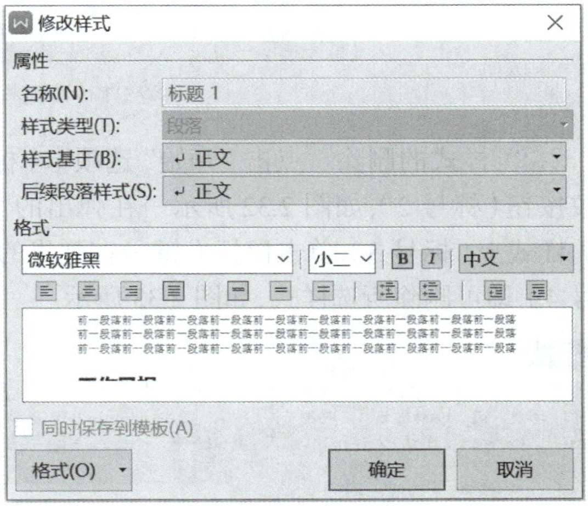

图 2.29　设置修改样式

（2）样式的新建与删除

① 样式的新建。点击"开始"选项卡（标号1）→点击"样式"下拉按钮（标号2）→在下拉列表中点击"新样式"命令（标号3），如图2.30所示。

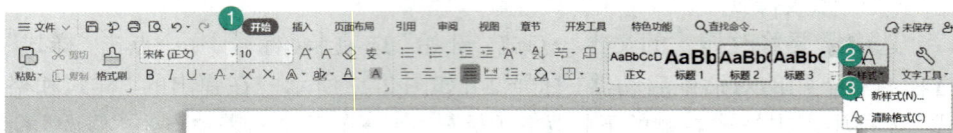

图 2.30　新建样式

在弹出的"新建样式"对话框中，在"属性"选项区可设置"名称""样式类型"等属性，在"格式"选项区可设置样式的具体格式，点击"确定"按钮即可完成新样式的创建，如图2.31所示。

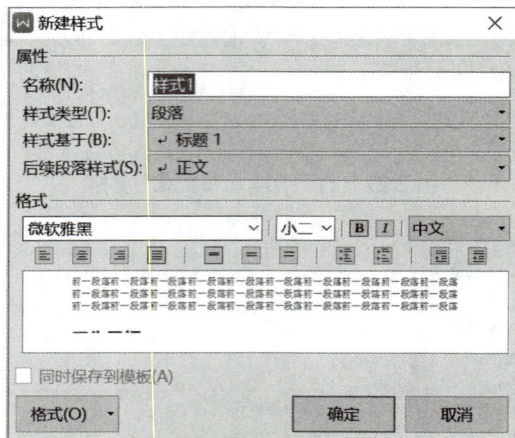

图 2.31　设置样式

② 样式的删除。点击"开始"选项卡（标号1）→点击"样式"选项组的下拉按钮（标号2），如图2.32所示→在弹出的下拉列表中，鼠标放置于需要删除的样式上（标号3），单击鼠标右键→在弹出的菜单中点击"删除样式"命令（标号4），即可删除所选样式，如图2.33所示。

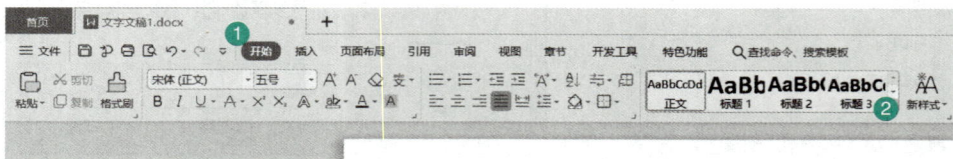

图 2.32　选择样式

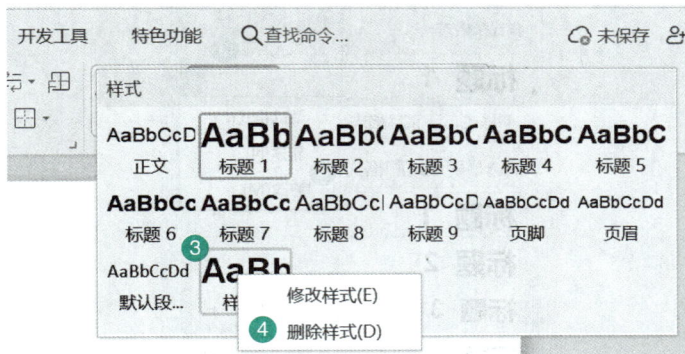

图 2.33 删除样式

2.3.3 实战演练

习题：

小王需要修改文档中标题的样式格式，需要设置"标题1"的样式字体为"黑体"、字号为"二号"，请帮他完成此项操作。

解析：

① 选中标题"北京故宫"→点击"开始"选项卡（标号1）→点击"样式"选项组右下角的对话框启动器（标号2），如图2.34所示→在弹出的"样式和格式"窗格中，选择"标题1"→点击样式右侧的下拉按钮（标号3）→在下拉列表中点击"修改"命令（标号4），如图2.35所示。

② 在弹出的"修改样式"对话框中，点击"格式"选项区内的"字体"为"黑体"、"字号"为"二号"，点击"确定"按钮，如图2.36所示，最终效果如图2.37所示。

2.3.3
习题讲解

图 2.34 点击"样式"对话框启动器

图 2.35 "样式和格式"窗格

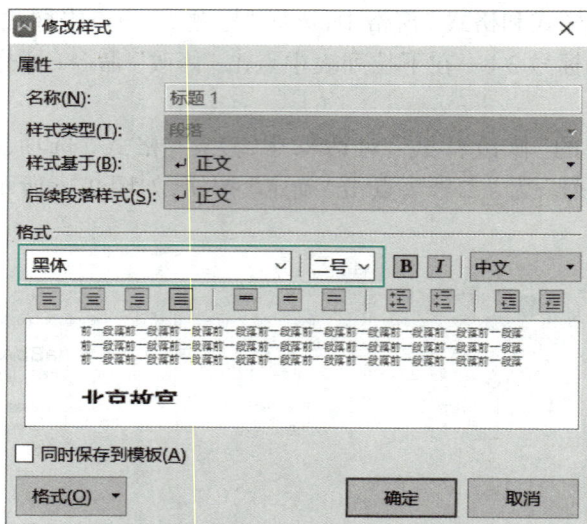

图 2.36 修改"标题 1"样式

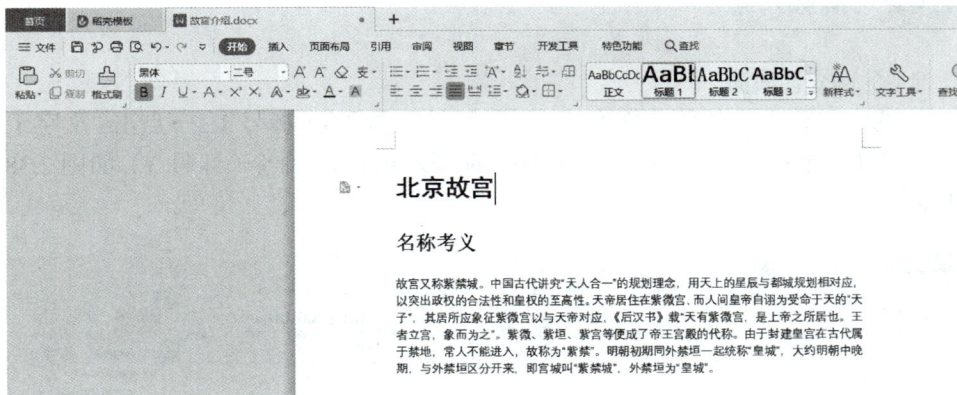

图 2.37　最终效果

2.4　文字排版工具

知识点框架：

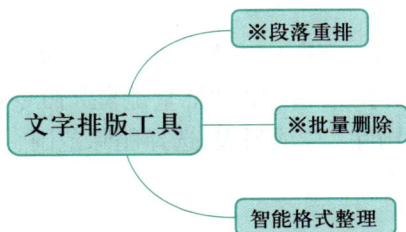

2.4.1　文字排版工具简介

文字排版工具可以对杂乱无章的文本进行快速排列和整理，节省用户的时间。

2.4.2　高频考点

（1）段落重排

选中需要重排的段落文本→点击"开始"选项卡（标号1）→点击"文字工具"按钮（标号2）→点击下拉列表中的"段落重排"命令（标号3），如图2.38所示。

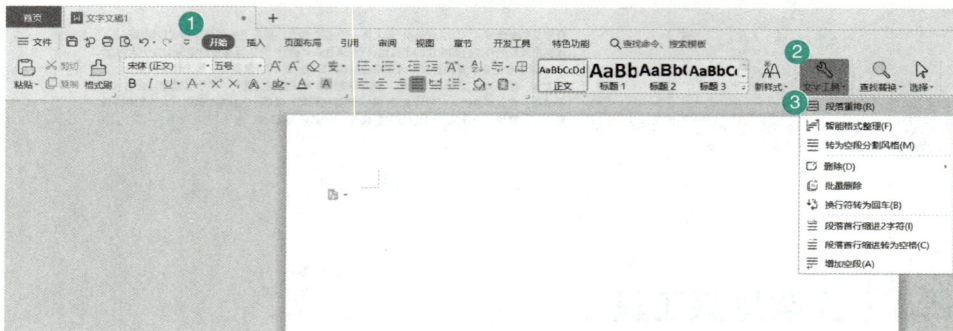

图2.38　段落重排

（2）批量删除

选中需要删除的文本→点击"开始"选项卡（标号1）→点击"文字工具"按钮（标号2）→点击下拉菜单中的"批量删除"命令（标号3），如图2.39所示→在右侧弹出"批量删除"选项列表，选择删除范围、文本、对象、格式等→点击"删除"按钮，如图2.40所示。

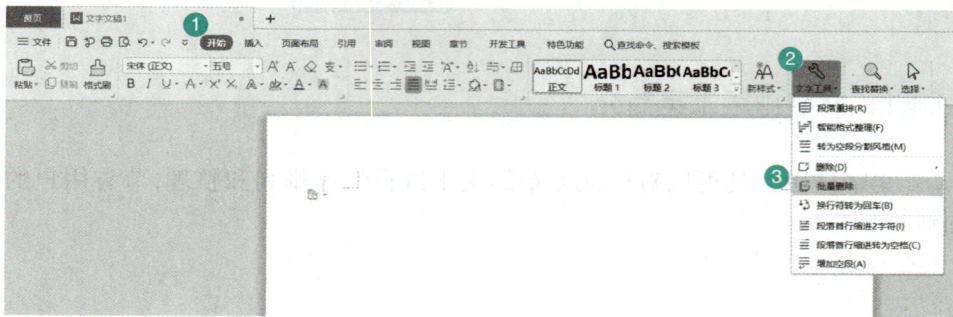

图2.39　批量删除

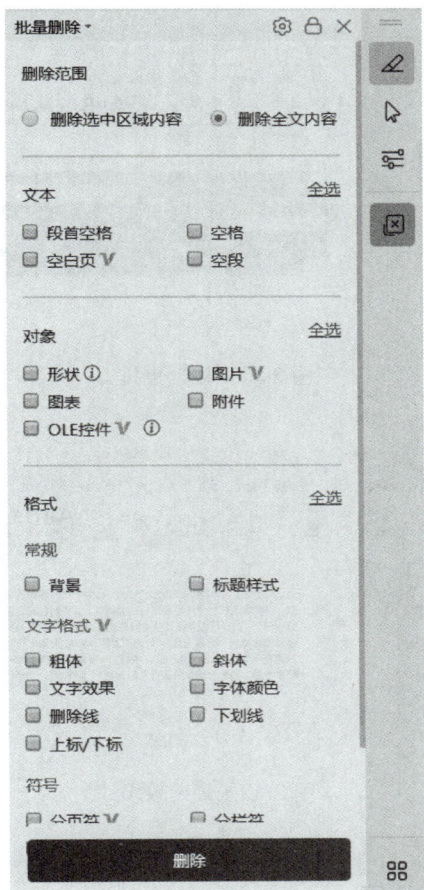

图 2.40 "批量删除"选项

2.4.3 实战演练

习题：

小王不小心把介绍故宫的一段文本弄乱了，请你使用文字工具的段落重排功能对文本进行整理。

解析：

选中所有段落→点击"开始"选项卡（标号1）→点击"文字工具"命令（标号2）→点击下拉列表中的"段落重排"命令（标号3），如图 2.41 所示。文本整理的最终效果如图 2.42 所示。

2.4.3
习题讲解

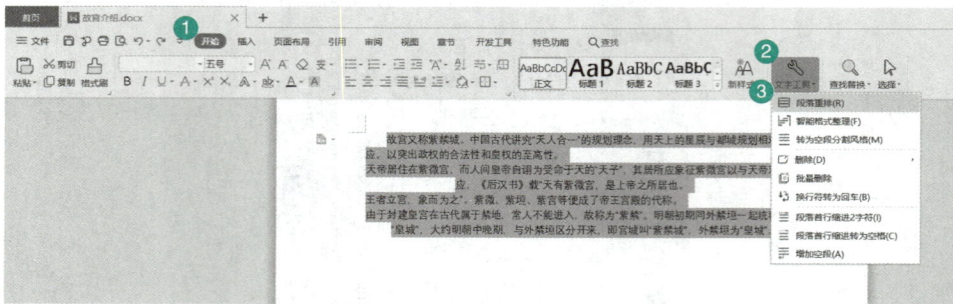

图 2.41　段落重排

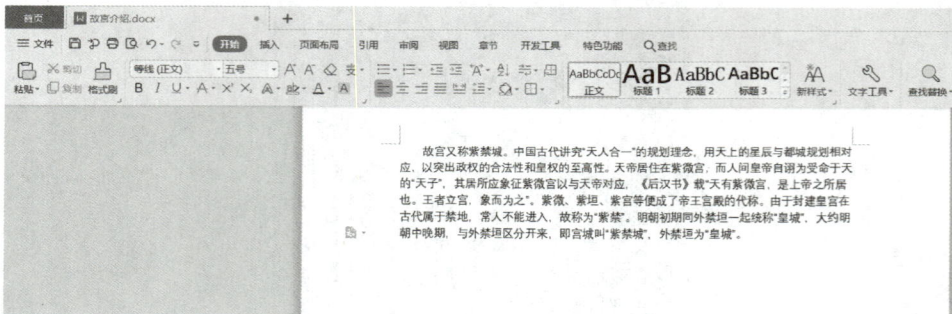

图 2.42　最终效果

2.5　页面布局设置

知识点框架：

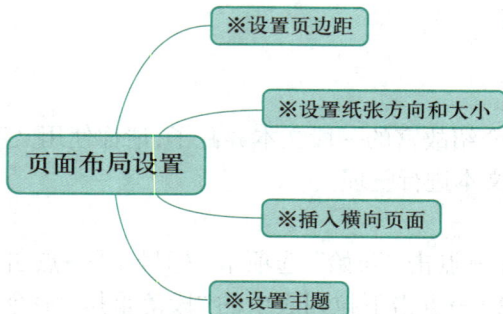

2.5.1 页面布局设置简介

合理的页面布局可以使文档更加美观、层次清晰。在 WPS 中提供了页边距设置、纸张方向和大小设置、主题设置等内容,供使用者对页面进行优化。

2.5.2 高频考点

（1）设置页边距

点击"页面布局"选项卡（标号 1)→点击"页边距"按钮（标号 2),在下拉列表中选择所需的页边距。

如果在页边距下拉列表中没有符合需求的选项,点击"自定义页边距"命令（标号 3)或点击选项组右下角的对话框启动器（标号 4),如图 2.43 所示。

图 2.43 设置页边距

在弹出的"页面设置"对话框中,点击"页边距"选项卡,进行页边距自定义的设置。"页边距"选项区内可以进行上、下、左、右页边距大小的设置。在"装订线位置"下拉框中选择装订线位置。在"装订线宽"文本框中填写想要的线宽数值,如图 2.44 所示。

（2）设置纸张方向和大小

① 设置纸张方向。点击"页面布局"选项卡（标号 1)→点击"纸张方向"按钮（标号 2),在下拉列表中点击"纵向"或"横向"命令即可设置纸张方向,如图 2.45 所示。

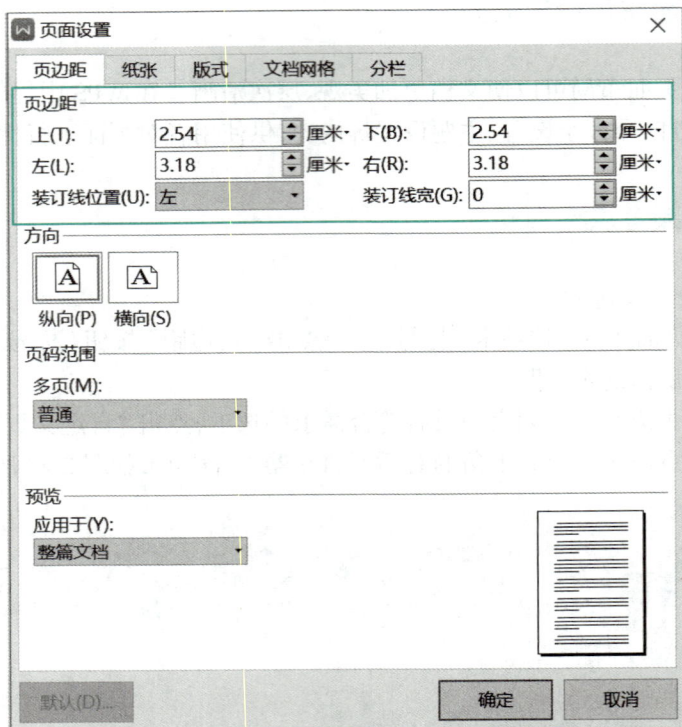

图 2.44   "页面设置"对话框

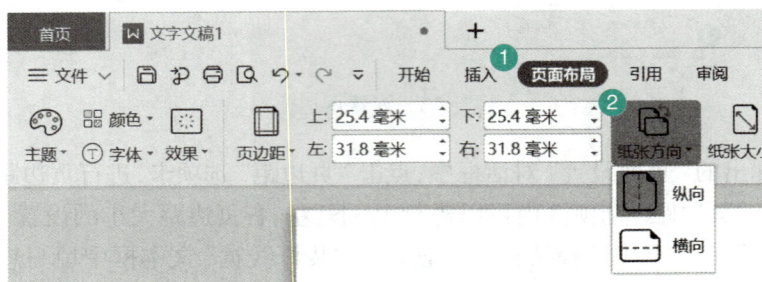

图 2.45   设置纸张方向

② 设置纸张大小。点击"页面布局"选项卡（标号 1）→点击"纸张大小"按钮（标号 2），在下拉列表中点击选择所需的纸张大小，如图 2.46 所示。

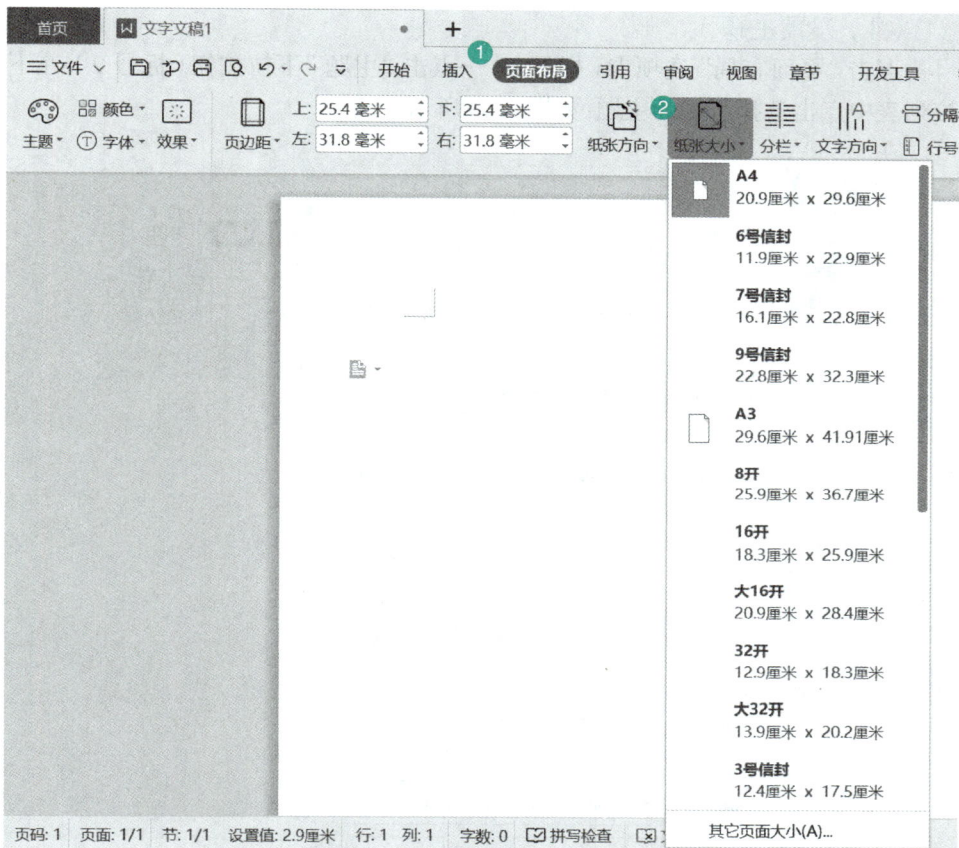

图 2.46 设置纸张大小

（3）插入横向页面

点击"插入"选项卡（标号 1）→点击"空白页"下拉按钮（标号 2）→在下拉列表中点击"横向"命令（标号 3），即可在原文档中插入一页横向空白页，如图 2.47 所示。

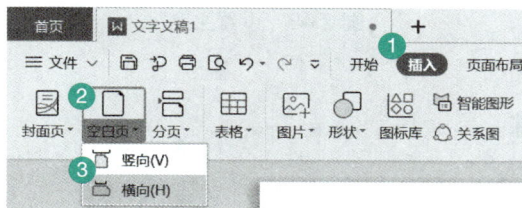

图 2.47 插入横向页面

（4）设置主题

点击"页面布局"选项卡（标号1）→点击"主题"下拉按钮（标号2），在下拉列表中点击选择所需的主题，如图2.48所示。

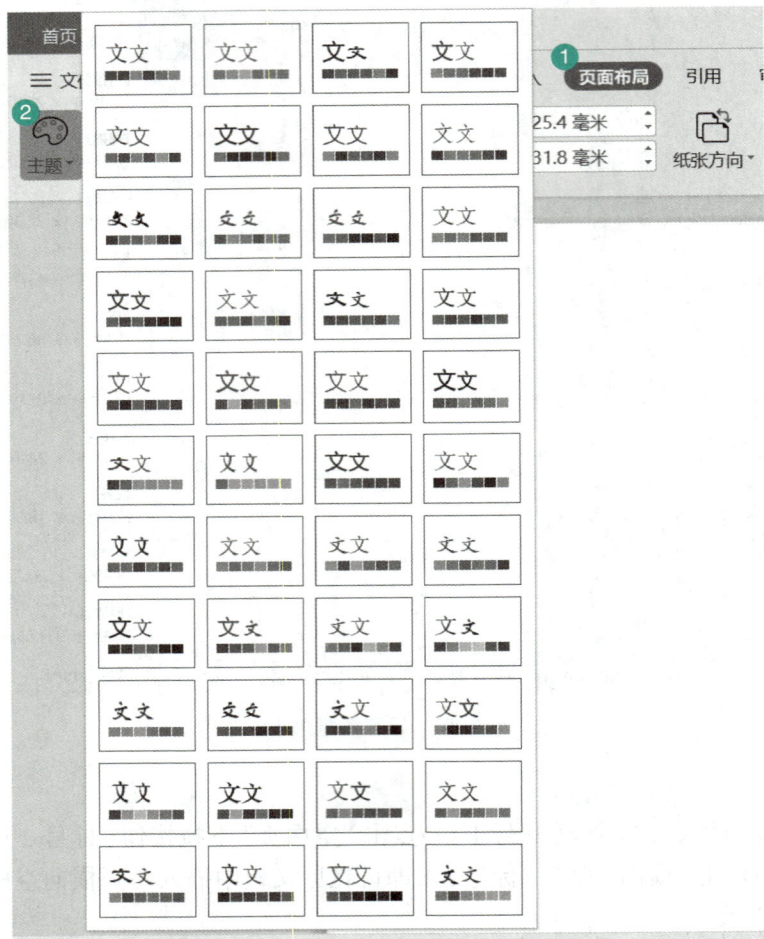

图 2.48 设置主题

2.5.3 实战演练

习题：

小王需要修改文档的页面布局，设置"纸张方向"为"横向""纸张大小"为

"6 号信封",设置页边距上、下为 2 厘米,左、右为 3 厘米。请帮他完成此项操作。

解析:

① 点击"页面布局"选项卡(标号 1)→点击"纸张方向"按钮(标号 2)→在下拉列表中点击"横向"命令(标号 3),如图 2.49 所示。

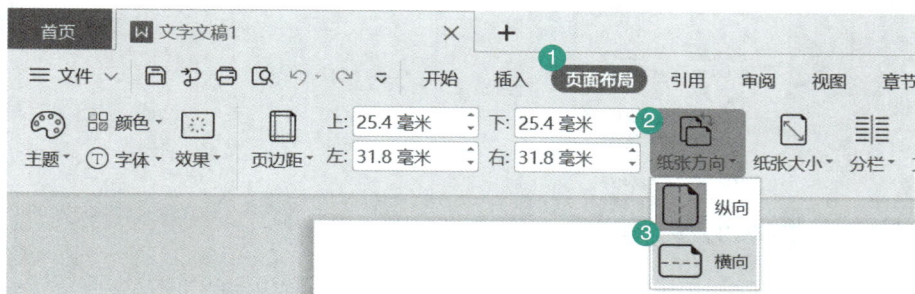

图 2.49 设置纸张方向

② 点击"纸张大小"按钮(标号 1)→在下拉列表中点击选择"6 号信封"(标号 2),如图 2.50 所示。

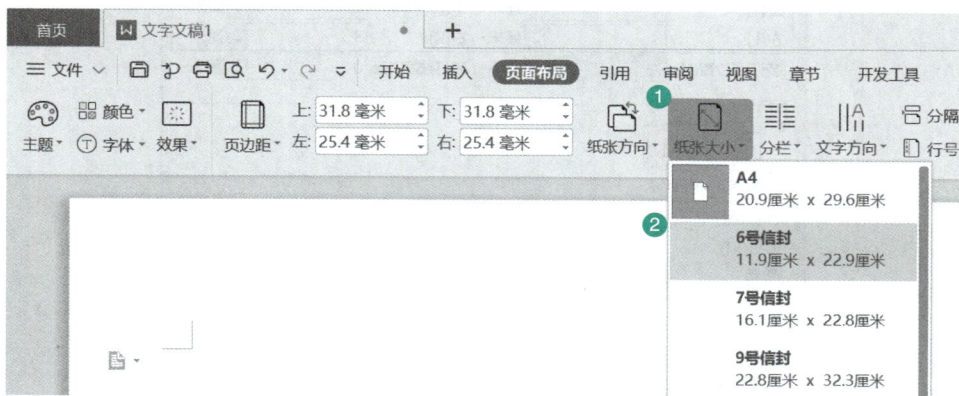

图 2.50 设置纸张大小

③ 点击"页边距"按钮(标号 1)→在下拉列表中点击"自定义页边距"命令(标号 2),将会弹出"页面设置"对话框,如图 2.51 所示。

④ 在弹出的"页面设置"对话框中,点击"页边距"选项卡→在"页边距"选项区内设置页边距上、下为 2 厘米,左、右为 3 厘米→点击"确定"按钮完成设置,如图 2.52 所示,最终效果如图 2.53 所示。

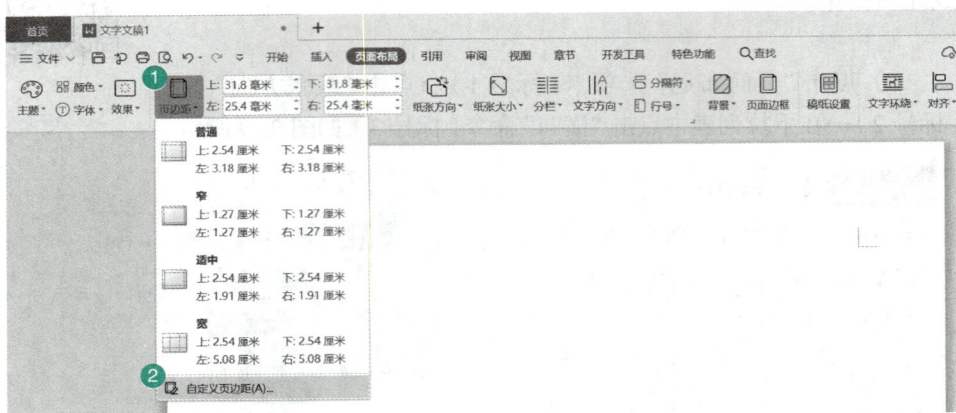

图 2.51　设置"自定义页边距"

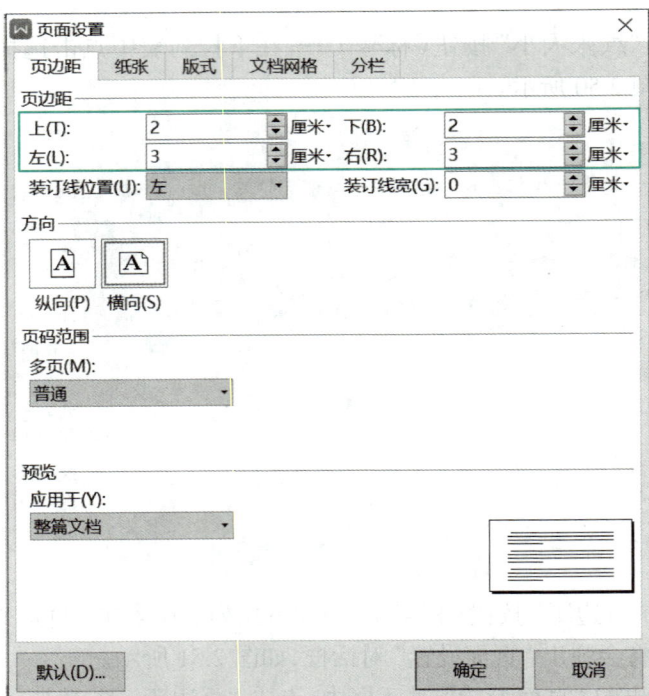

图 2.52　设置页边距

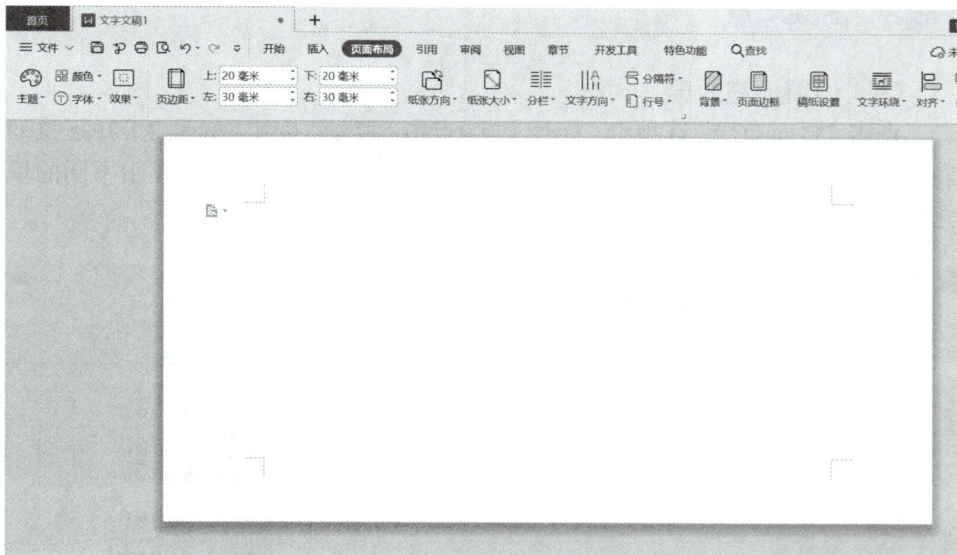

图 2.53　最终效果

2.6　页面背景的设置

知识点框架：

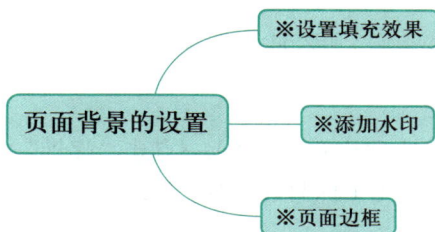

2.6.1　页面背景的设置简介

WPS 提供了丰富实用的页面背景设置功能，用户可以使用这些功能设置填充效果、添加水印等，通过设置增强页面的展示效果。

2.6.2 高频考点

（1）设置填充效果

点击"页面布局"选项卡（标号 1）→点击"背景"按钮（标号 2），在下拉列表中选择"主题颜色""标准色""渐变填充"等，即可为页面背景应用不同的填充效果，如图 2.54 所示。

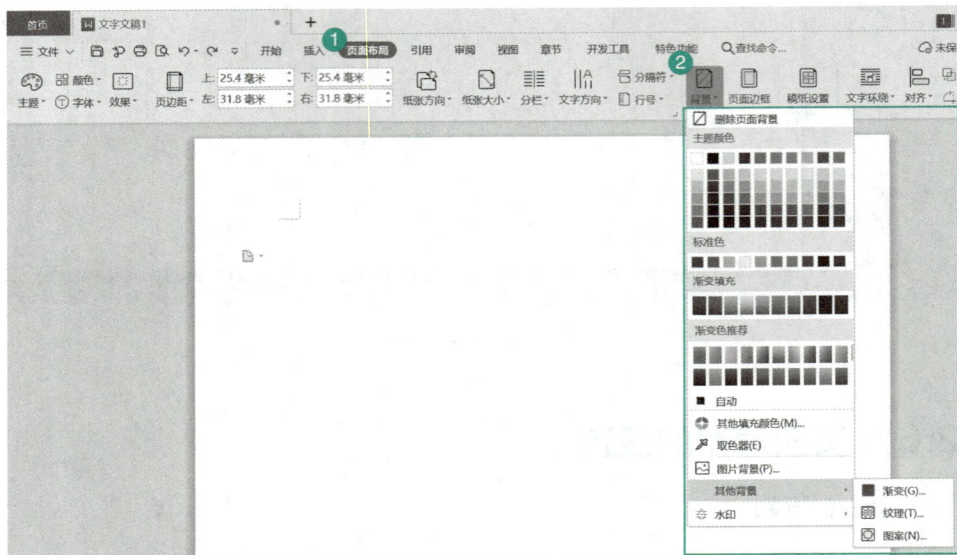

图 2.54　设置填充效果

（2）添加水印

点击"页面布局"选项卡（标号 1）→点击"背景"按钮（标号 2）→在下拉列表中点击"水印"命令（标号 3），在"预设水印"区域内选择所需的水印样式。

用户还可以自定义水印的样式，点击"自定义水印"中的"+"按钮（标号 4）或点击"插入水印"命令（标号 5），如图 2.55 所示，将会弹出"水印"对话框。

在弹出的"水印"对话框中，"水印设置"选项区内可选择设置"图片水印"或"文字水印"，完成具体设置后，点击"确定"按钮即可，如图 2.56 所示。

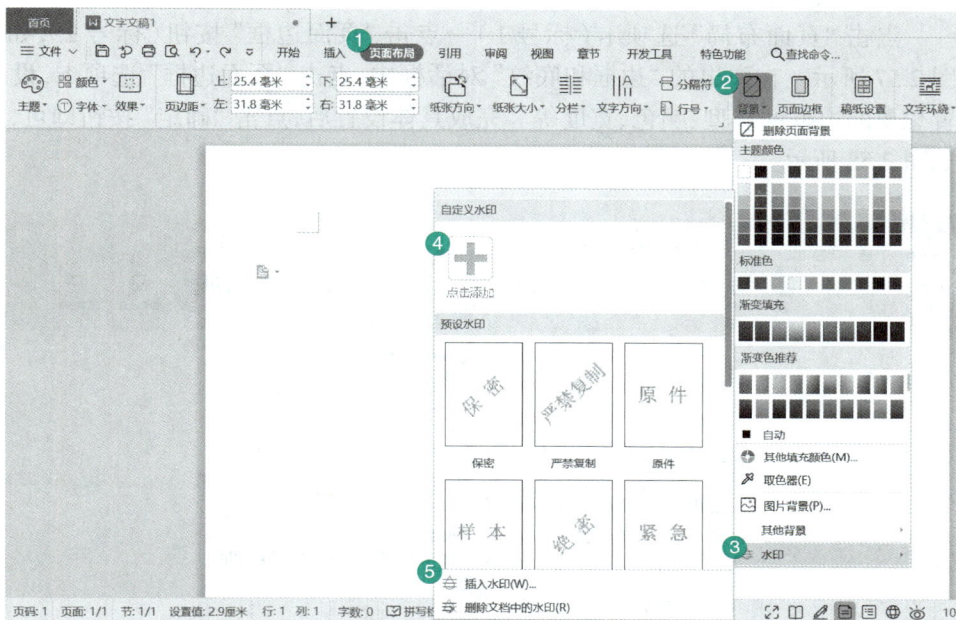

图 2.55 添加水印

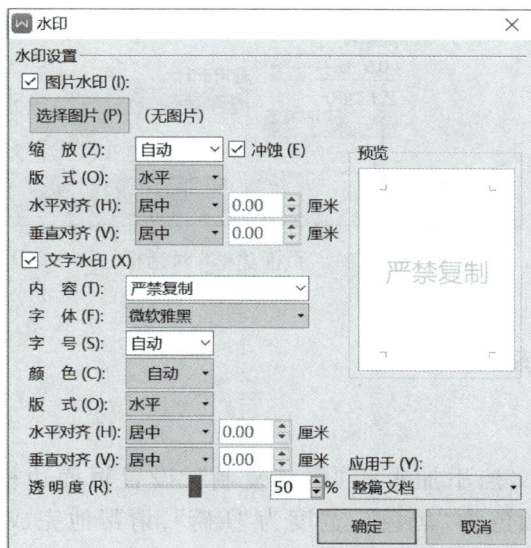

图 2.56 自定义水印

（3）页面边框

点击"页面布局"选项卡（标号1）→点击"页面边框"按钮（标号2），如图 2.57 所示。在弹出的"边框和底纹"对话框中，点击"页面边框"选项卡，设置想要的边框的线型、颜色、宽度等。完成具体设置后，点击"确定"按钮即可，如图 2.58 所示。

图 2.57　设置页面边框

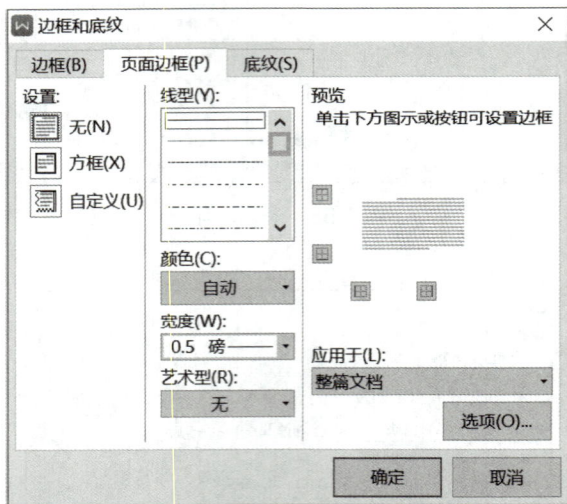

图 2.58　"页面边框"对话框

2.6.3　实战演练

习题：

小王需要为文档添加水印"严禁复制"，设置页面边框，线型为"实线型"、颜色为"黑色"、宽度为"1 磅"，请帮他完成此项操作。

2.6.3
习题讲解

解析：

① 点击"页面布局"选项卡（标号 1）→点击"背景"按钮（标号 2）→在下拉列表中点击"水印"命令（标号 3）→在"预设水印"区域内点击选择"严禁复制"（标号 4），如图 2.59 所示。

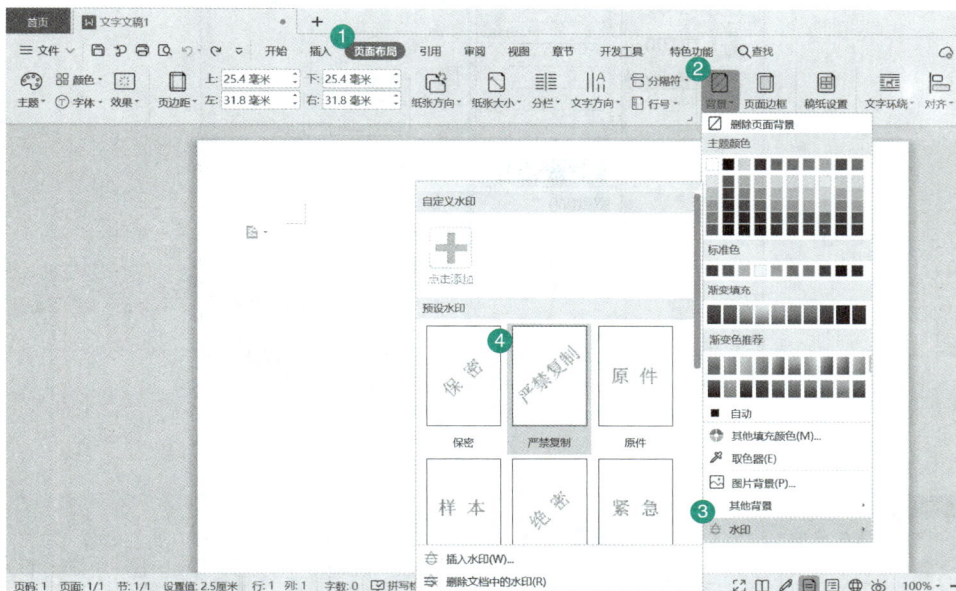

图 2.59 添加水印

② 点击"页面布局"选项卡（标号 1）→点击"页面边框"按钮（标号 2），如图 2.60 所示。在弹出的"边框和底纹"对话框中，点击"页面边框"选项卡→设置线型为"实线型"、颜色为"黑色"、宽度为"1 磅"→点击"确定"按钮，如图 2.61 所示，最终效果如图 2.62 所示。

图 2.60 设置页面边框

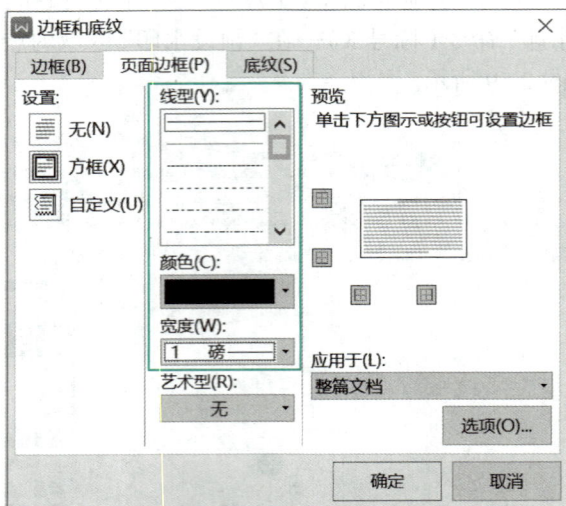

图 2.61 "页面边框"对话框

图 2.62 最终效果

2.7 在文档中应用表格

知识点框架：

插入表格

※套用表格样式

在文档中应用表格

※设置表格边框与底纹

※文本与表格的相互转换

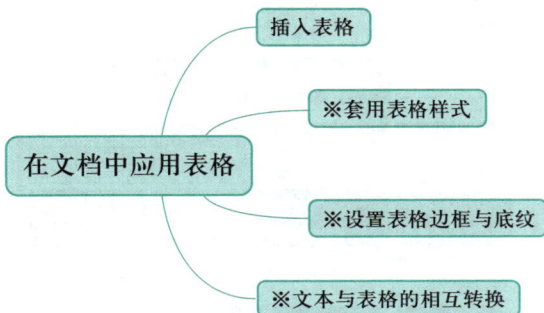

2.7.1 在文档中应用表格简介

在文档中应用表格可以更加清楚地展示数据，方便统计数据和对比数据。

2.7.2 高频考点

（1）套用表格样式

选中文档中的表格，此时选项卡栏中会出现"表格工具"和"表格样式"选项卡→点击"表格样式"选项卡（标号1）→点击表格样式库右侧的"其他"按钮（标号2），在展开的下拉列表中选择所需的表格样式即可完成设置，如图2.63所示。

（2）设置表格边框与底纹

① 表格边框

选中表格→点击"表格样式"选项卡（标号1）→点击"边框"下拉按钮（标号2），在展开的下拉列表中点击选择所需的表格边框，如图2.64所示。

② 表格底纹

选中表格→点击"表格样式"选项卡（标号1）→点击"底纹"下拉按钮（标号2），在展开的下拉列表中点击选择所需的表格底纹，如图2.65所示。

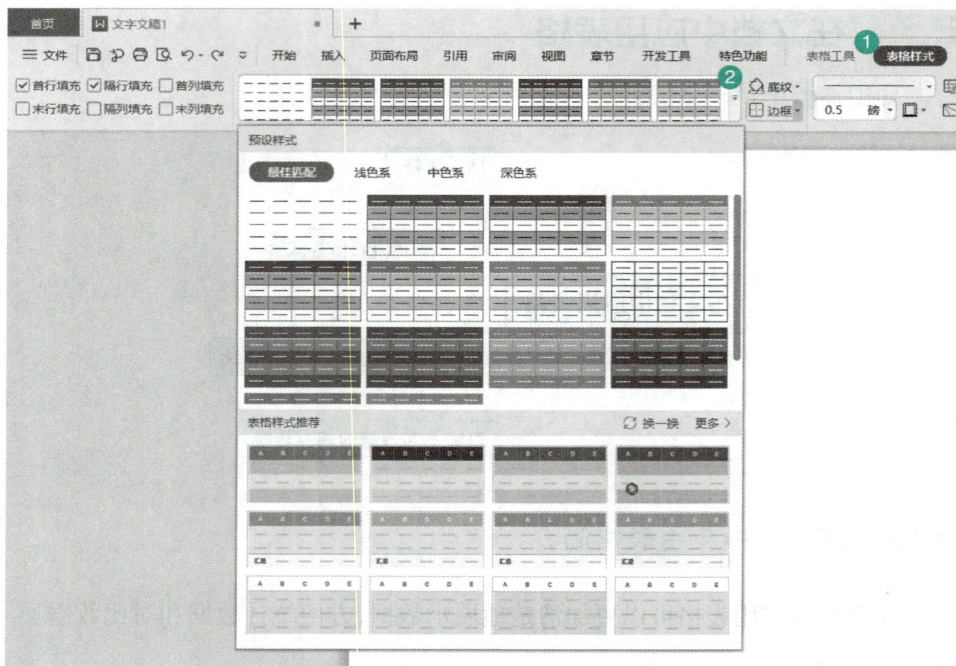

图 2.63   套用表格样式

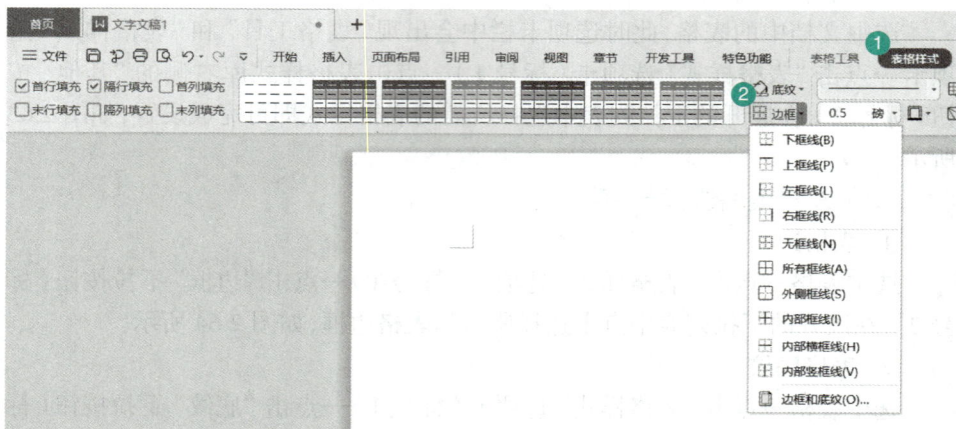

图 2.64   设置表格边框

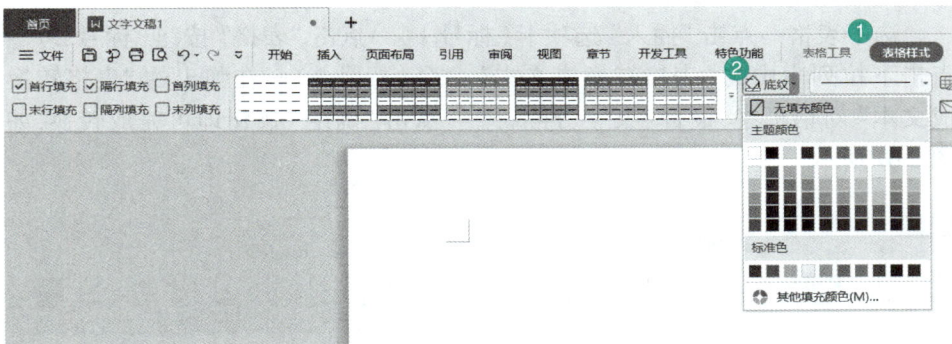

图 2.65 设置表格底纹

（3）文本与表格的相互转换

① 将文本转换成表格

在文本转换成表格之前，需要用分隔符将文本中希望分隔的内容隔开。选中文本→点击"插入"选项卡（标号1）→点击"表格"按钮（标号2）→点击下拉列表中的"文本转换成表格"命令（标号3）→在弹出的"将文字转换成表格"对话框中，设置"表格尺寸"和"文字分隔位置"→点击"确定"按钮即可完成转换，如图 2.66 所示。

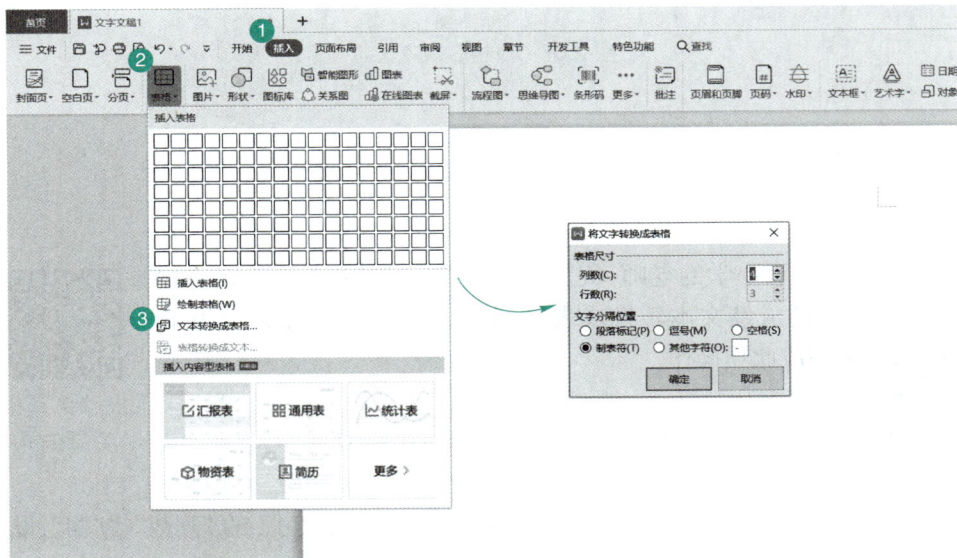

图 2.66 文本转换成表格

② 将表格转换为文本

选中表格→点击"插入"选项卡（标号1）→点击"表格"按钮（标号2）→点击下拉列表中的"表格转换成文本"命令（标号3）→在弹出的"表格转换成文本"对话框中,设置"文字分隔符"→点击"确定"按钮即可完成转换,如图2.67所示。

图2.67　表格转换成文本

2.7.3　实战演练

习题：

小张是一名小学的老师,负责六年级学生的成绩管理。现在需要把文档中的成绩文本转换成表格,并套用"浅色样式1"表格格式,请帮他完成此项操作。

解析：

① 选中成绩文本→点击"插入"选项卡（标号1）→点击"表格"按钮（标号2）→点击下拉列表中的"文本转换成表格"命令（标号3）→在"将文字转换成表格"对话框中,设置"表格尺寸"的"列数"为"4",设置"文字分割位置"为"空格"→点击"确定"按钮,如图2.68所示。

2.7.3
习题讲解

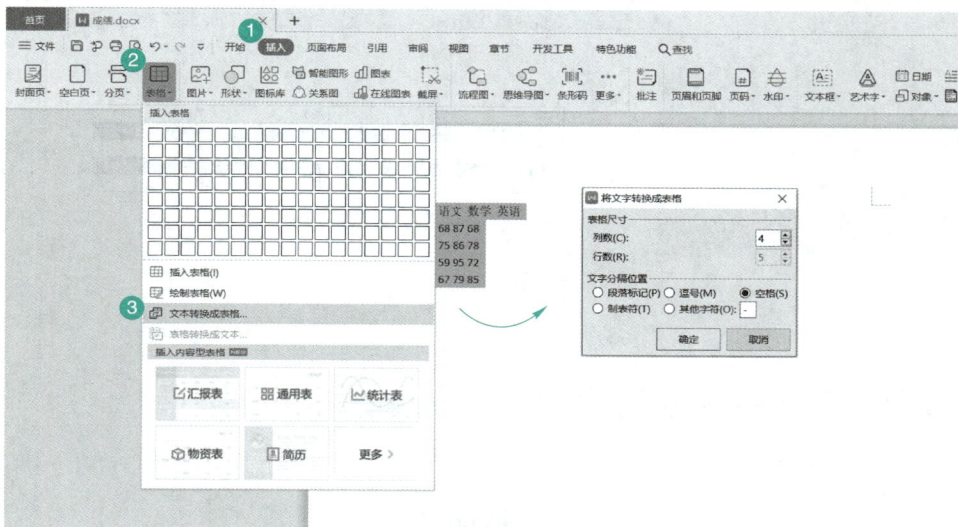

图 2.68 文本转换为表格

② 选中表格→点击"表格样式"选项卡（标号 4）→点击表格样式库右侧的"其他"按钮（标号 5）→在展开的下拉列表中选择"浅色系"的"浅色样式 1"（标号 6），如图 2.69 所示，最终效果如图 2.70 所示。

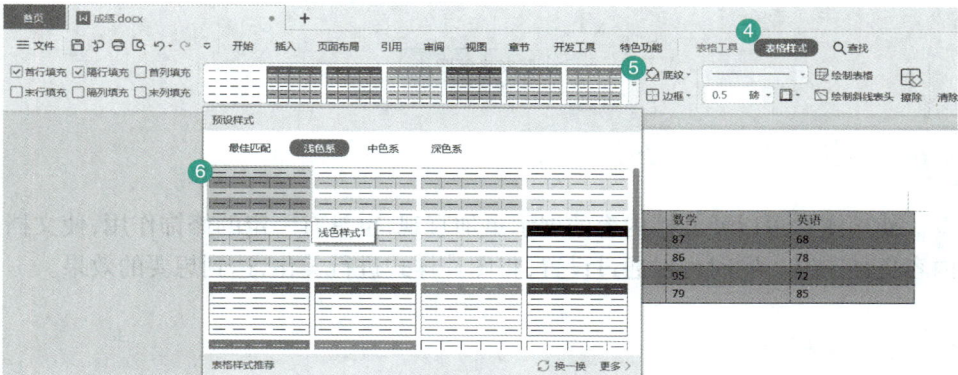

图 2.69 套用浅色样式

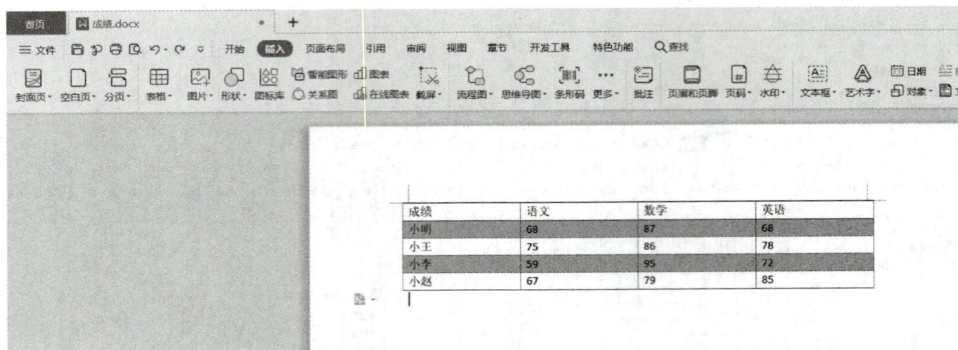

图 2.70 最终效果

2.8 在文档中处理图片

知识点框架：

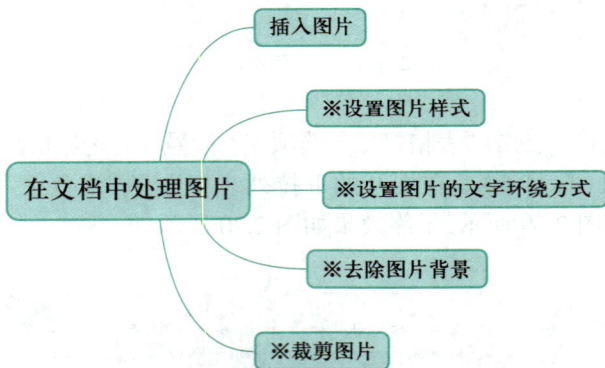

2.8.1 在文档中处理图片简介

使用图片可以使文档内容的展示更加直观，也具有一定的修饰作用，使文档内容更加丰富。同时可以通过设置，将图片样式进行美化，达到想要的效果。

2.8.2 高频考点

（1）设置图片样式

选中需要设置样式的图片，此时选项卡栏中会出现"图片工具"选项卡→

点击"图片工具"选项卡→在"图片样式"选项组中设置相应的图片样式,如图 2.71 所示。

图 2.71　调整图片样式

设置图片样式主要包括:设置图片轮廓、设置图片效果和设置图片颜色。

① 设置图片轮廓

选中图片→点击"图片工具"选项卡(标号 1)→点击"图片样式"选项组中的"图片轮廓"下拉按钮(标号 2),在下拉列表中点击选择所需的图片轮廓,如图 2.72 所示。

② 设置图片效果

选中图片→点击"图片工具"选项卡(标号 1)→点击"图片样式"选项组中的"图片效果"按钮(标号 2),在下拉列表中点击选择所需的图片效果,如图 2.73 所示。

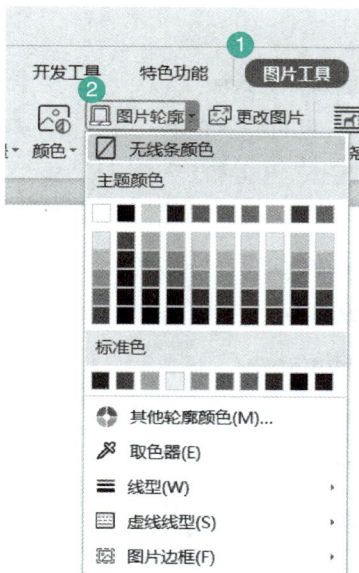

图 2.72　设置图片轮廓

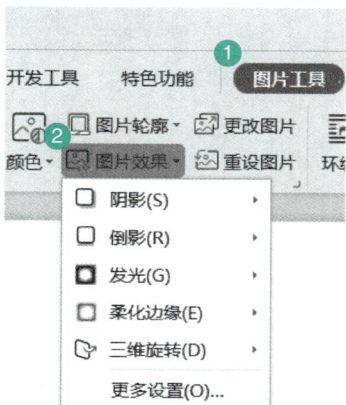

图 2.73　设置图片效果

③ 设置图片颜色

选中图片→点击"图片工具"选项卡（标号1）→点击"图片样式"选项组中的"颜色"按钮（标号2），在下拉列表中点击选择所需的图片颜色，如图2.74所示。

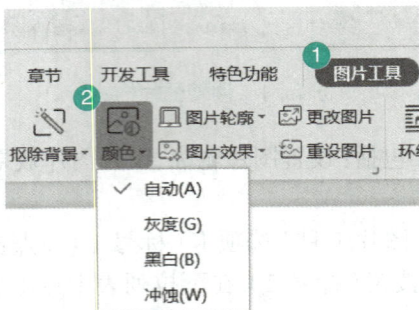

图 2.74　设置图片颜色

（2）设置图片的文字环绕方式

选中图片→点击"图片工具"选项卡（标号1）→点击"环绕"按钮（标号2），在下拉列表中点击选择所需的图片环绕方式，如图2.75所示。

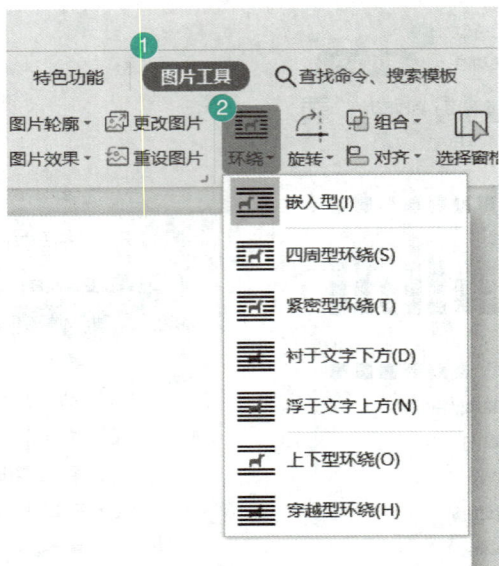

图 2.75　设置文字环绕方式

（3）去除图片背景

选中图片→点击"图片工具"选项卡（标号1）→点击"抠除背景"下拉按钮（标号2）→点击"设置透明色"命令（标号3）→鼠标点击图片背景，即可去除图片背景，如图2.76所示。

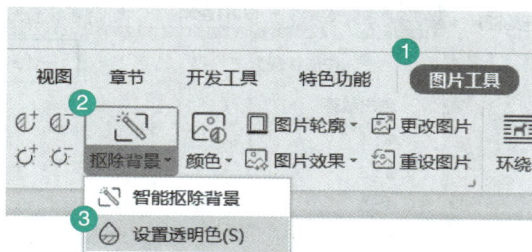

图 2.76　去除图片背景

（4）裁剪图片

选中图片→点击"图片工具"选项卡（标号1）→点击"裁剪"按钮（标号2），此时图片上会出现黑色轮廓，拖动轮廓完成图片的裁剪。如有特殊裁剪需求可点击"裁剪"下拉按钮→在下拉列表的"按形状裁剪"中选择所需的裁剪形状（标号3），如图2.77所示，或者在下拉列表的"按比例裁剪"中选择所需的裁剪比例，如图2.78所示。

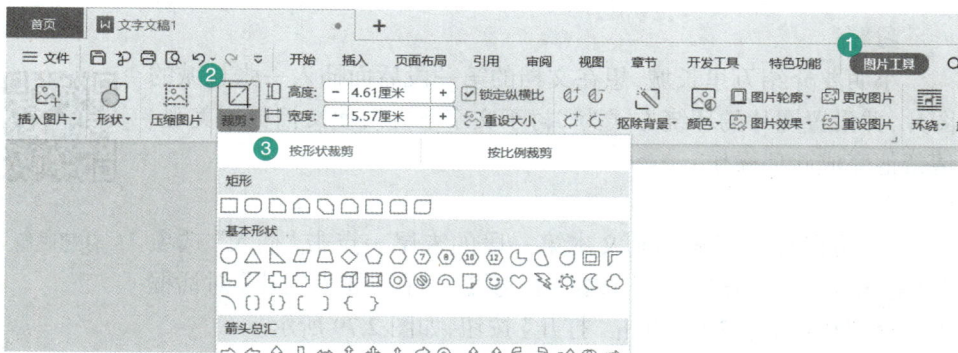

图 2.77　裁剪图片——按形状裁剪

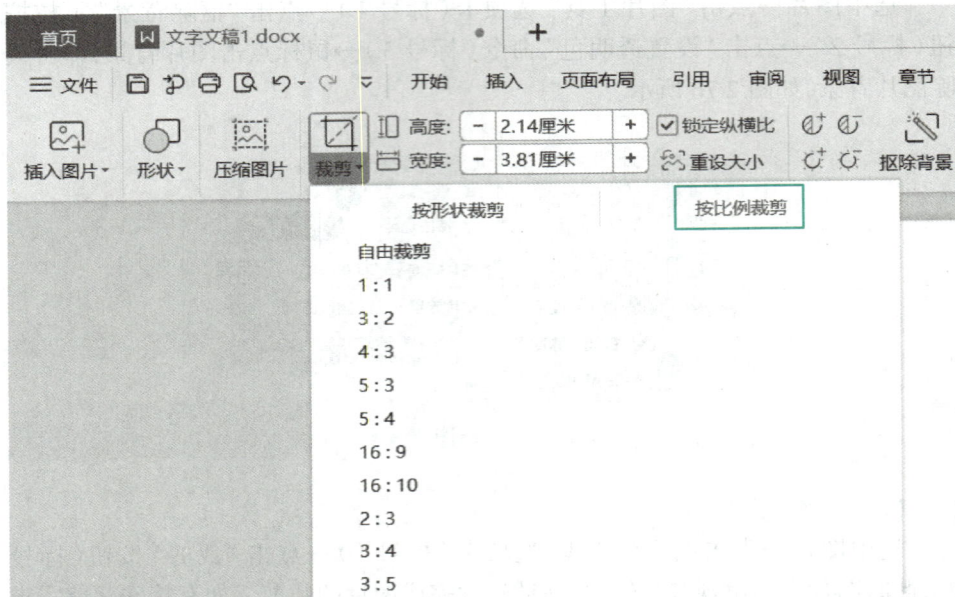

图 2.78　裁剪图片——按比例裁剪

2.8.3　实战演练

习题：

小明要介绍万里长城，想在文档的第一段后面插入一张长城的图片，并设置图片的环绕方式为"衬于文字下方"，使文档更加美观，请帮他完成此项操作。

解析：

2.8.3
习题讲解

① 将鼠标光标移动到文本第一段的末尾→点击"插入"选项卡（标号 1）→点击"图片"按钮（标号 2）→在"插入图片"对话框中选择图片（标号 3）→点击"打开"按钮，如图 2.79 所示。

② 功能区自动打开"图片工具"选项卡→点击"环绕"按钮（标号 4）→点击"衬于文字下方"命令（标号 5），如图 2.80 所示，最终效果如图 2.81 所示。

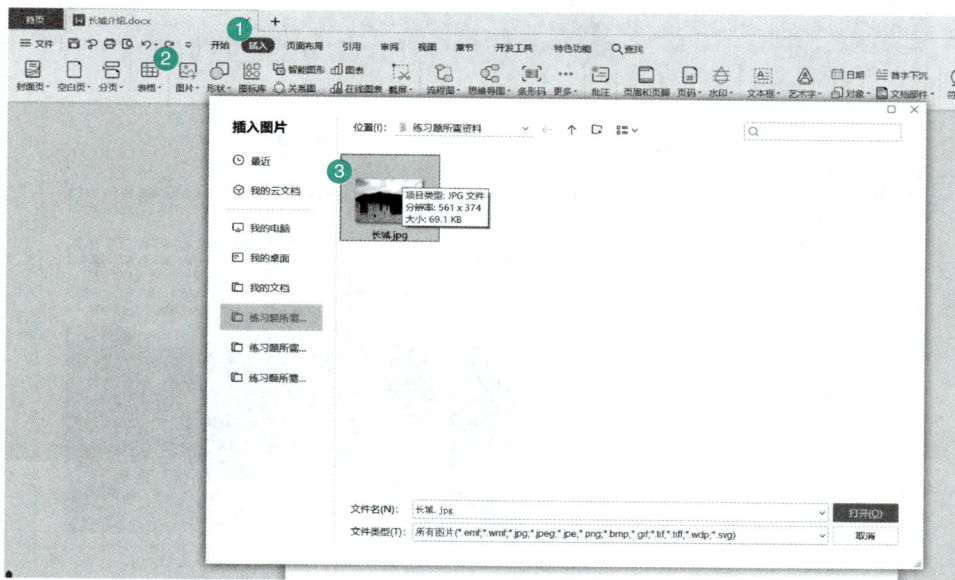

图 2.79 插入图片

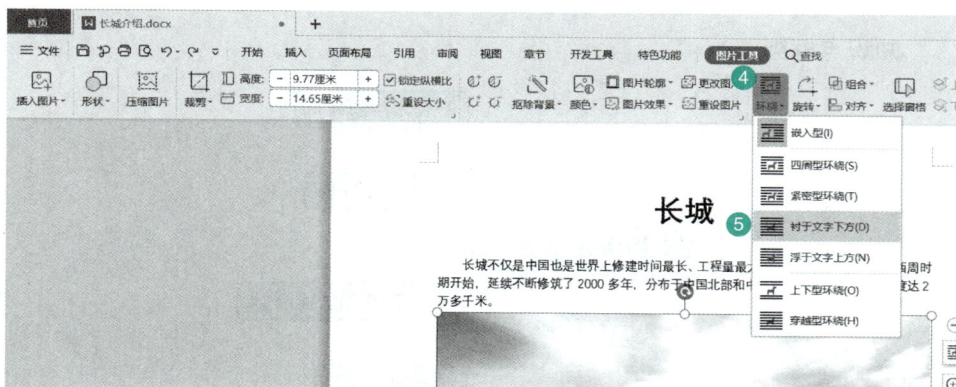

图 2.80 设置文字环绕方式

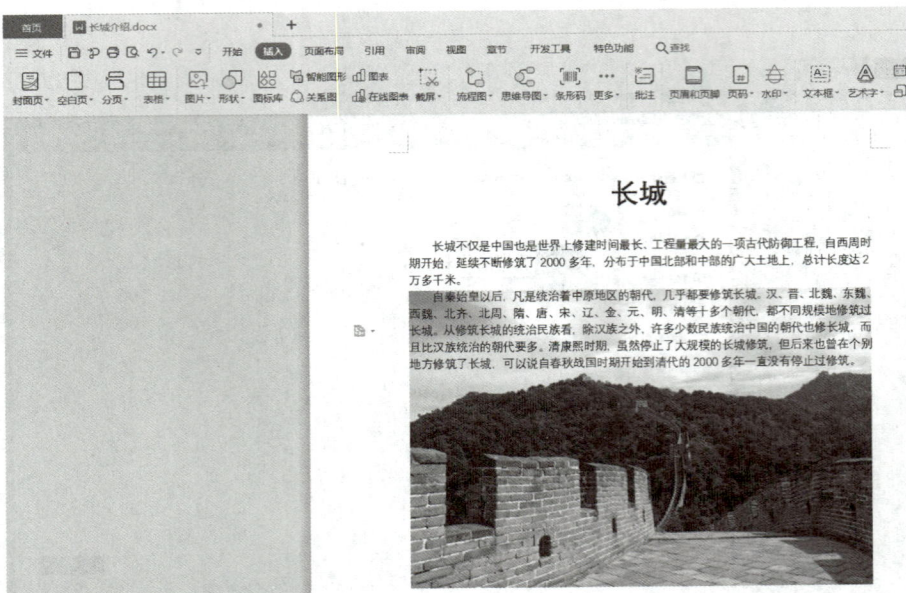

图 2.81   最终效果

2.9   在文档中处理图形

知识点框架：

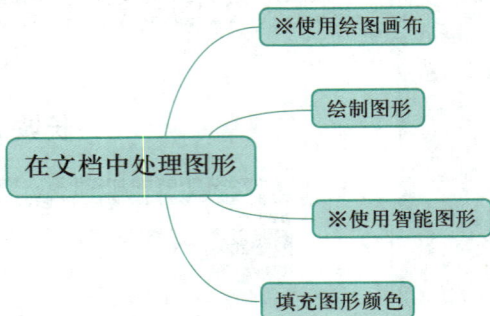

2.9.1   在文档中处理图形简介

WPS 中提供了包括形状、图案、流程图、关系图等很多实用的图形，通过图形可以更加有条理地表达内容，方便读者观看。

2.9.2 高频考点

（1）使用绘图画布

将鼠标光标放置在要插入绘图画布的位置→点击"插入"选项卡（标号 1）→点击"形状"按钮（标号 2）→点击下拉列表中的"新建绘图画布"命令（标号 3），如图 2.82 所示。

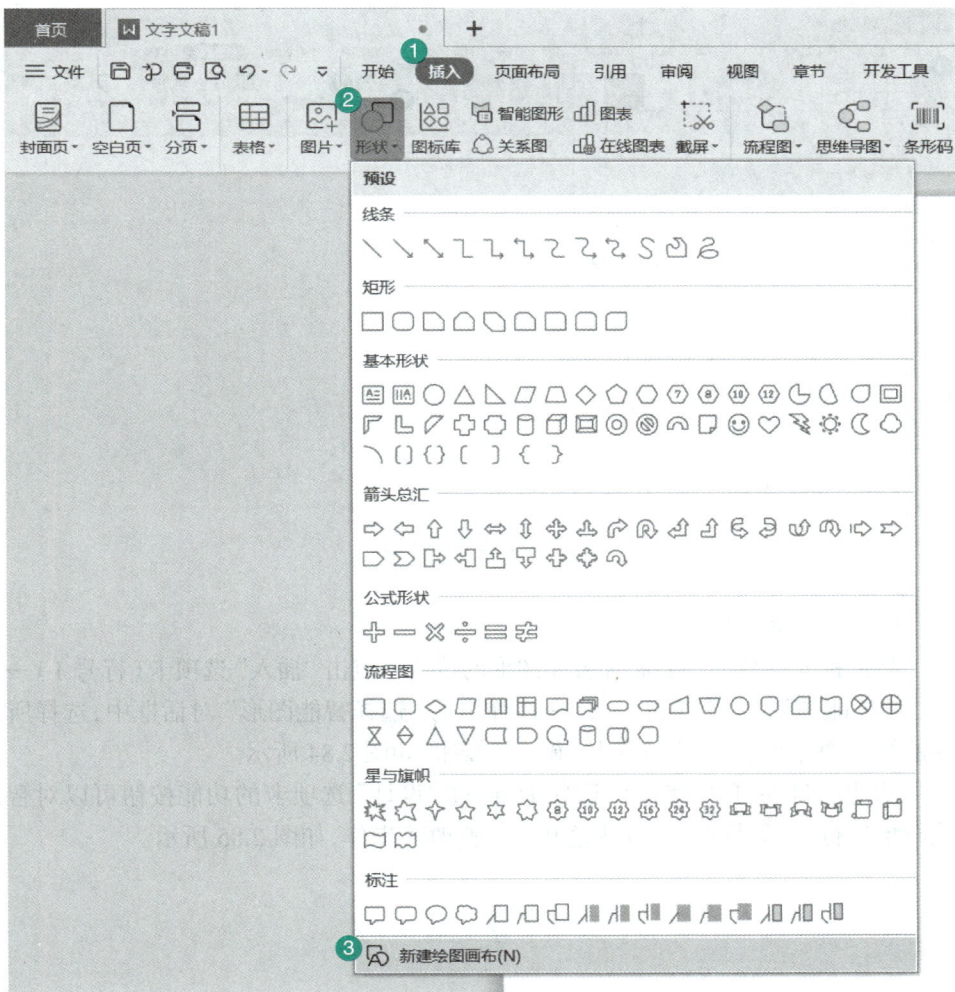

图 2.82　新建绘图画布

此时在文档中会出现一幅绘图画布,同时功能区会自动打开"绘图工具"选项卡(如图 2.83 所示)→点击"形状"下拉按钮(标号 4),在下拉列表中选择所需的图形,并在画布中通过拖拽鼠标完成绘制。

点击"填充"下拉按钮(标号 5),在下拉列表中选择所需的填充效果;点击"轮廓"下拉按钮(标号 6),在下拉列表中选择所需的轮廓样式;点击"形状效果"按钮(标号 7),在下拉列表中选择所需的形状效果,如图 2.83所示。

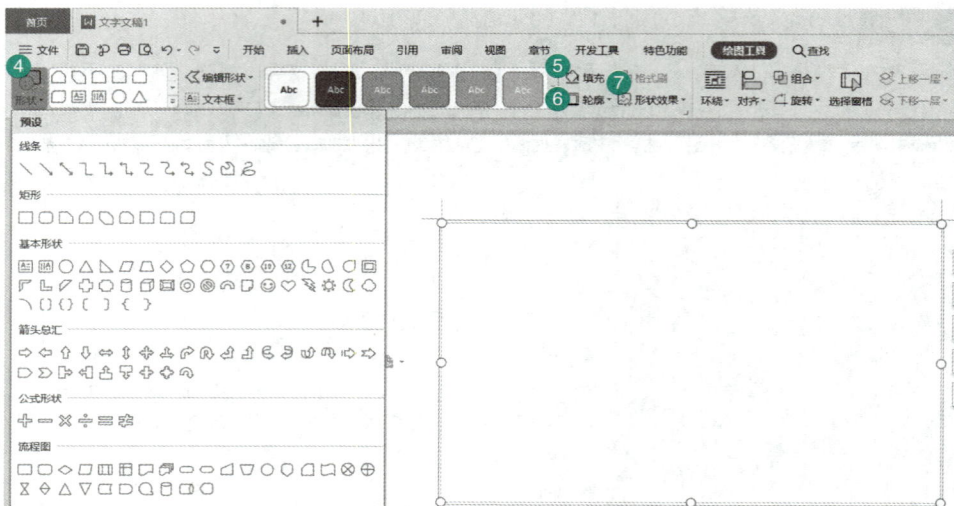

图 2.83 绘制图形

(2)使用智能图形

将鼠标光标移动到要添加智能图形的位置→点击"插入"选项卡(标号 1)→点击"智能图形"按钮(标号 2)→在弹出的"选择智能图形"对话框中,选择所需的智能图形(标号 3)→点击"确定"按钮,如图 2.84 所示。

功能区自动打开"设计"选项卡,通过"设计"选项卡的功能按钮可以对智能图形进行布局、排列、更改颜色和样式修改等操作,如图 2.85 所示。

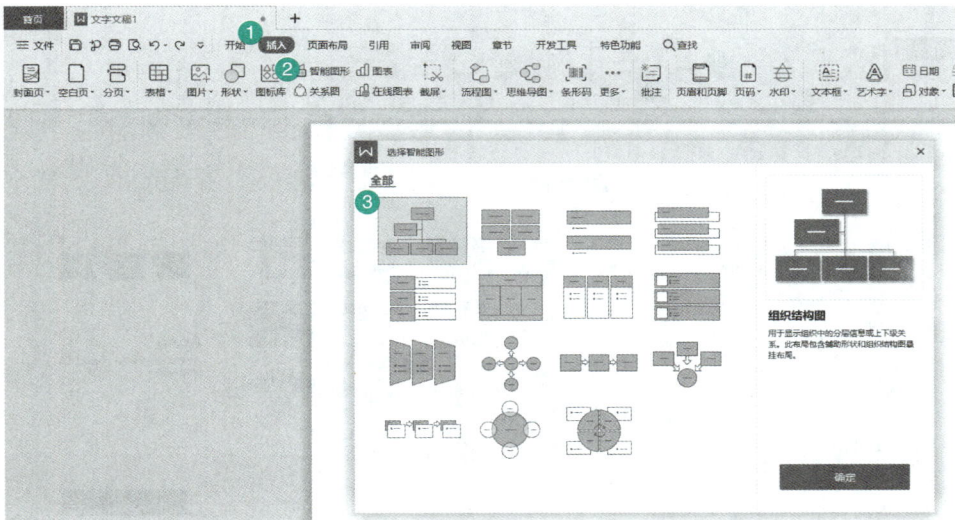

图 2.84　选择智能图形

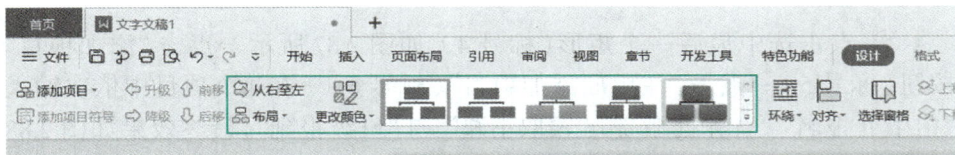

图 2.85　设计智能图形

2.9.3　实战演练

习题：

小王是一名小学老师，正值秋季入学时间，小王老师要使用智能图形画一个入学流程图（招生处报名，财务处缴费，领取书籍，班级报到），请帮他完成此项操作。

解析：

① 点击"插入"选项卡（标号 1）→点击"智能图形"按钮（标号 2）→在弹出的"选择智能图形"对话框中选择"基本流程"（标号 3）→点击"确定"按钮，如图 2.86 所示。

2.9.3
习题讲解

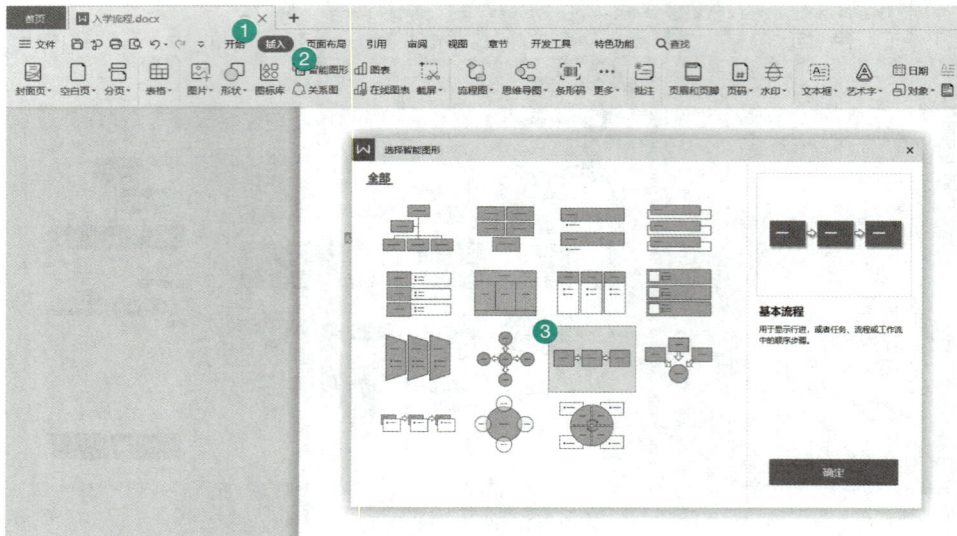

图 2.86   插入流程图

② 点击选中最后一个矩形（标号 4），如图 2.87 所示→点击"添加项目"按钮（标号 5）→点击"在后面添加项目"（标号 6）→在 4 个项目中依次输入"招生处报名""财务处缴费""领取书籍"和"班级报到"，最终效果如图 2.88 所示。

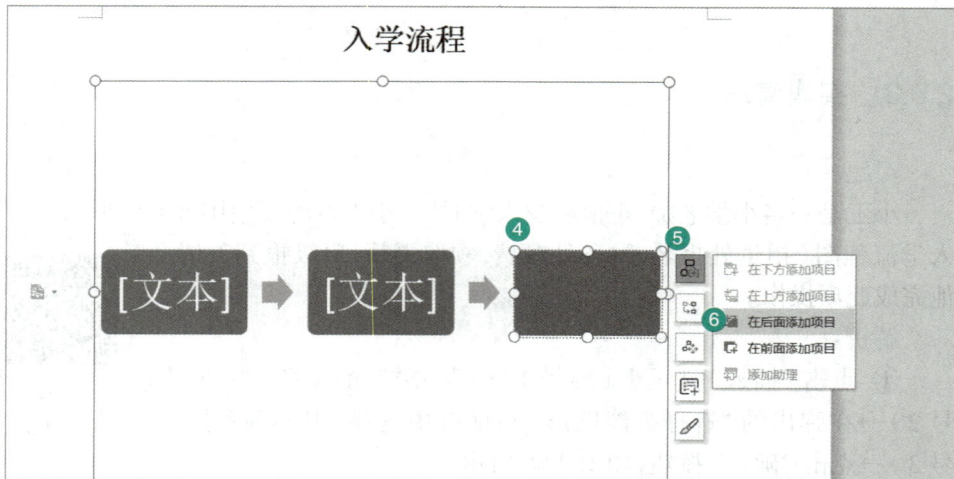

图 2.87   添加项目

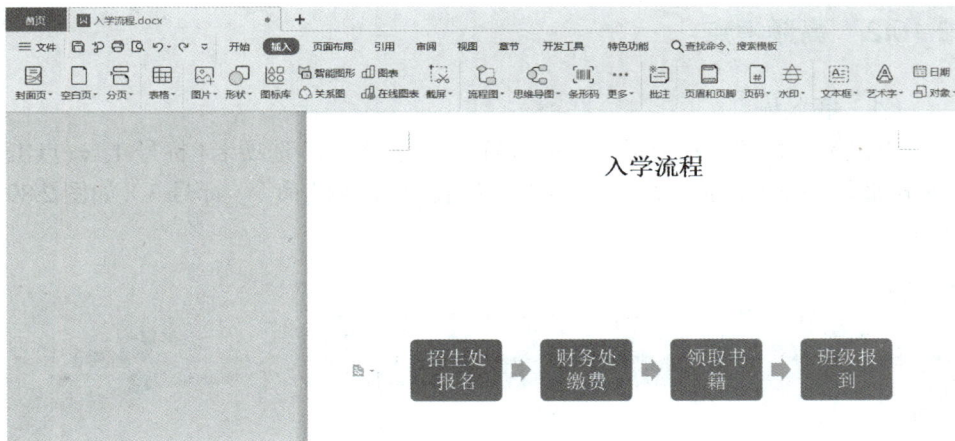

图 2.88　最终效果

2.10　在文档中插入其他内容

知识点框架：

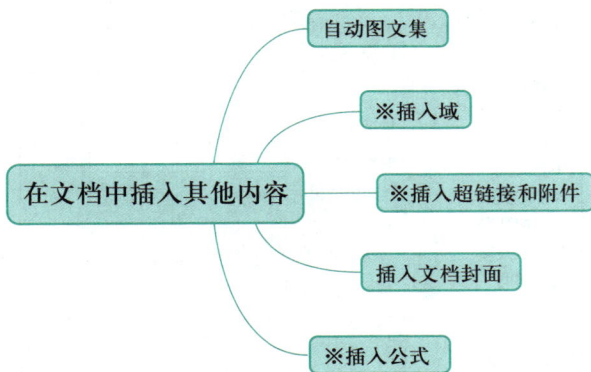

2.10.1　在文档中插入其他内容简介

文档中除了文字、表格、图片、图形外，还可以插入一些诸如域、公式等内容，使文档表达的内容更丰富。

2.10.2 高频考点

（1）插入域

将鼠标光标放置在要插入域的位置→点击"插入"选项卡（标号 1）→点击"文档部件"按钮（标号 2）→点击下拉列表中的"域"命令（标号 3），如图 2.89 所示。

图 2.89 插入域

在弹出的"域"对话框中选择所需的"域名"，设置对应的"高级域属性"→点击"确定"按钮，如图 2.90 所示。

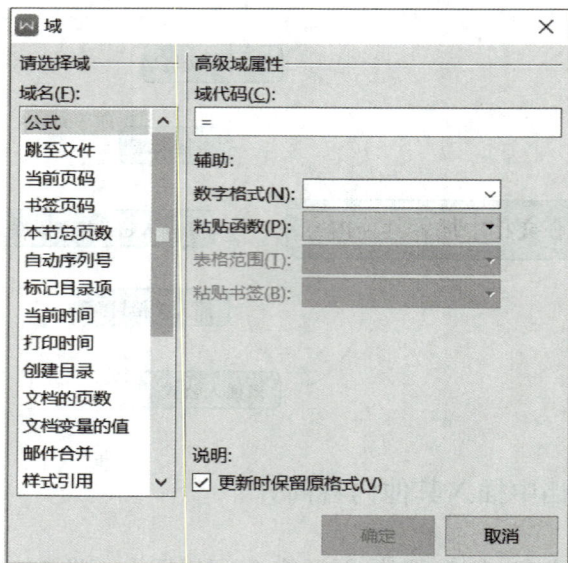

图 2.90 选择域

（2）插入超链接和附件

① 插入超链接

将鼠标光标放置在要插入超链接的位置→点击"插入"选项卡（标号 1）→点击"超链接"按钮（标号 2）→在弹出的"插入超链接"对话框中可选择"原有文件或网页""本文档中的位置"或"电子邮件地址"（标号 3），并在右侧选择详细地址或位置→填写上方的"要显示的文字"文本框（标号 4）→点击"确定"按钮，如图 2.91 所示。

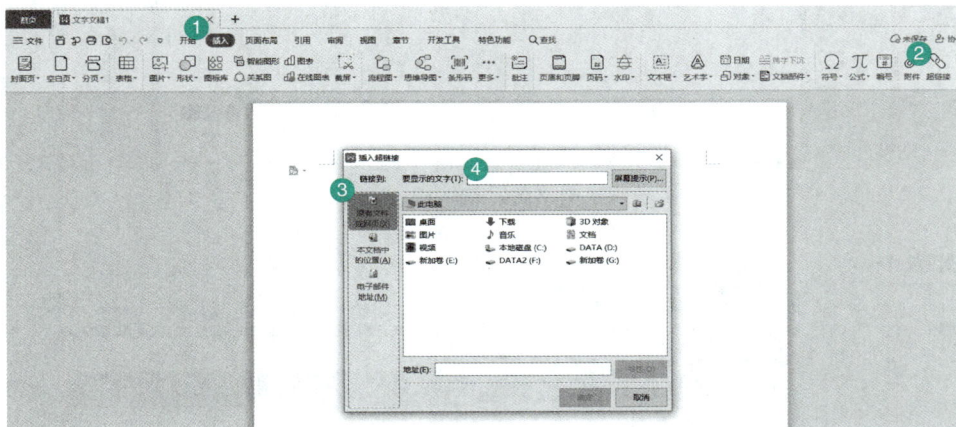

图 2.91　插入超链接

② 插入附件

将鼠标光标放置在要插入附件的位置→点击"插入"选项卡（标号 1）→点击"附件"按钮（标号 2）→在弹出的"插入附件"对话框中选择所需的附件→点击"打开"按钮（标号 3），如图 2.92 所示。

（3）插入公式

将鼠标光标放置在要插入公式的位置→点击"插入"选项卡（标号 1）→点击"公式"按钮（标号 2）→在弹出的"公式编辑器"对话框中输入公式（标号 3），如图 2.93 所示。可通过点击菜单栏中的符号进行公式的编写，编写完成后关闭对话框即可。

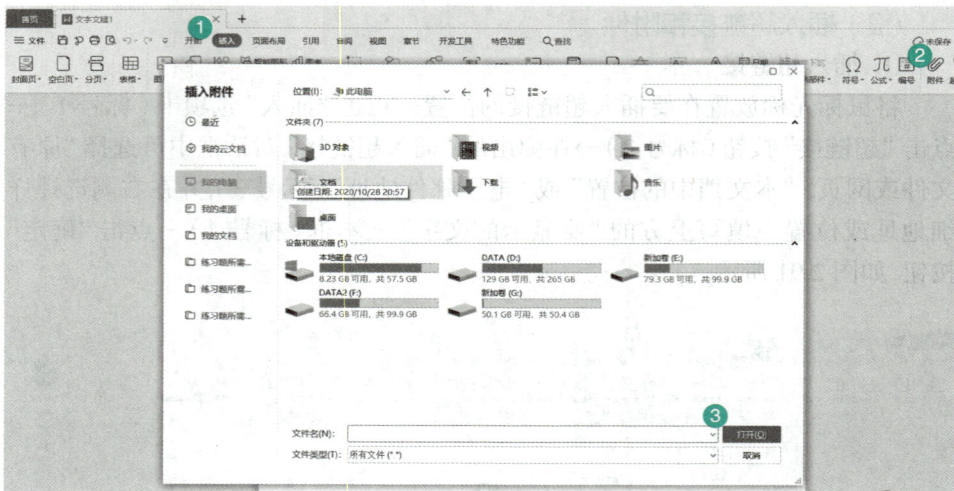

图 2.92　插入附件

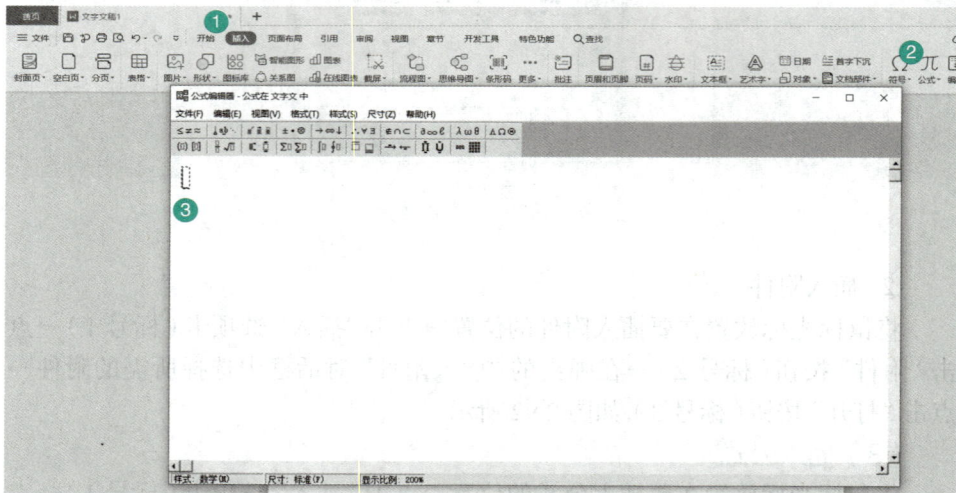

图 2.93　插入公式

2.10.3　实战演练

习题：

小王要在文档的末尾插入一个一元二次方程的求根公式，请帮他完成此项操作。

解析：

① 将鼠标光标放置在文档末尾（标号1）→点击"插入"选项卡（标号2）→点击"公式"按钮（标号3），如图2.94所示。

② 在弹出的"公式编辑器"对话框中输入一元二次方程的求根公式，如图2.95所示，输入完成后关闭对话框，最终效果如图2.96所示。

2.10.3
习题讲解

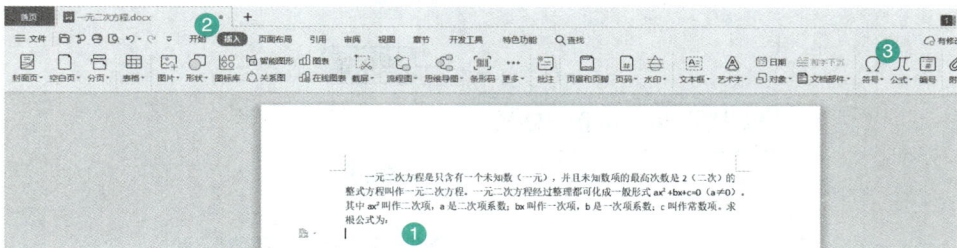

图 2.94　插入公式

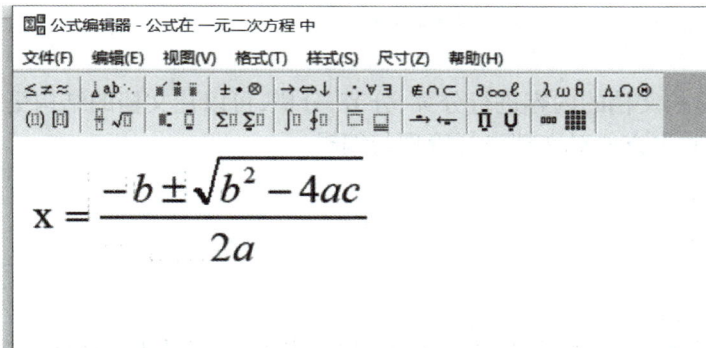

$$x = \frac{-b \pm \sqrt{b^2 - 4ac}}{2a}$$

图 2.95　输入公式

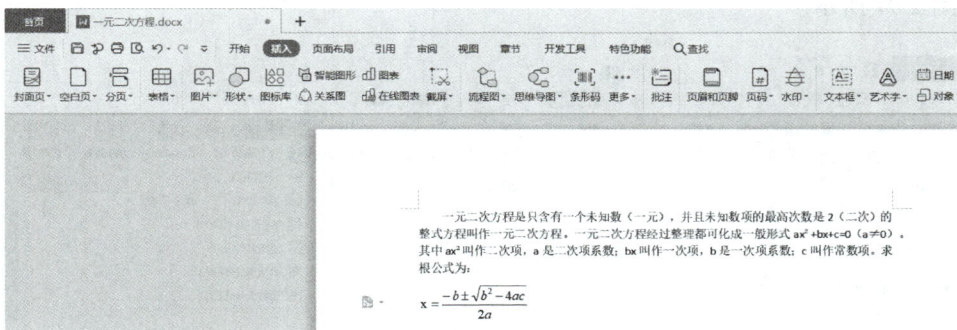

图 2.96　最终效果

2.11　文档分页、分节、分栏

知识点框架：

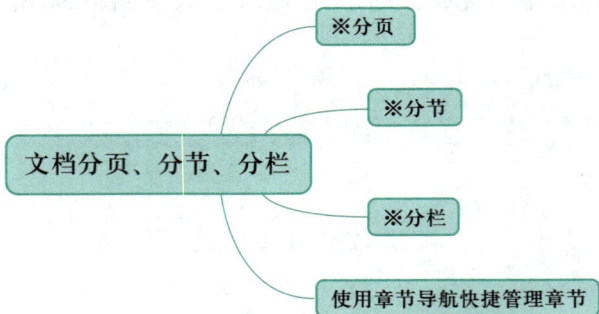

文档分页、分节、分栏
- ※分页
- ※分节
- ※分栏
- 使用章节导航快捷管理章节

2.11.1　文档分页、分节、分栏简介

将一篇长文档的内容进行分页、分节、分栏，可以让文档的结构更清晰、布局更合理，同时也方便对文档进行管理与编辑。

2.11.2　高频考点

（1）分页

将光标定位于文档中需要分页的位置→点击"页面布局"选项卡（标号 1）→点击"分隔符"按钮（标号 2）→在下拉列表中点击选择"分页符"（标号 3），如图 2.97 所示。

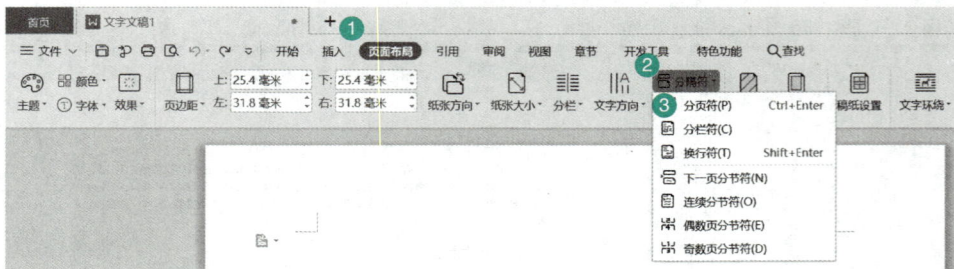

图 2.97　文档分页

（2）分节

将光标定位于文档中需要分节的位置→点击"页面布局"选项卡（标号1）→点击"分隔符"按钮（标号2）→在下拉列表中点击选择所需的分节符，如图2.98所示。

图 2.98　文档分节

WPS文字提供了4种不同的分节符：

● 下一页分节符：分节符后的内容将换至下一个新页面。

● 连续分节符：分节符前后节可以同在一个页面，不会自动分页。

● 偶数页分节符：分节符后的内容将会换至下一个偶数页，分节和分页同时进行，新节在文档的偶数页面开始。

● 奇数页分节符：分节符后的内容将会换至下一个奇数页，分节和分页同时进行，新节在文档的奇数页面开始。

（3）分栏

选中文档中需要做分栏操作的文本→点击"页面布局"选项卡（标号1）→点击"分栏"按钮（标号2）→在下拉列表中点击选择所需的分栏方式，如图2.99所示。如没有需要的分栏方式则可点击"更多分栏"命令，在"分栏"对话框中进行个性化的设置。

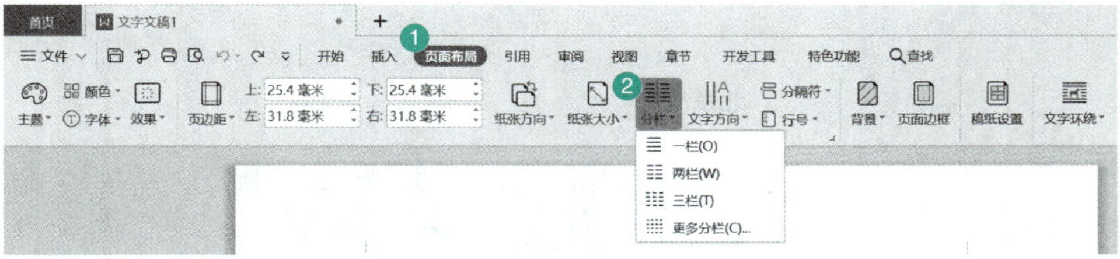

图 2.99　文档分栏

2.11.3　实战演练

习题：

为了使文档的版面更加美观，小王需要将正文设置两栏。请帮他完成此项操作。

解析：

选中文档中的正文文本→点击"页面布局"选项卡（标号 1）→点击"分栏"按钮（标号 2）→在下拉列表中点击选择"两栏"（标号 3），如图 2.100 所示，最终效果如图 2.101 所示。

2.11.3
习题讲解

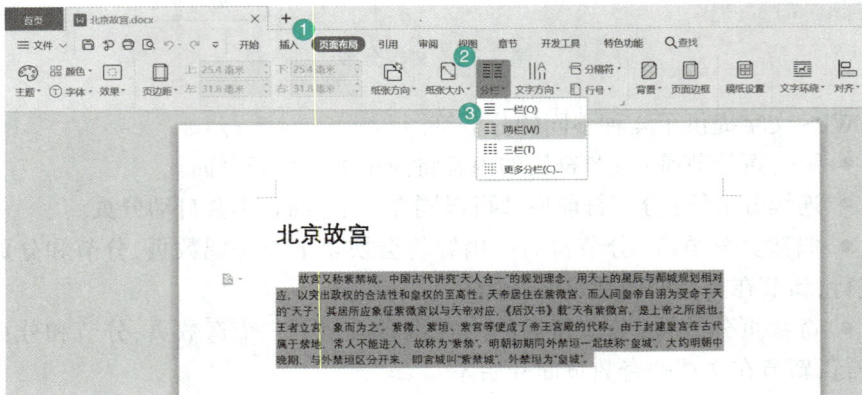

图 2.100　正文分栏

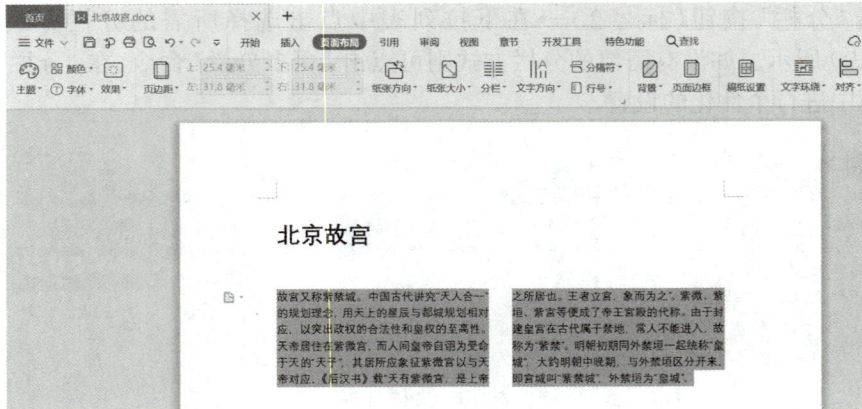

图 2.101　最终效果

2.12　页眉和页脚的设置

知识点框架：

```
                              ┌──── 添加页码
                              │
         页眉和页脚的设置 ──────┼──── ※自定义页码格式
                              │
                              └──── ※为奇偶页创建不同的页眉或页脚
```

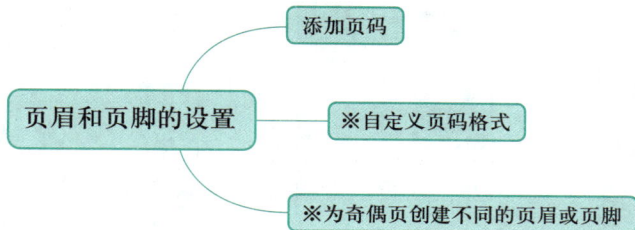

2.12.1　页眉和页脚的设置简介

WPS 文字中预置了丰富的页眉和页脚样式，方便用户快速地应用。用户还可以根据需求自定义页眉或页脚样式。

2.12.2　高频考点

（1）自定义页码格式

点击"插入"选项卡（标号 1）→点击"页码"下拉按钮（标号 2）→在下拉列表中点击"页码"（标号 3）→在弹出的"页码"对话框中，在"样式"和"位置"选项区内设置页码样式和位置，同时可以设置是否包含章节号、页码编号、应用范围等，设置完成后点击"确定"即可，如图 2.102 所示。

（2）为奇偶页创建不同的页眉或页脚

双击文档中的页眉或页脚区域（标号 1），如图 2.103 所示，在菜单栏中将会自动打开"页眉和页脚"选项卡→点击"页眉页脚选项"按钮（标号 2）→在弹出的"页眉 / 页脚设置"对话框中，勾选"奇偶页不同"选项→点击"确定"按钮，如图 2.104 所示。分别在奇数页和偶数页的页眉或页脚位置上输入内容，即可创建不同的页眉或页脚。

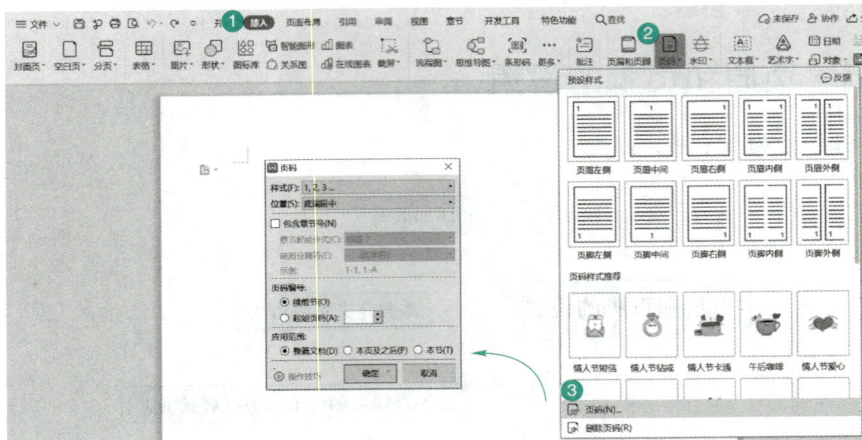

图 2.102   自定义页码

图 2.103   打开 "页眉和页脚" 选项卡

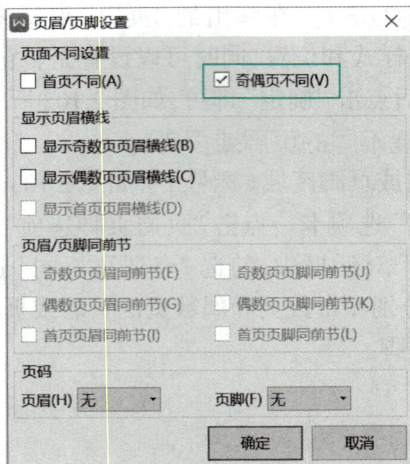

图 2.104   设置奇偶页不同

2.12.3 实战演练

习题：

小王需要为文档的奇数页和偶数页设置不同的页眉,奇数页页眉为"北京故宫",偶数页页眉为"简介",请帮他完成此项操作。

解析：

① 打开文档→双击文档中的页眉区域(标号1),如图2.105所示→在"页眉和页脚"选项卡下点击"页眉页脚选项"按钮(标号2),将会弹出"页眉/页脚设置"对话框。

2.12.3
习题讲解

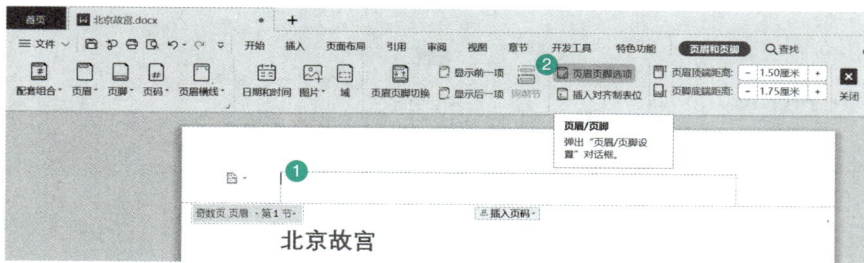

图 2.105 打开"页眉和页脚"选项卡

② 在弹出的对话框中,勾选"奇偶页不同"选项→点击"确定"按钮,如图2.106所示。

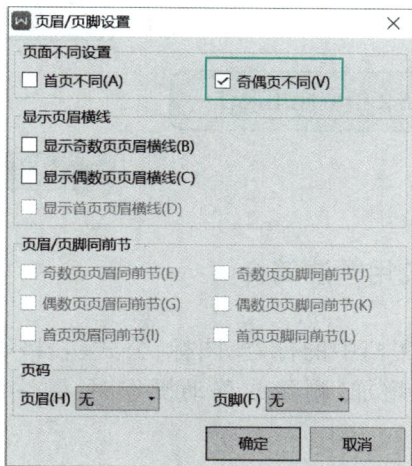

图 2.106 设置奇偶页不同

③ 在奇数页的页眉处输入"北京故宫"、偶数页的页眉处输入"简介",即可完成设置。如图 2.107 和图 2.108 所示。

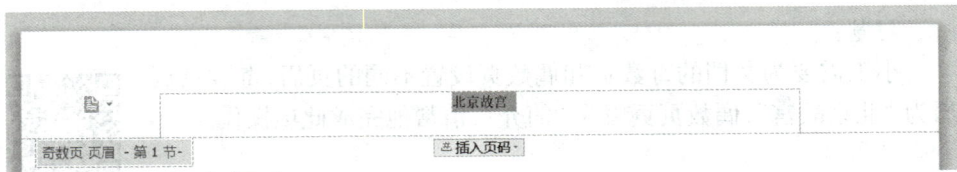

图 2.107　奇数页页眉

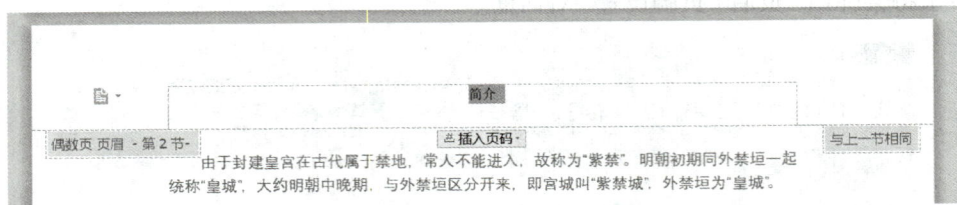

图 2.108　偶数页页眉

2.13　在文档中应用题注

知识点框架:

2.13.1　在文档中应用题注简介

使用题注可以为文档中的标题、图标、公式、表格等对象添加编号,当对文档的某类题注进行增加、删除或移动操作时,题注的标号顺序将会自动更新。

2.13.2 高频考点

交叉引用题注

将鼠标光标定位到要引用的位置→点击"引用"选项卡(标号 1)→点击"交叉引用"按钮(标号 2),将会弹出"交叉引用"对话框,如图 2.109 所示。

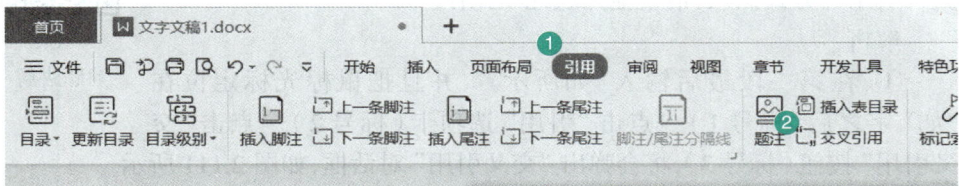

图 2.109 交叉引用

在弹出的"交叉引用"对话框中,点击"引用类型"下拉按钮(标号 3),在下拉菜单中选择要引用的类型→点击"引用内容"下拉按钮(标号 4),在下拉菜单中选择要引用的内容→在"引用哪一个题注"文本框中选择题注(标号 5)→点击"插入"按钮即可(标号 6)→引用完成之后点击"取消"按钮,关闭对话框(标号 7),如图 2.110 所示。

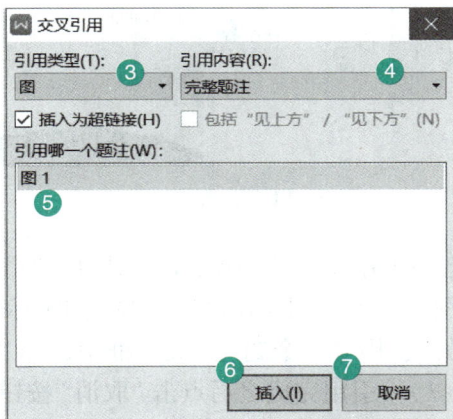

图 2.110 交叉引用对话框

2.13.3　实战演练

习题：

小王要为同学们介绍长城,现要在文档的第一段最后加上"如图1所示"("图1"为文档中长城图片的题注)。"图1"需使用题注交叉引用的方式插入,请帮他完成此项操作。

解析：

① 在第一段最后输入"如所示。",并且把鼠标光标定位在"如"字之后(标号1)→点击"引用"选项卡(标号2)→点击"交叉引用"按钮(标号3),将会弹出"交叉引用"对话框,如图2.111所示。

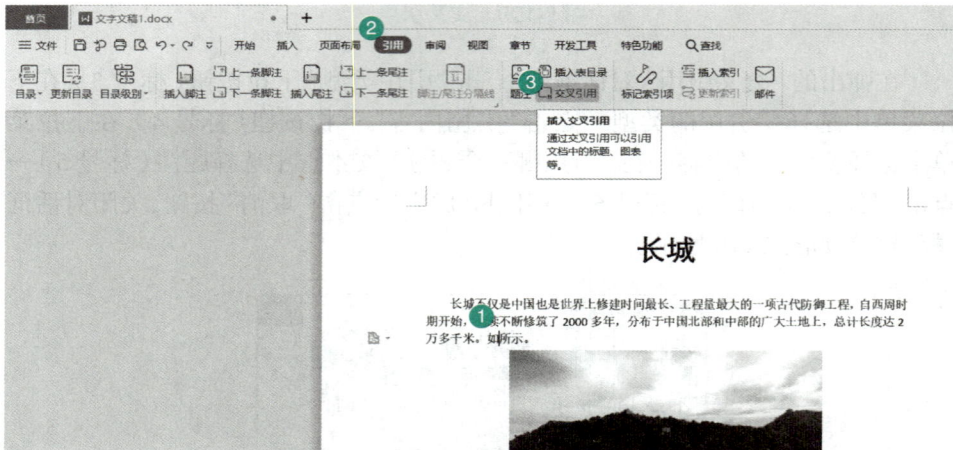

2.13.3
习题讲解

图2.111　选择交叉引用

② 在弹出的"交叉引用"对话框中,点击"引用类型"下拉按钮(标号4),在下拉菜单中选择"图"→点击"引用内容"下拉按钮(标号5),在下拉菜单中选择"完整题注"→在"引用哪一个题注"文本框中选择"图1"(标号6)→点击"插入"按钮(标号7)→引用完成之后点击"取消"按钮(标号8),关闭对话框,如图2.112所示,最终效果如图2.113所示。

图 2.112 交叉引用对话框

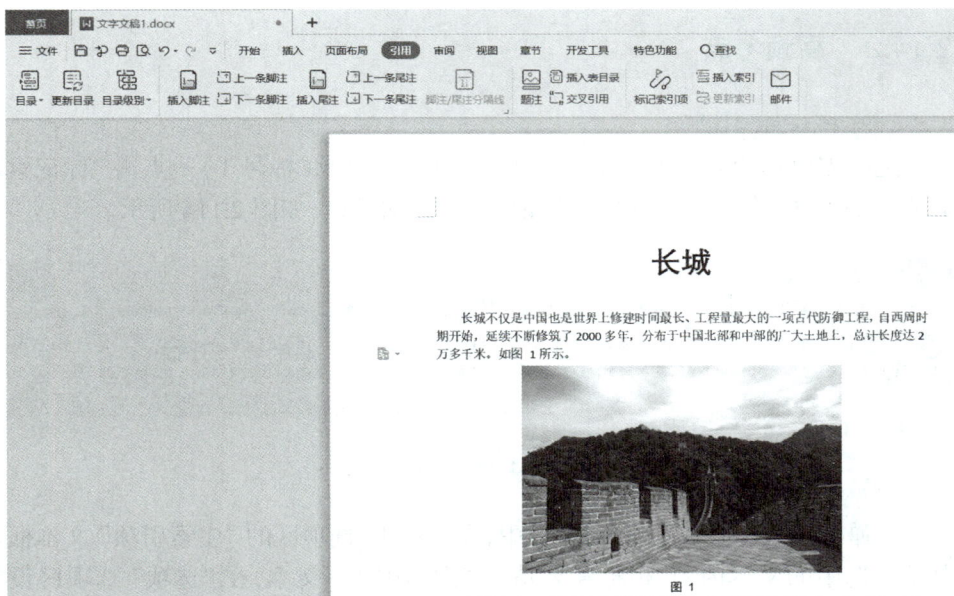

图 2.113 最终效果

2.14　标记并创建索引

知识点框架：

```
                            ※标记索引项
         ┌──────────────┐
         │ 标记并创建索引 │
         └──────────────┘
                            ※创建索引
```

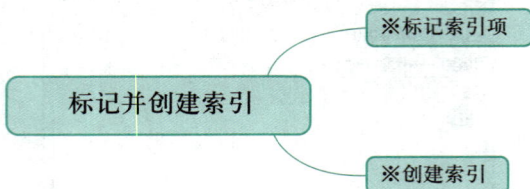

2.14.1　标记并创建索引简介

在文档中创建索引可以帮助读者更快地查阅资料，创建索引之前需要标记索引项，可以为单词、短语甚至为多页的主题创建索引项。

2.14.2　高频考点

（1）标记索引项

选中需要作为索引的文本→点击"引用"选项卡（标号 1）→点击"标记索引项"按钮（标号 2），将会弹出"标记索引项"对话框，如图 2.114 所示。

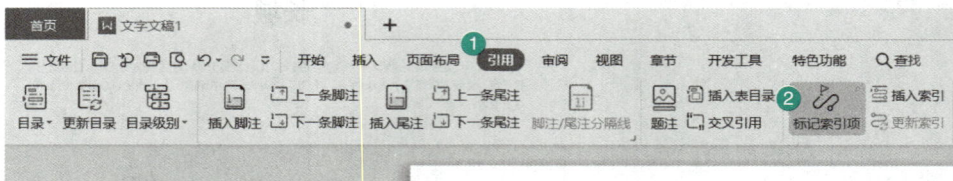

图 2.114　标记索引项

在弹出的"标记索引项"对话框中，在"索引"选项区的"主索引项"文本框中显示选中的文本内容，根据需要填入"次索引项"文本，在"选项"选项区设置索引项的方式，在"页码格式"选项区设置是否"加粗"和"倾斜"→点击"标记"按钮即可标记单个文本，如需要标记所有相同的文本，点击"全部标记"按钮→点击"关闭"按钮，如图 2.115 所示。

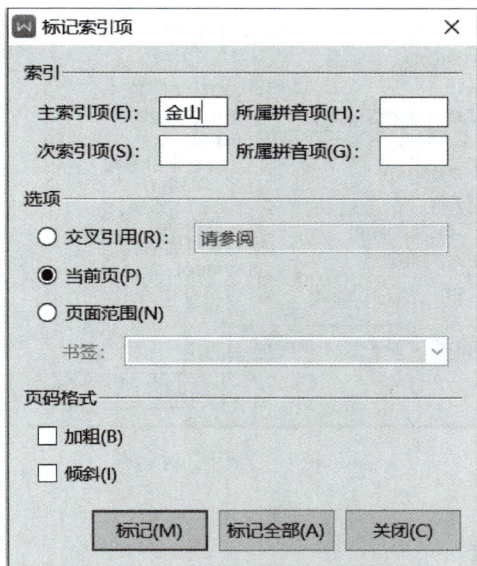

图 2.115 "标记索引项"对话框

（2）创建索引

用鼠标光标选中创建索引的位置,点击"引用"选项卡（标号1）→点击"插入索引"按钮（标号2）,将会弹出"索引"对话框,如图2.116所示。

图 2.116 插入索引

在弹出的"索引"对话框中,设置索引类型为"缩进式"或者"接排式",根据需要设置栏数、语言和排序依据,之后点击"确定"按钮完成创建,如图2.117所示。

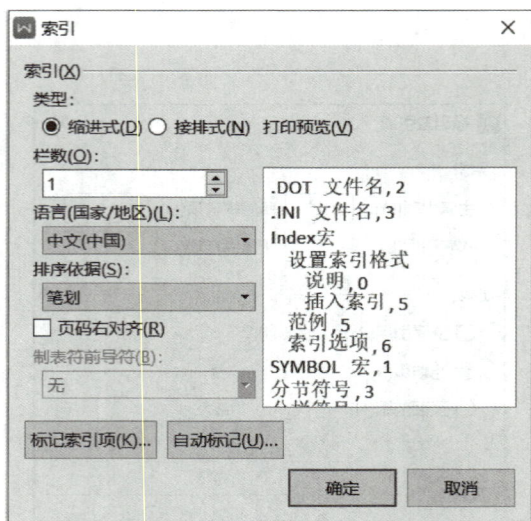

图 2.117　"索引"对话框

2.14.3　实战演练

习题：

小王要为同学们介绍故宫,他想把重要的词语标记并创建为索引,请标记"北京故宫""宫殿"和"紫禁城",并在文档的最后创建索引,请帮他完成此项操作。

2.14.3
习题讲解

解析：

① 选中"北京故宫"(标号1)→点击"引用"选项卡(标号2)→点击"标记索引项"按钮(标号3)→弹出"标记索引项"对话框,使用默认选项,点击"标记全部"按钮(标号4)→按照上述步骤标记"宫殿"和"紫禁城",如图 2.118 所示。

② 将鼠标光标移动到文档最后→点击"引用"选项卡(标号1)→点击"插入索引"按钮(标号2)→弹出"索引"对话框,使用默认选项,点击"确定"按钮,如图 2.119 所示,最终效果如图 2.120 所示。

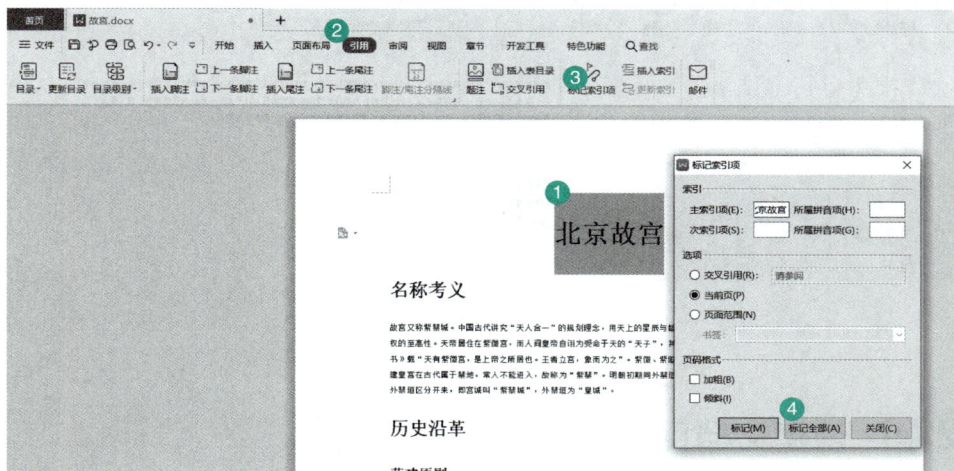

图 2.118　标记索引项

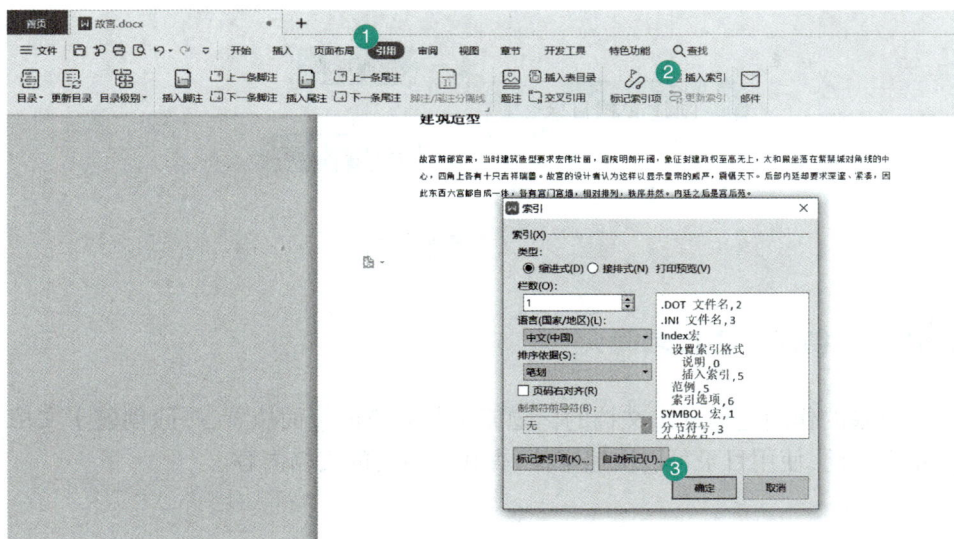

图 2.119　创建索引

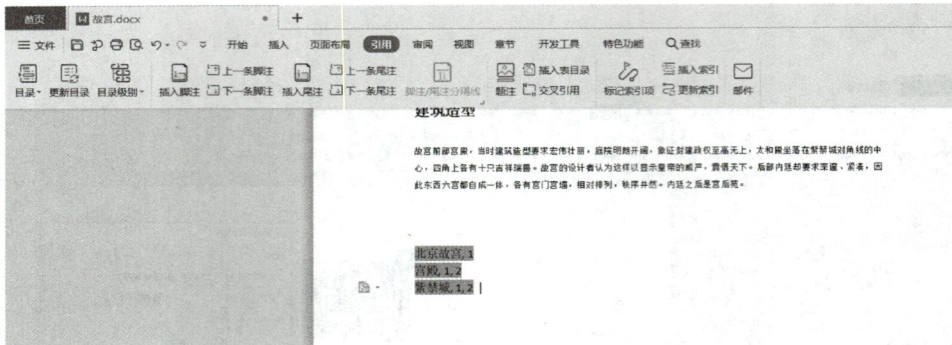

图 2.120　最终效果

2.15　创建文档目录

知识点框架：

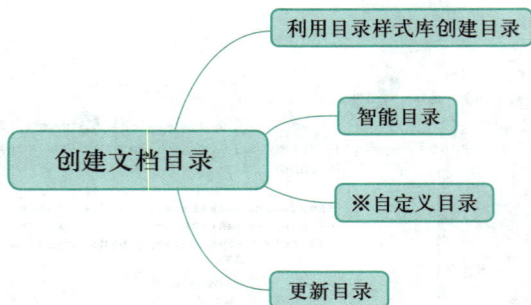

2.15.1　创建文档目录简介

目录的作用是标示出文档的标题或章节对应的页面位置，一般创建于文档的正文之前，使用目录可以快速定位、查找到想要的文档内容。

2.15.2　高频考点

自定义目录

将鼠标光标定位到要插入目录的位置→点击"引用"选项卡（标号 1）→点

击"目录"按钮（标号2）→点击下拉列表中的"自定义目录"命令（标号3），如图2.121所示。

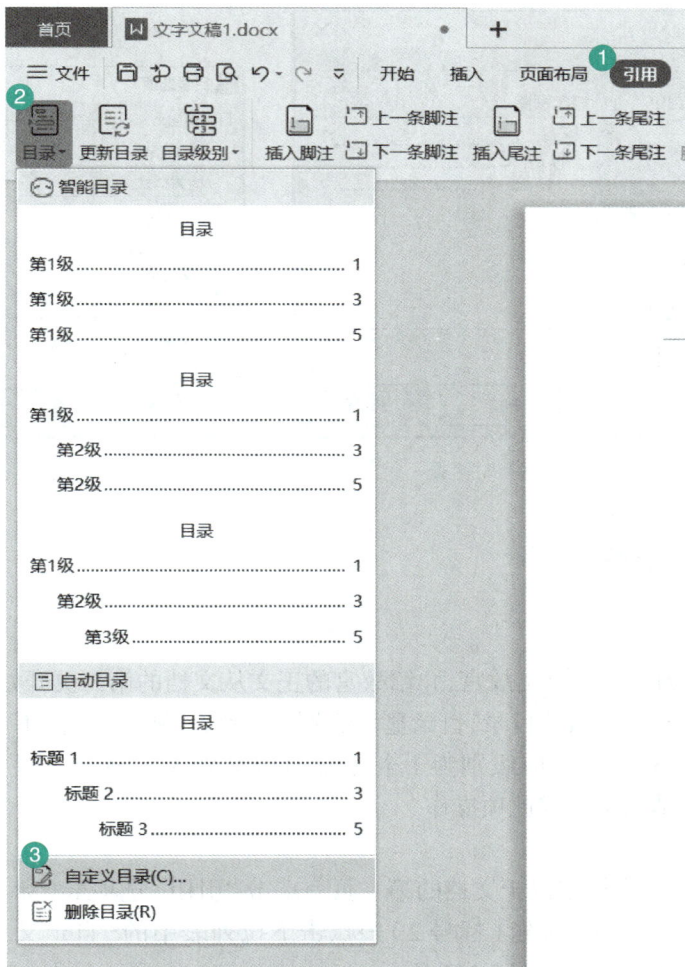

图 2.121　选择自定义目录

在弹出的"目录"对话框中，根据需求设置制表符前导符、显示级别、是否显示页码、是否页码右对齐和是否使用超链接等内容，如需进一步设置可点击"选项"按钮，如图2.122所示。

在弹出的"目录选项"对话框中的"样式"区域设置"有效样式"和对应的"目录级别"→点击"确定"按钮，如图2.123所示→此时返回到"目录"对话框中，在"打印预览"区域显示自定义目录的样式，如图 2.122 所示→确认后点击"确定"按钮即可在文档中插入自定义的目录。

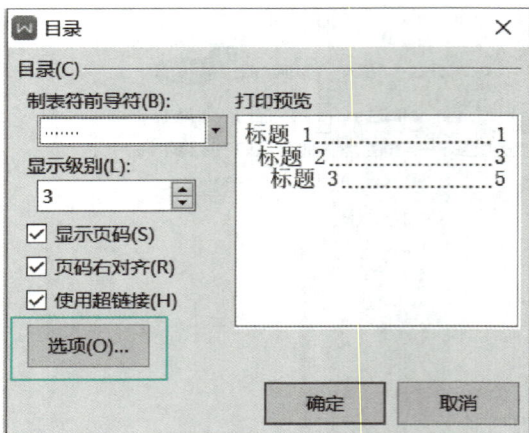

图 2.122　"目录"对话框

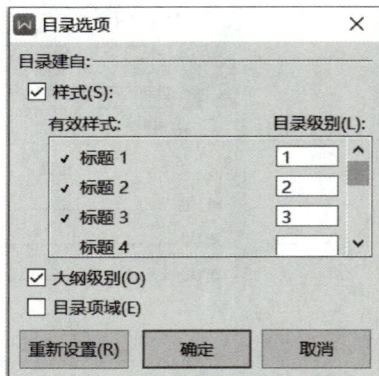

图 2.123　"目录选项"对话框

2.15.3　实战演练

习题：

　　小王要为同学们介绍故宫，介绍故宫的正文从文档的第二页开始，现要在文档的第一页插入文档的目录，目录显示级别为 3 级，页码右对齐，不使用超链接，标题 1 对应级别为 1，标题 2 对应级别为 2，标题 3 对应级别为 3，请帮他完成此项操作。

2.15.3
习题讲解

解析：

　　① 将鼠标光标定位于文档的第一页→点击"引用"选项卡（标号 1）→点击"目录"按钮（标号 2）→点击下拉列表中的"自定义目录"命令（标号 3），如图 2.121 所示。

　　② 弹出"目录"对话框→设置"显示级别"为 3→勾选"显示页码"和"页码右对齐"→取消勾选"使用超链接"→点击"选项"按钮，如图 2.124 所示。

　　③ 在弹出的"目录选项"对话框中，在"有效样式"区域设置样式和对应的级别，如图 2.125 所示→设置完成后返回到"目录"对话框中，在"打印预览"区域检查自定义目录的样式，如图 2.124 所示→点击"确定"按钮完成自定义目录的插入，最终效果如图 2.126 所示。

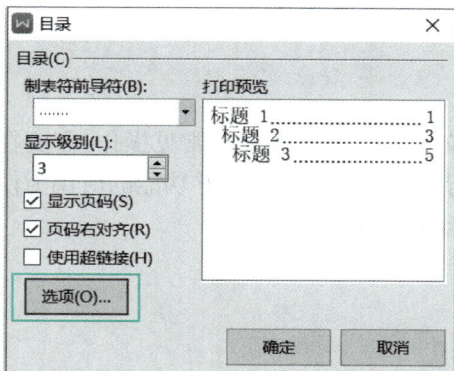

图 2.124　设置目录

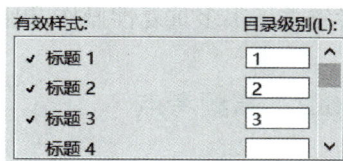

图 2.125　"目录选项"对话框（局部）

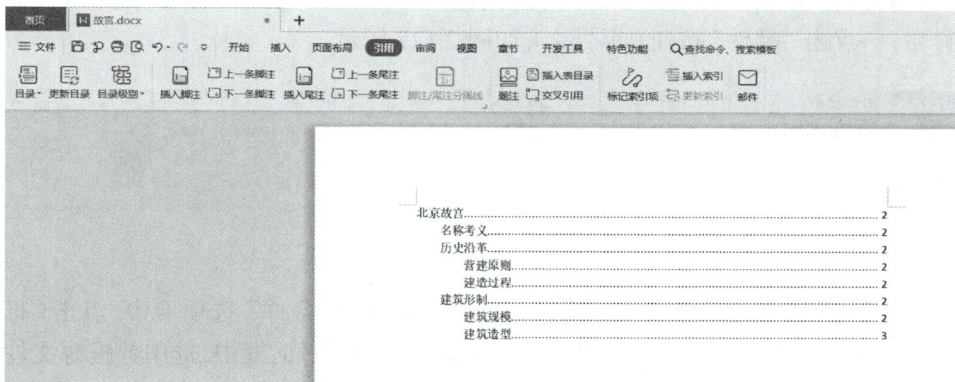

图 2.126　最终效果

2.16　邮件合并操作

知识点框架：

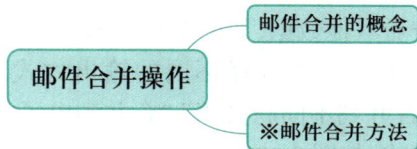

邮件合并操作
- 邮件合并的概念
- ※邮件合并方法

2.16.1   邮件合并操作简介

邮件合并是对邀请函等特殊版式的文档进行批量处理的常见操作,需要在固定格式的内容前后导入不同的数据进行合并生成。邮件合并功能的应用为使用者省去了很多重复性操作,提高了内容编辑效率。

2.16.2   高频考点

邮件合并方法

准备好需要引用的数据源,编辑主文档的内容并保存。

将光标定位于主文档中需要引用数据源的位置→点击"引用"选项卡(标号1)→点击"邮件"按钮(标号2),如图2.127所示。

图2.127   点击"邮件"按钮

菜单栏将会出现"邮件合并"选项卡。在"邮件合并"选项卡中,点击"打开数据源"按钮(标号1)→在弹出的"选取数据源"对话框中,选中数据源文件(标号2)→点击"打开"按钮(标号3),如图2.128所示。

打开数据源后对话框自动关闭,"邮件合并"选项卡的按钮被全部激活。点击"插入合并域"按钮(标号1)→在弹出的"插入域"对话框中,选择插入的域类型"数据库域"(标号2)→选择引用的域名称"姓名"(标号3)→点击"插入"按钮(标号4),如图2.129所示。按照上述步骤,在不同的位置插入不同的域,全部插入完毕后,关闭对话框。

点击"查看合并数据"按钮,文本中的域将会显示实际数据。点击"上一条""下一条"等即可查看其他数据,如图2.130所示。

确认内容无误后,根据需求选择不同的输出方式,主要有"合并到新文档""合并到打印机""合并到不同新文档""合并到电子邮件"。点击"关闭"按钮,退出"邮件合并"模式,如图2.131所示。

图 2.128　打开数据源

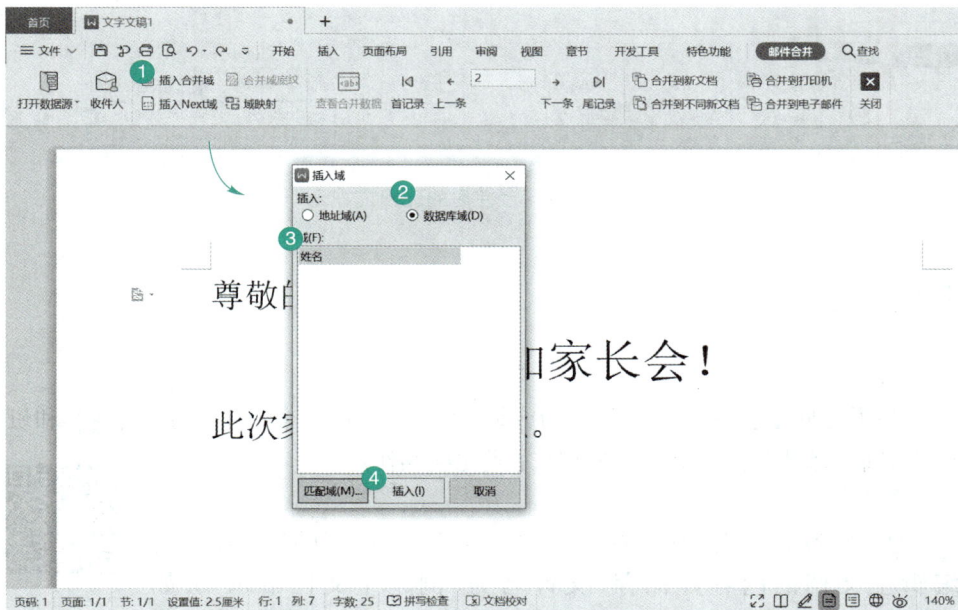

图 2.129　插入合并域

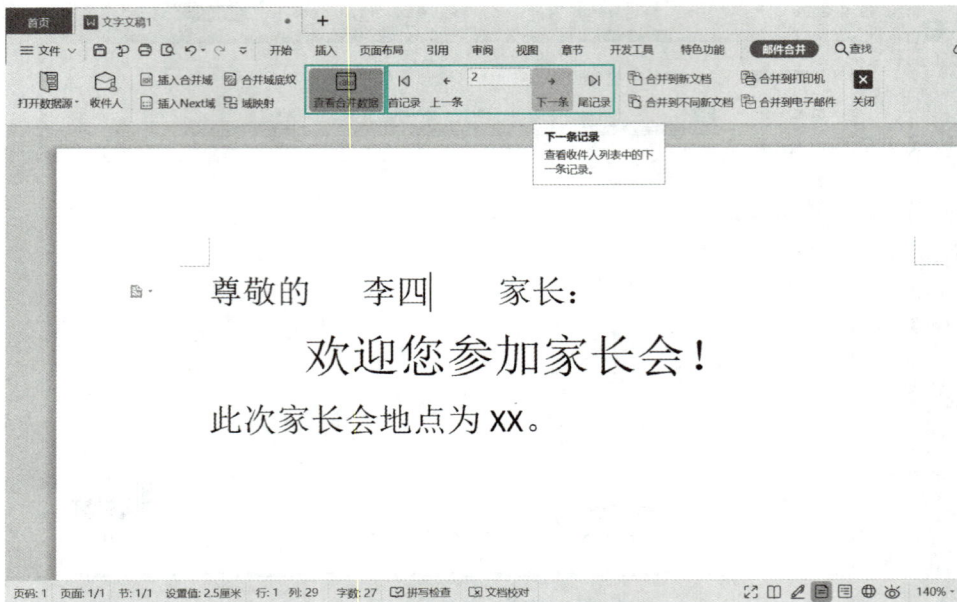

图 2.130　查看合并数据

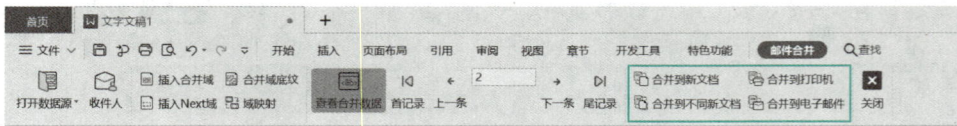

图 2.131　合并后的输出方式

2.16.3　实战演练

习题：

为了方便家长查看自己孩子的成绩，小王需要将各个学生的学号、姓名和班级排名输入到固定文档中。请帮他完成此项操作。

解析：

① 准备需要引用的数据源（文件名为"例题数据源 .xlsx"），编辑主文档的内容并保存（文件名为"例题主文档 .docx"），如图 2.132、图 2.133 所示。

2.16.3
习题讲解

图 2.132　数据源

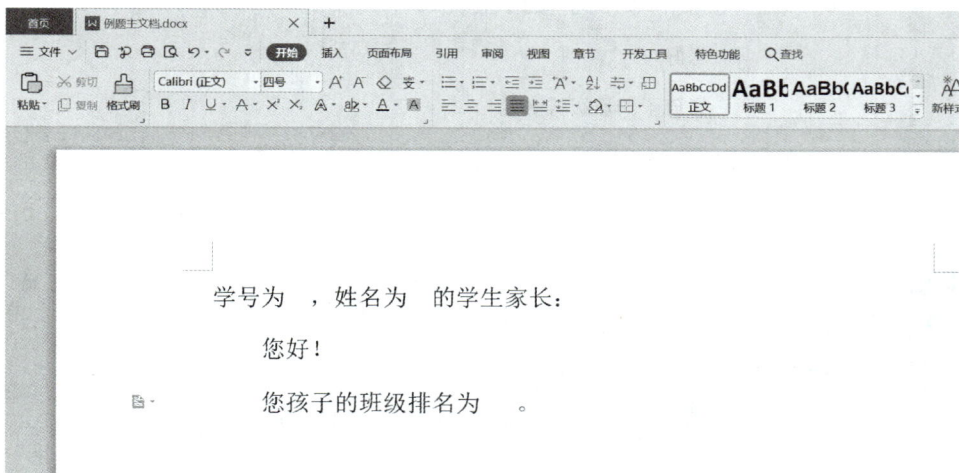

图 2.133　主文档

② 将光标定位于主文档中需要引用数据源的位置（标号1）→点击"引用"选项卡（标号2）→点击"邮件"按钮（标号3），菜单栏将会出现"邮件合并"选项卡，如图 2.134 所示。

③ 在"邮件合并"选项卡中，点击"打开数据源"按钮（标号1）→在弹出的"选取数据源"对话框中，选中"例题数据源"文件（标号2）→点击"打开"按钮（标号3），如图 2.135 所示。

④ 打开数据源后对话框自动关闭，"邮件合并"选项卡的按钮被全部激活。点击"插入合并域"按钮（标号1）→在弹出的"插入域"对话框中，选择插入的域类型"数据库域"（标号2）→选择引用的域名称"学号"（标号3）→点击"插入"按钮（标号4）→关闭对话框，如图 2.136 所示。按照上述步骤，插入其余的域，结果如图 2.137 所示。

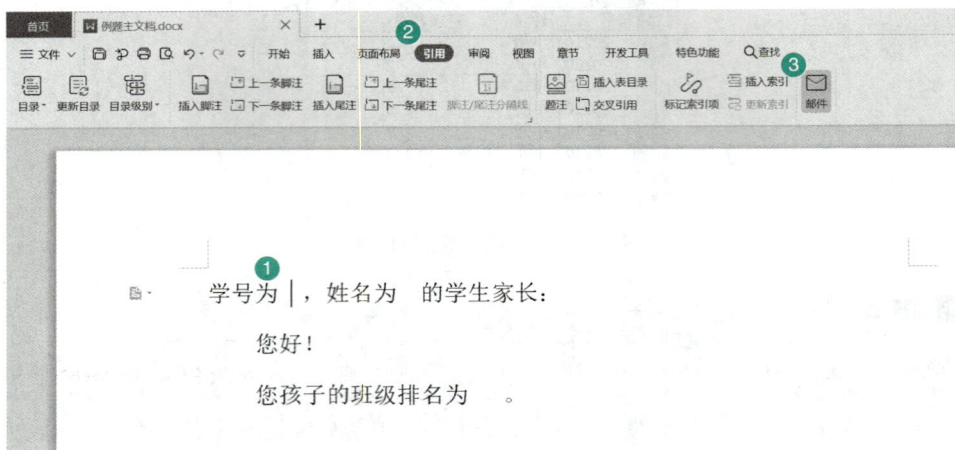

图 2.134　点击 "邮件" 按钮

图 2.135　打开数据源

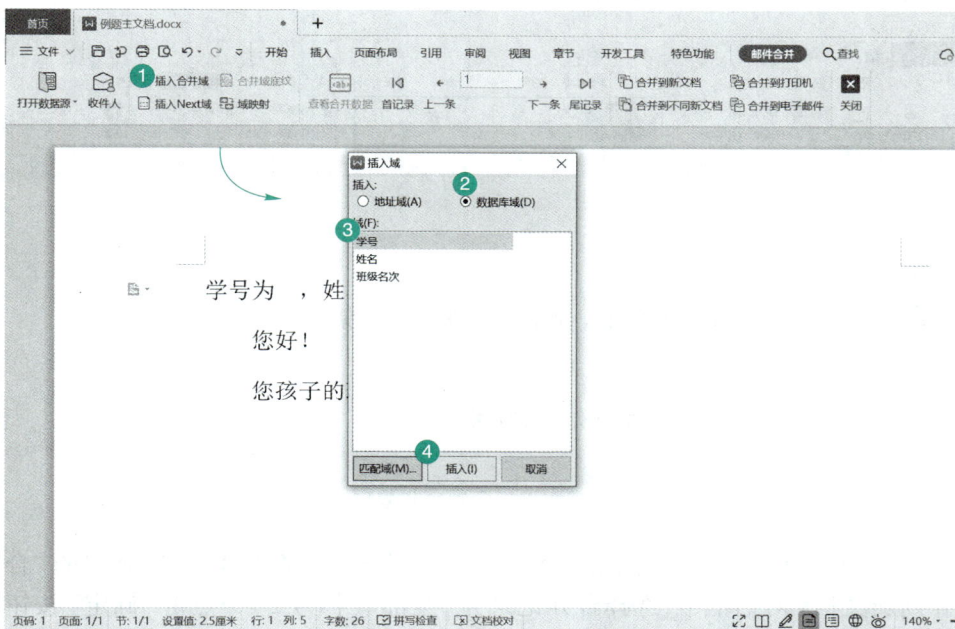

图 2.136　插入合并域

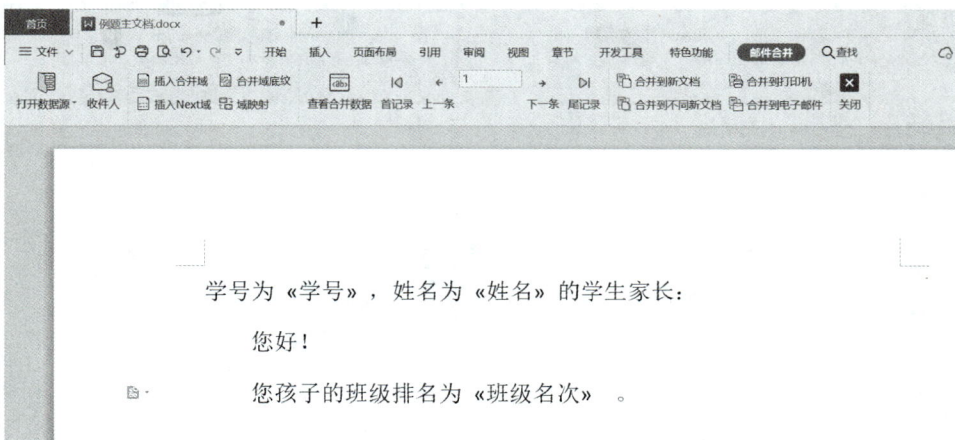

图 2.137　插入所有合并域

⑤ 点击"查看合并数据"按钮,文本中的域将会显示实际数据。点击"上一条""下一条"等即可查看其他数据,如图 2.138 所示。

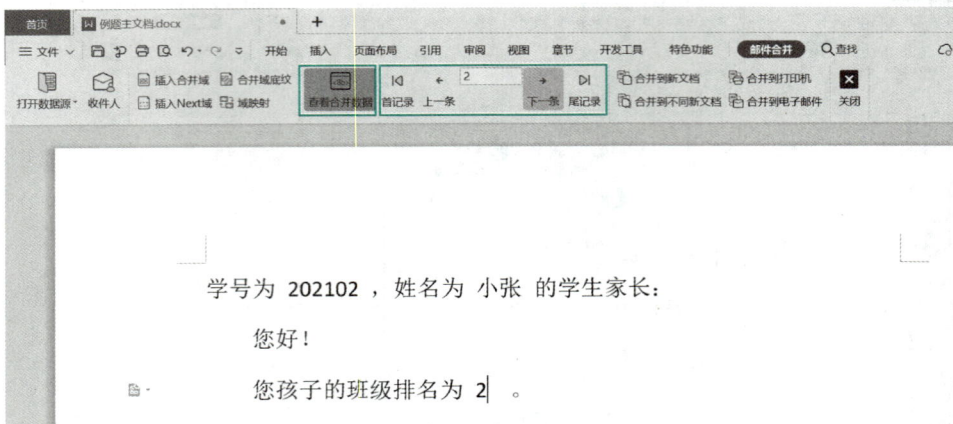

图 2.138 查看合并数据

⑥ 确认内容无误后,点击"合并到新文档"按钮(标号 1)→在弹出的"合并到新文档"对话框中,选择合并记录为"全部"(标号 2)→点击"确定"按钮(标号 3),将会生成一个新的文档,如图 2.139 所示。

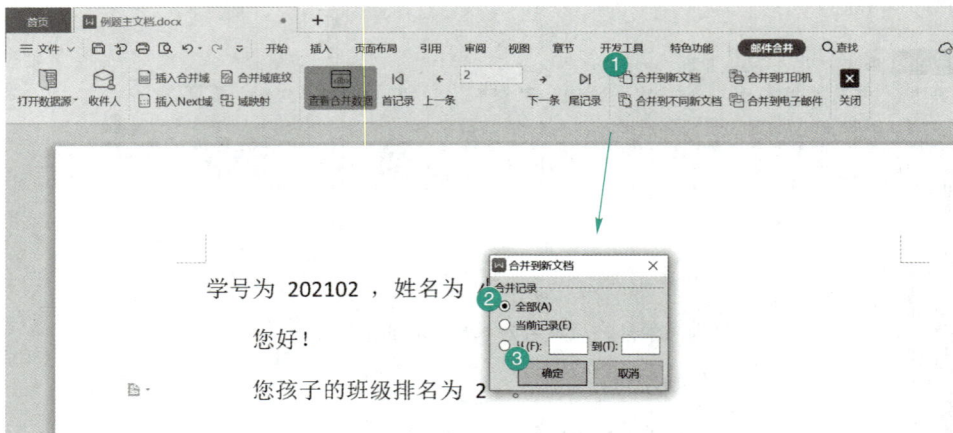

图 2.139 合并到新文档

⑦ 在新生成的文档中,点击"关闭"按钮,退出"邮件合并"模式。最终效果如图 2.140 所示。

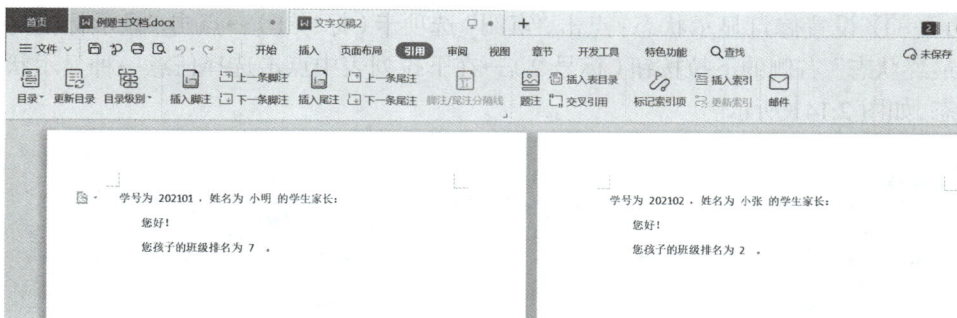

图 2.140　最终效果

2.17　文档审阅和共享

知识点框架：

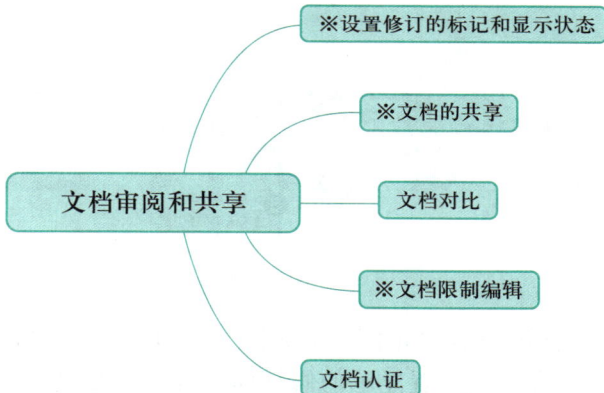

2.17.1　文档审阅和共享简介

WPS 中提供多种功能可支持文档的多人修订与共享，同时还提供了限制编辑的功能以保障文档的安全。

2.17.2　高频考点

（1）设置修订的标记和显示状态

用户可以根据自己的需求对文档标记和显示状态做相关设置。

① 设置修订显示状态：点击"审阅"选项卡（标号1）→点击"显示标记的最终状态"右侧的下拉按钮（标号2）→在下拉列表中点击选择任意一种显示状态，如图2.141所示。

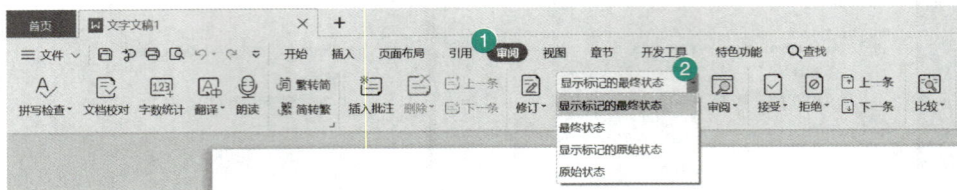

图2.141 设置修订显示状态

② 更改用户名：点击"审阅"选项卡（标号1）→点击"修订"下拉按钮（标号2）→在下拉列表中点击"更改用户名"命令（标号3），如图2.142所示→在弹出的"选项"对话框中输入新用户信息→点击"确定"按钮，如图2.143所示。

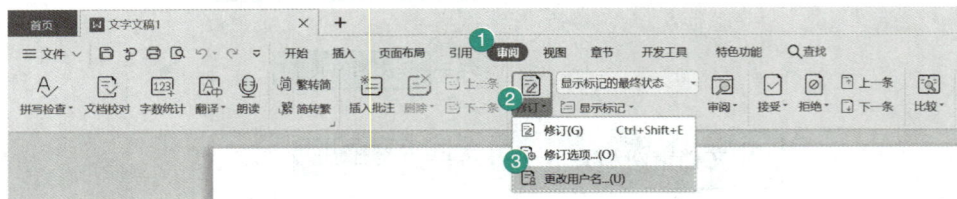

图2.142 更改用户名

③ 设置显示标记：点击"审阅"选项卡（标号1）→点击"显示标记"按钮（标号2）→在下拉列表中设置显示的修订标记类型以及显示方式，如图2.144所示。

（2）文档的共享

文档可以通过设置输出成不同格式的文件，主要有以下两种输出格式：

① 输出为PDF文档：点击"文件"菜单（标号1）→点击"输出为PDF"命令（标号2），如图2.145所示→在弹出的"输出为PDF"对话框中设置需要转换的输出范围、输出设置、保存目录等→点击"开始输出"按钮，如图2.146所示。输出完成后在相应的目录下即可找到此文件。

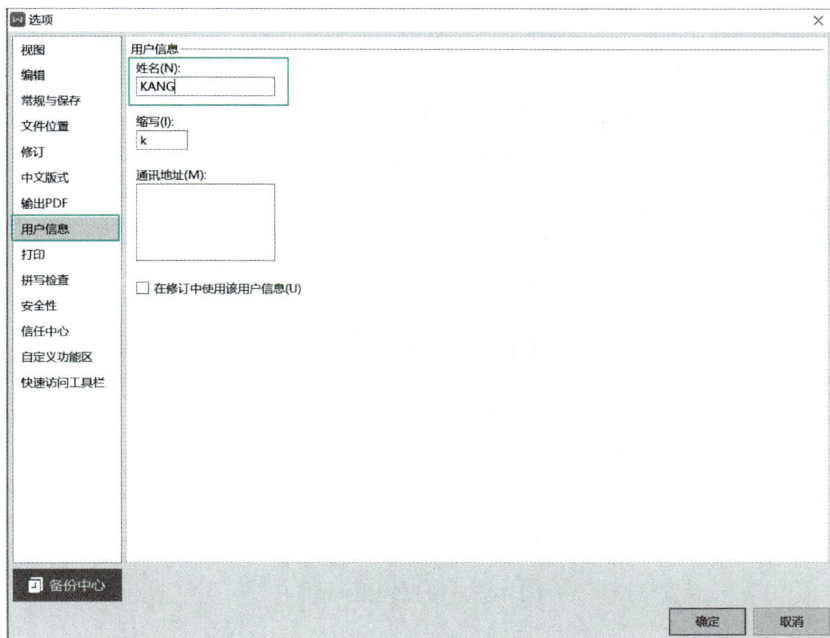

图 2.143　设置用户名

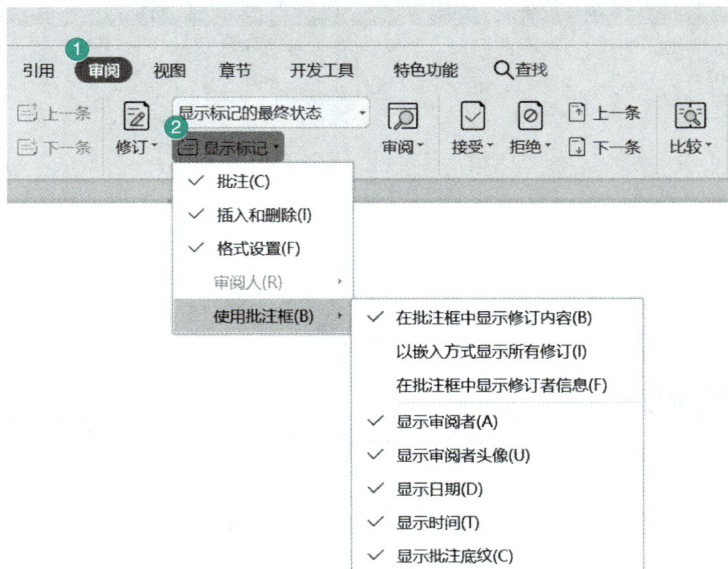

图 2.144　设置显示标记

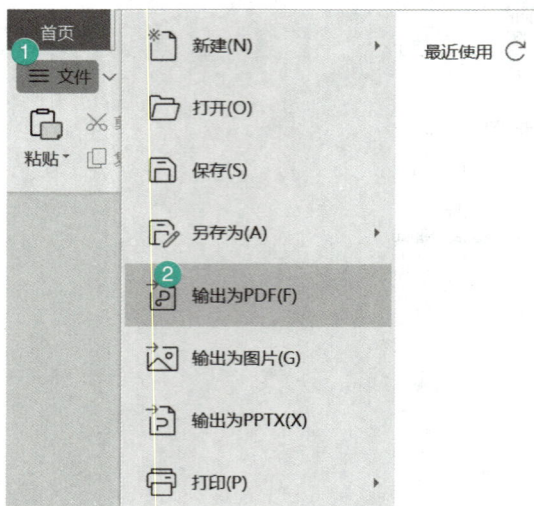

图 2.145 设置输出为 PDF

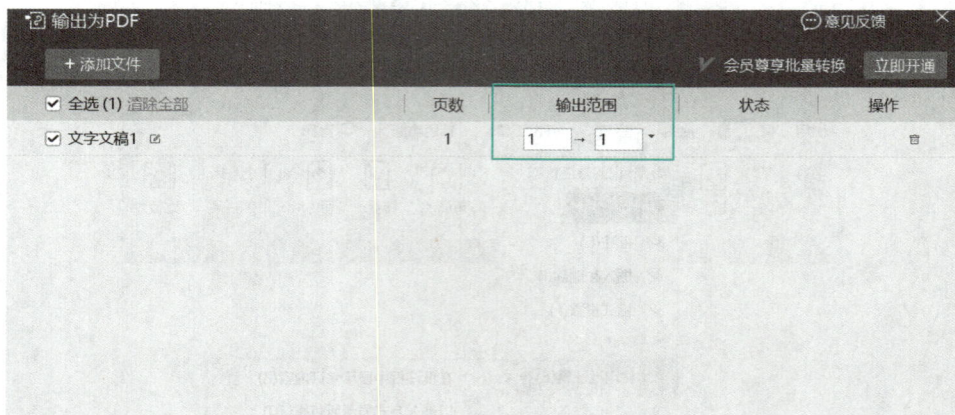

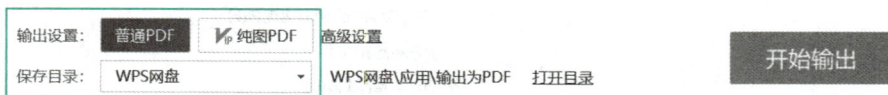

图 2.146 "输出为 PDF" 对话框

②　输出为图片：点击"文件"菜单（标号 1）→点击"输出为图片"命令（标号 2），如图 2.147 所示→在弹出的"输出为图片"对话框中设置"输出方式""水印设置""输出页数""输出格式"等→点击"输出"按钮，如图 2.148 所示。输出完成后在相应的目录下即可找到图片。

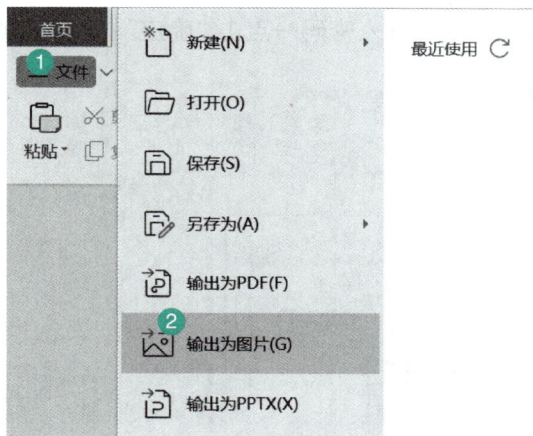

图 2.147　设置输出为图片

图 2.148　"输出为图片"对话框

（3）文档限制编辑

打开需要保护的文档→点击"审阅"选项卡（标号 1）→点击"限制编辑"按钮（标号 2）→在弹出的"限制编辑"窗格中，勾选"限制对选定的样式设置格式"(标号 3)→点击"设置"按钮(标号 4)→在弹出的"限制格式设置"对话框中,选中需要保护的样式→点击"限制"按钮,即可将该样式添加进"限制使用的样式"区域,点击"确定"按钮完成设置。勾选"设置文档的保护方式"(标号 5)→在下方通过勾选"只读""修订""批注""填写窗体"等设置进行文档的相关限制。设置完成后,点击"启动保护"按钮(标号 6),如图 2.149 所示→在弹出的"启动保护"对话框中,输入密码→点击"确定"按钮,如图 2.150 所示。

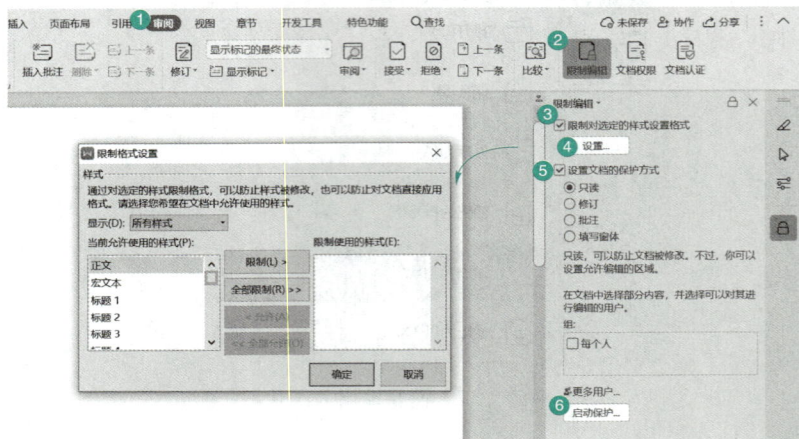

图 2.149 "限制编辑"设置

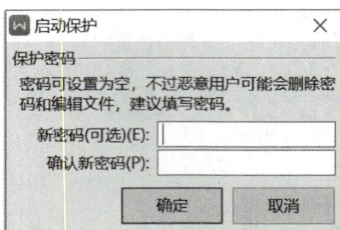

图 2.150 "启动保护"对话框

2.17.3 实战演练

习题:

小王需要为文档设置限制编辑,设置文档的保护方式为"只读",并输入保护密码"123456"。请帮他完成此项操作。

解析：

打开需要保护的文档→点击"审阅"选项卡（标号 1）→点击"限制编辑"按钮（标号 2）→在弹出的"限制编辑"窗格中，勾选"设置文档的保护方式"（标号 3）→在下方选择"只读"→点击"启动保护"按钮（标号 4），如图 2.151 所示→在弹出的"启动保护"对话框中，输入密码→点击"确定"按钮，如图 2.152 所示。

2.17.3
习题讲解

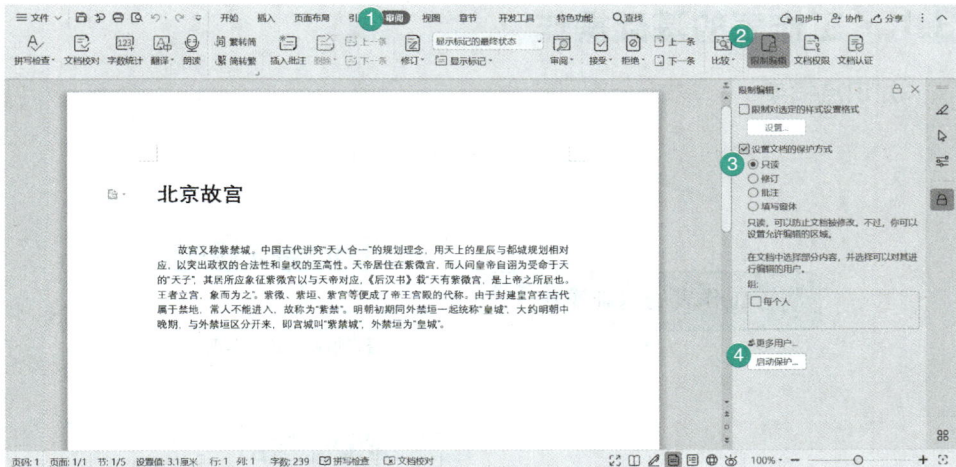

图 2.151　设置文档的保护方式

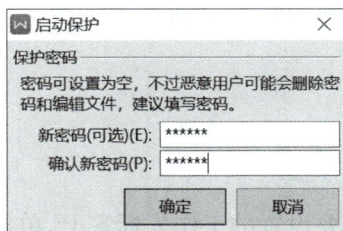

图 2.152　设置密码

第三章 电子表格专题

3.1　工作表的基础操作

知识点框架：

```
                                    ┌─── 重命名工作表
                                    │
                                    ├─── ※设置工作表标签颜色
              工作表的基础操作 ──────┤
                                    ├─── 移动或复制工作表
                                    │
                                    └─── ※显示和隐藏工作表
```

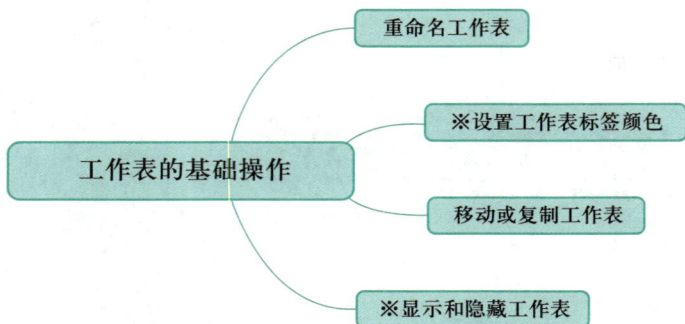

3.1.1　工作表的基础操作简介

工作表可以存储和处理数据，合理地设置工作表有利于数据的表达与管理。

3.1.2　高频考点

（1）设置工作表标签颜色

将鼠标光标放置在需要设置的工作表标签上，单击鼠标右键（标号 1）→点击快捷菜单的"工作表标签颜色"命令（标号 2）→在颜色面板中点击选择所需的标签颜色，如图 3.1 所示。

（2）显示和隐藏工作表

① 隐藏工作表

将鼠标光标放置在需要隐藏的工作表标签上（标号 1），单击鼠标右键→点击快捷菜单的"隐藏"命令（标号 2），即可隐藏工作表，如图 3.2 所示。

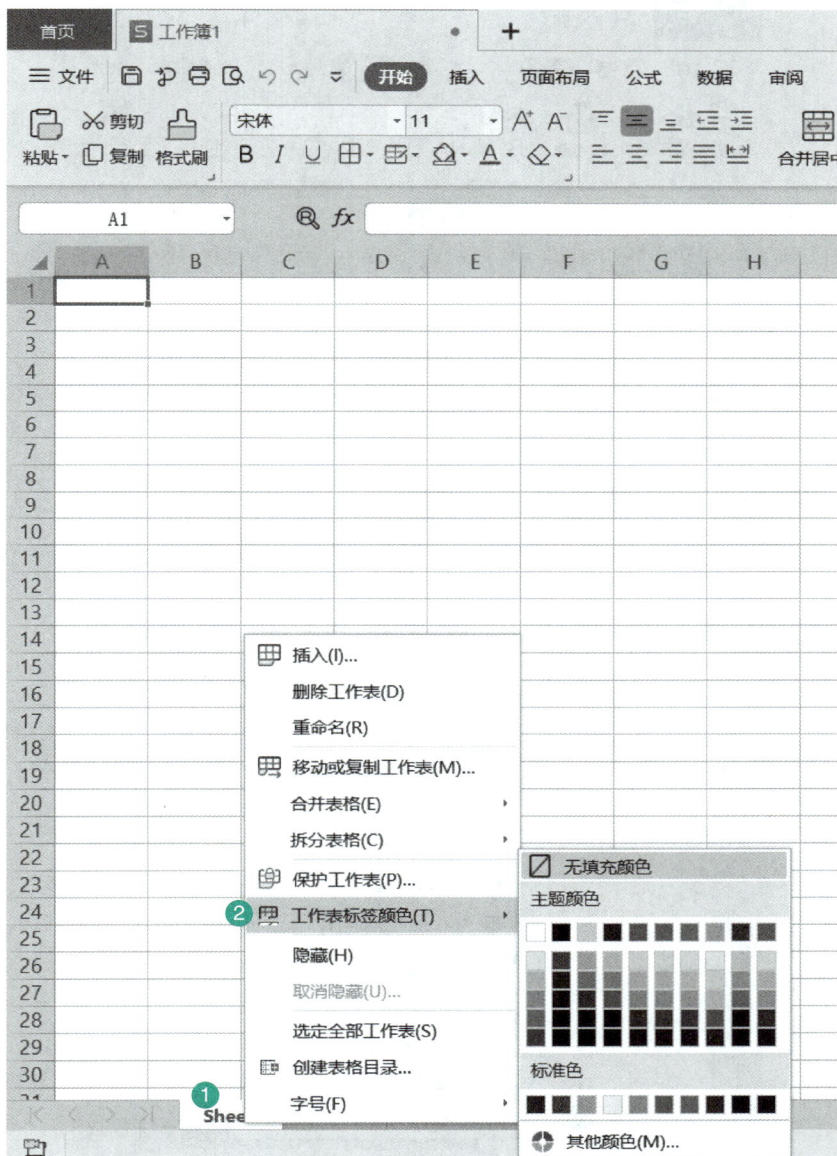

图 3.1　设置工作表标签颜色

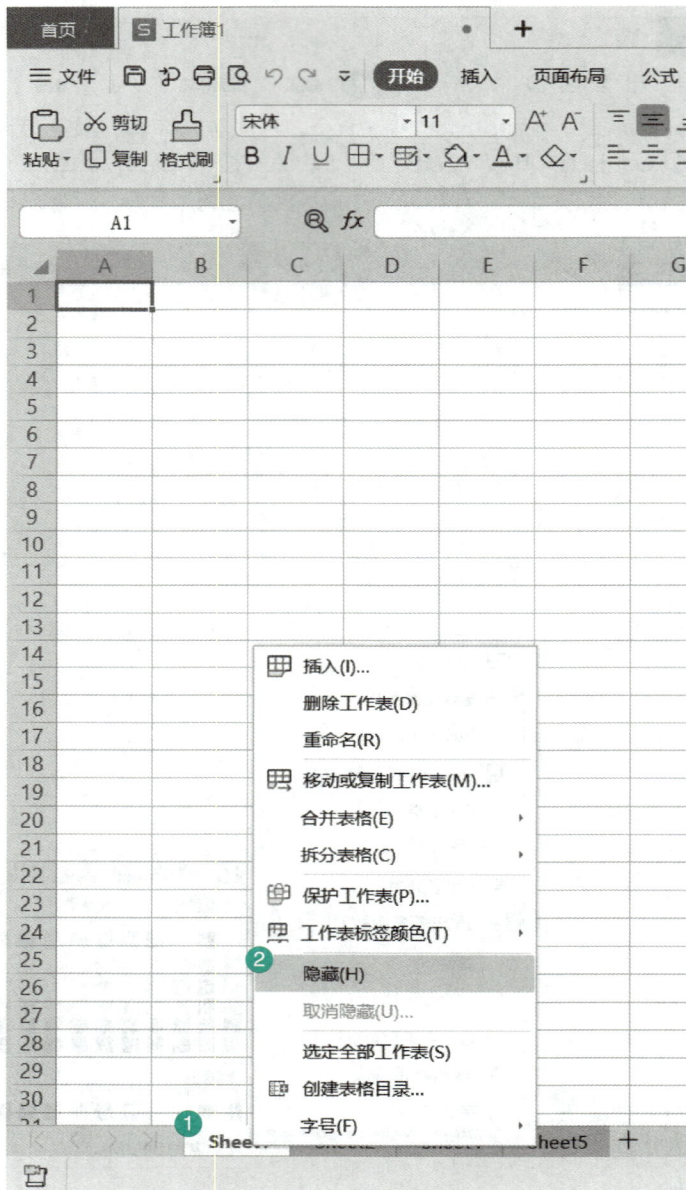

图 3.2　隐藏工作表

② 显示工作表

将鼠标光标放置在任意一个工作表标签（标号1）上，单击鼠标右键→点击快捷菜单的"取消隐藏"命令（标号2）→弹出"取消隐藏"对话框，点击需要显示的工作表→点击"确定"按钮，如图3.3所示。

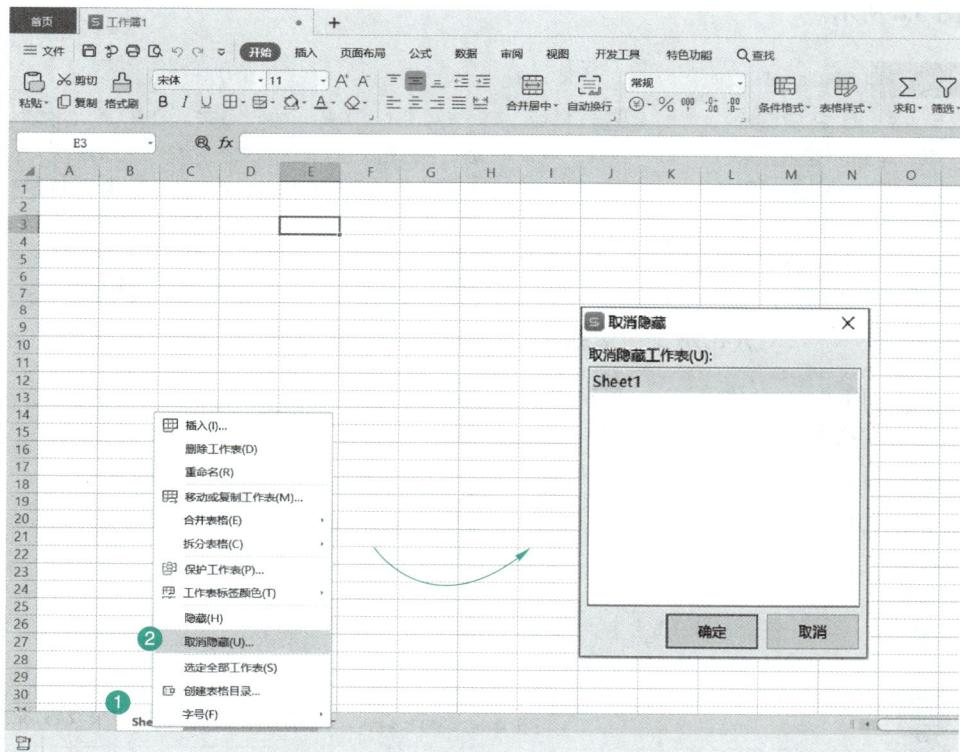

图3.3　取消隐藏工作表

3.1.3　实战演练

习题：

小王需要对四、五、六年级的成绩单进行整理，需要把"六年级二班成绩单"工作表的标签颜色设置为黑色，并隐藏"五年级一班成绩单"工作表，请帮他完成此项操作。

解析：

① 用鼠标右键点击"六年级二班成绩单"工作表标签（标号

3.1.3

习题讲解

1）→点击快捷菜单的"工作表标签颜色"命令（标号2）→在颜色面板中点击选择"黑色"（标号3），如图3.4所示。

　　② 用鼠标右键点击"五年级一班成绩单"工作表标签（标号1）→点击快捷菜单的"隐藏"命令（标号2），完成隐藏工作表，如图3.5所示，最终效果如图3.6所示。

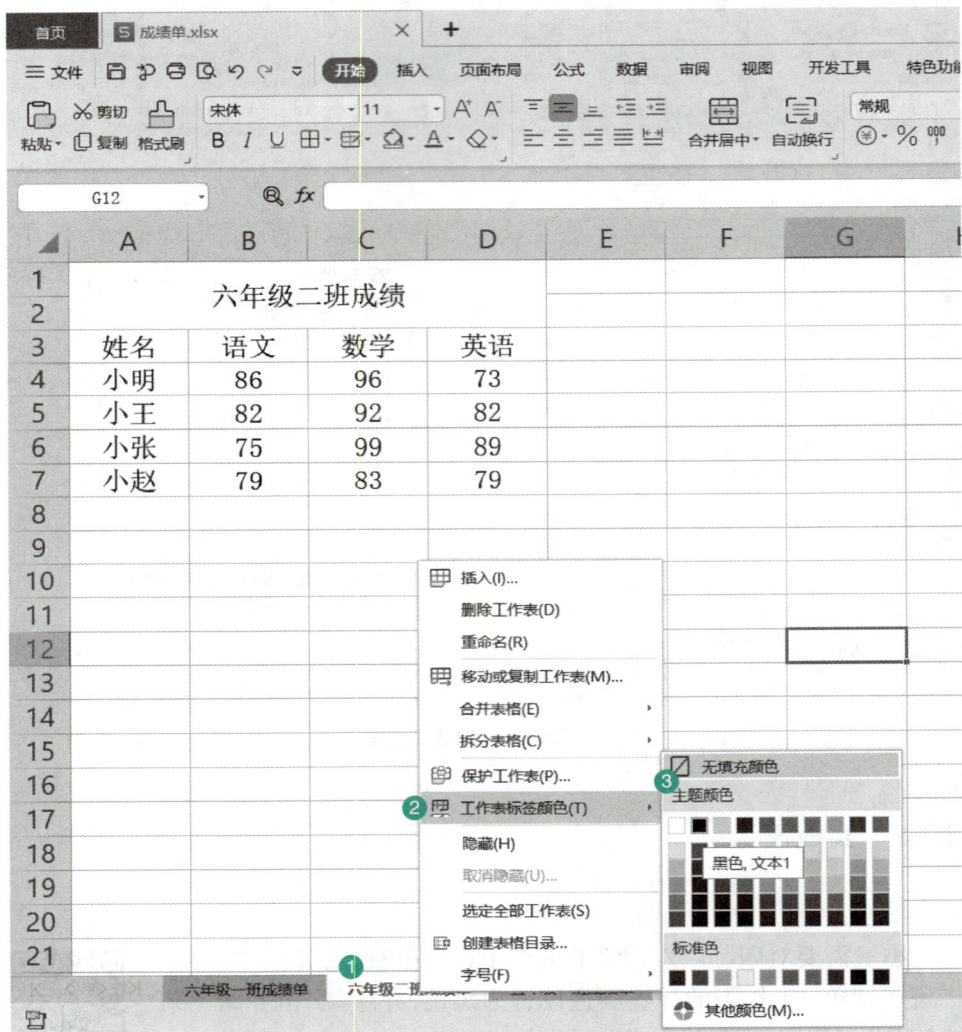

图3.4　设置标签颜色

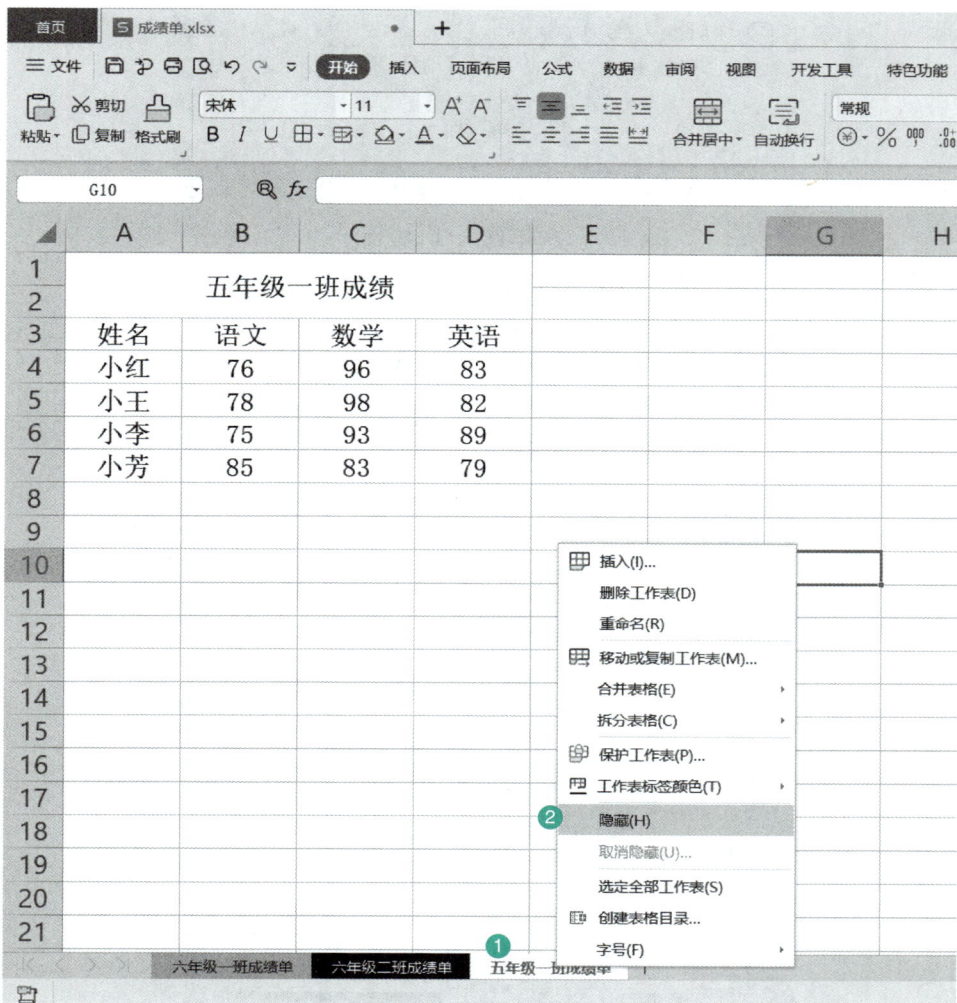

图 3.5　隐藏工作表

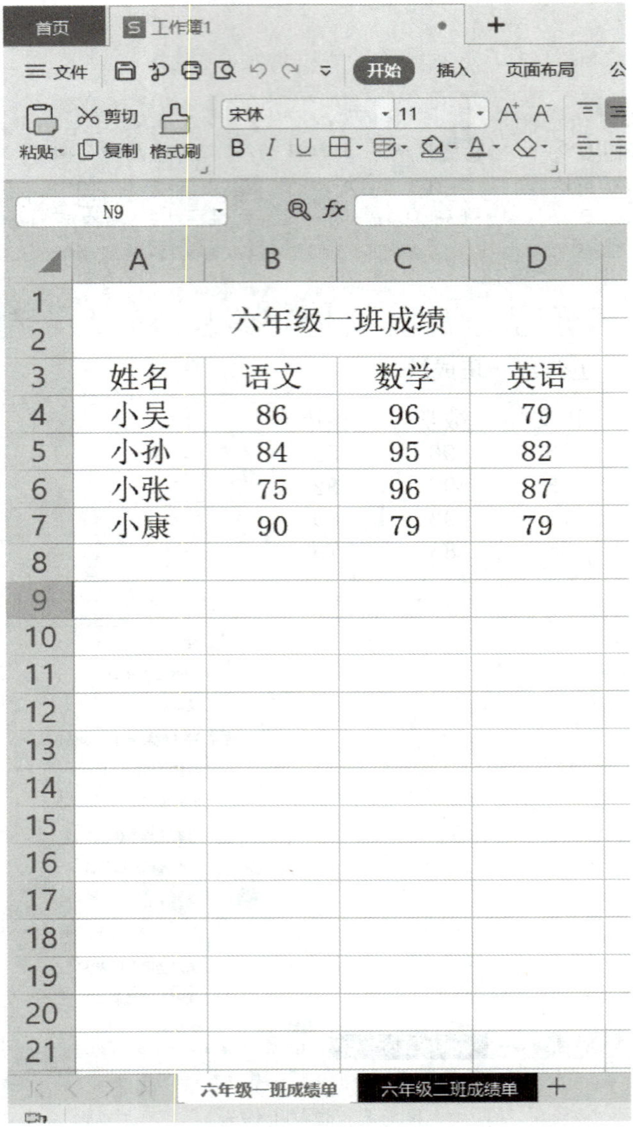

图 3.6　最终效果

3.2 设置单元格格式

知识点框架:

```
                              设置字体字号

                              ※设置数字格式

        设置单元格格式          ※设置边框和底纹

                              合并单元格

                              ※应用单元格样式
```

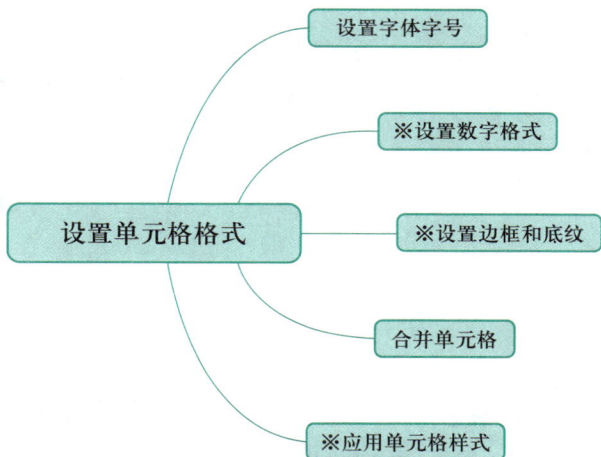

3.2.1 设置单元格格式简介

设置电子表格的单元格格式可以使数据显示效果更加合理、直观,通过格式变化也能够清楚地表示不同数据之间的差异。

3.2.2 高频考点

(1)设置数字格式

选中需要设置数字格式的单元格→点击"开始"选项卡(标号1)→点击"格式"按钮(标号2)→在下拉列表中点击"单元格"命令(标号3),如图3.7所示。

在弹出的"单元格格式"对话框中,点击"数字"选项卡→在"分类"中选择需要的数字类型→点击"确定"按钮完成数字格式设置,如图3.8所示。

常见的数字类型如下:

● 常规:表示一般数字。
● 货币:表示货币的数值。

- 日期：将日期和时间系列的数显示为日期值。
- 时间：将日期和时间系列的数显示为时间值。
- 百分比：以百分数的形式显示单元格的值。
- 科学记数：以科学记数法显示单元格的值。

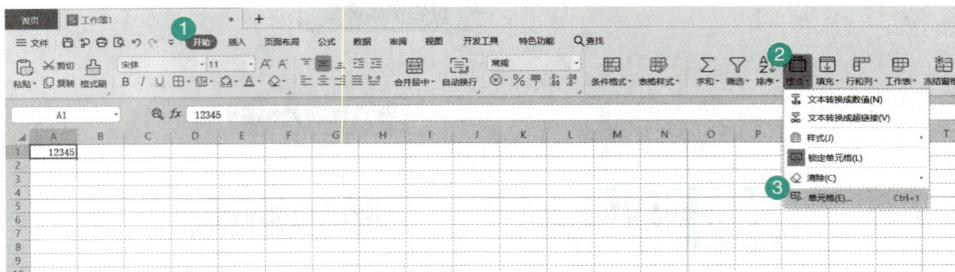

图 3.7　设置单元格格式

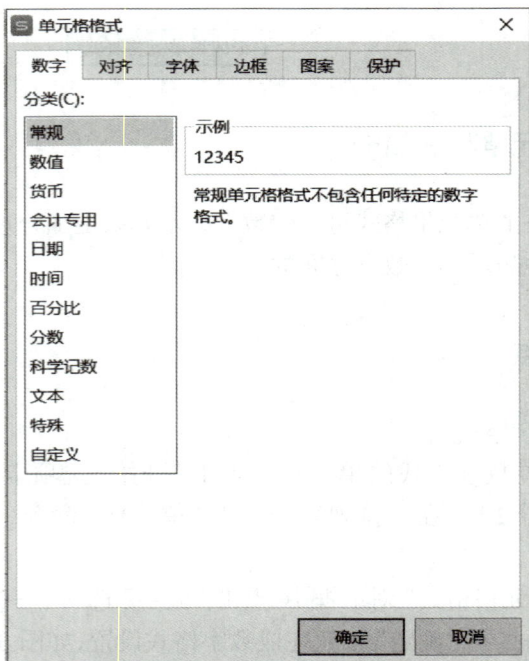

图 3.8　设置数字格式

（2）设置边框和底纹

① 设置边框

在"单元格格式"对话框中,点击"边框"选项卡（标号1）→在"线条"选项区中点击选择所需的边框样式和颜色（标号2）→在"边框"选项区中点击选择所需的边框类型（标号3）→点击"确定"按钮完成边框设置,如图3.9所示。

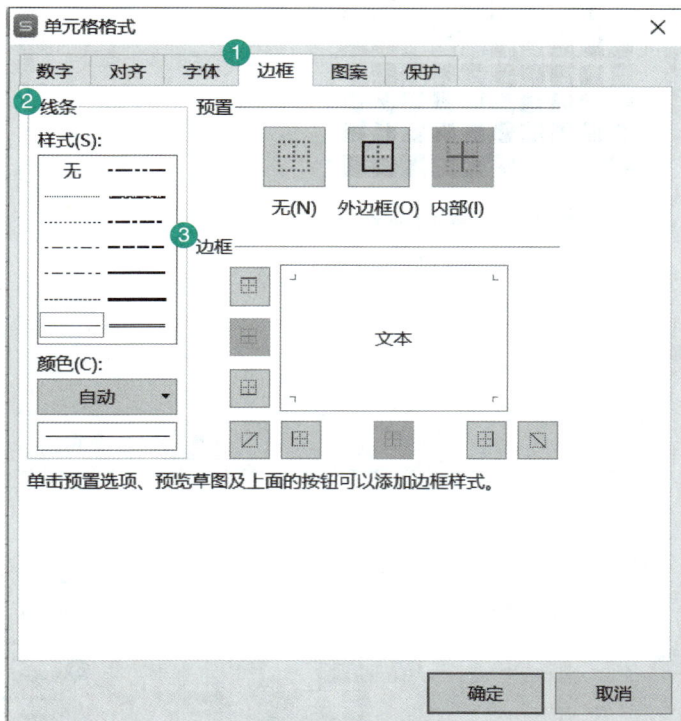

图3.9 设置边框

② 设置底纹

在"单元格格式"对话框中,点击"图案"选项卡（标号1）→在"颜色"选项区点击选择所需的填充颜色以及填充效果（标号2）→根据需要设置图案样式和图案颜色（标号3）→点击"确定"按钮完成底纹设置,如图3.10所示。

（3）应用单元格样式

选中需要设置样式的单元格→点击"开始"选项卡（标号1）→点击"格式"按钮（标号2）→在下拉列表中点击"样式"命令（标号3）,在弹出的二级下拉列表中点击选择所需的样式完成单元格样式应用,如图3.11所示。

图 3.10   设置底纹

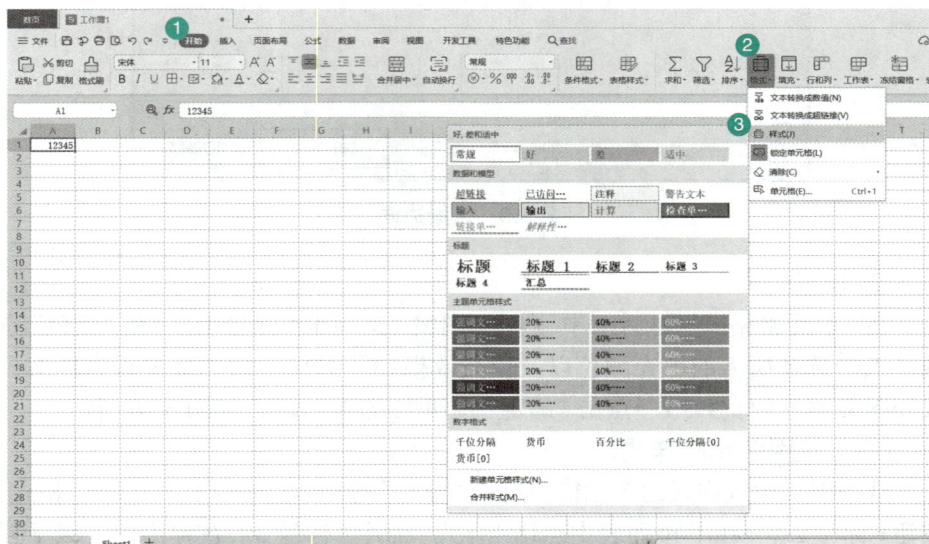

图 3.11   应用单元格样式

3.2.3　实战演练

习题：

小王要对六年级的成绩单设置单元格格式，需要设置表头单元格为"标题1"样式，对成绩单所有单元格加上内边框和外边框，请帮他完成此项操作。

解析：

① 选中"六年级成绩"单元格（标号1）→点击"开始"选项卡（标号2）→点击"格式"按钮（标号3）→在下拉列表中点击"样式"命令（标号4），在弹出的二级下拉列表中点击选择"标题1"样式（标号5），如图3.12所示。

图 3.12　设置标题样式

② 选中含有内容和数据的表格（标号1）→点击"开始"选项卡（标号2）→点击"格式"按钮（标号3）→在下拉列表中点击"单元格"命令（标号4）→弹出"单元格格式"对话框，点击"边框"选项卡（标号5）→点击选择"外边框"和"内部"（标号6）→点击"确定"按钮，如图3.13所示，最终效果如图3.14所示。

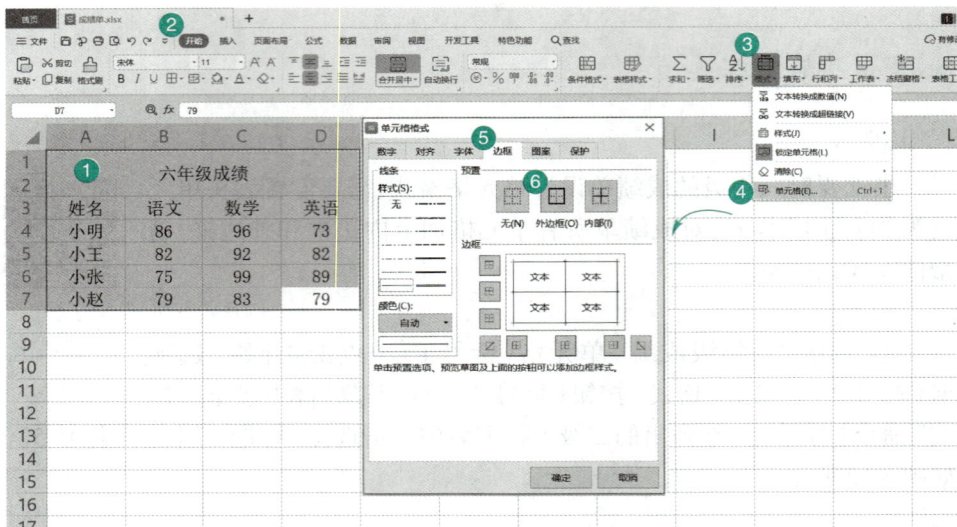

图 3.13　添加单元格边框

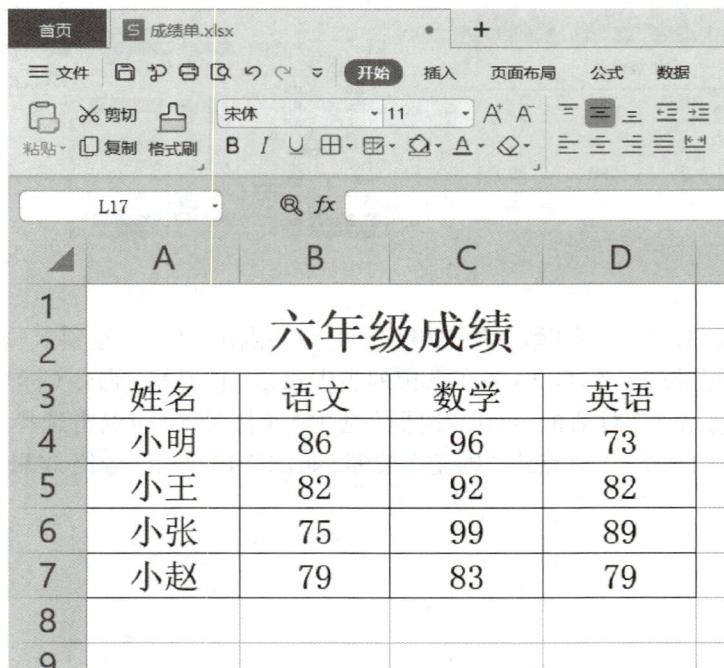

图 3.14　最终效果

3.3 设置表格样式

知识点框架：

```
                        ┌─ 套用表格样式
           设置表格样式 ─┤
                        └─ ※新建自定义表格样式
```

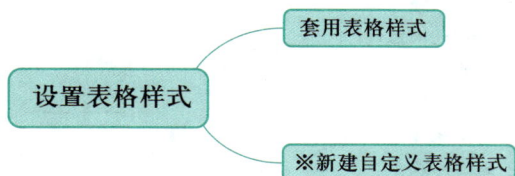

3.3.1 设置表格样式简介

WPS 中内置了多种表格样式，用户可以根据自己的需要套用表格样式，快速完成表格的美化，同时也可以自定义表格样式，使得表格样式更加个性化。

3.3.2 高频考点

新建自定义表格样式

点击"开始"选项卡（标号 1）→点击"表格样式"按钮（标号 2）→点击"新建表格样式"命令（标号 3），如图 3.15 所示。

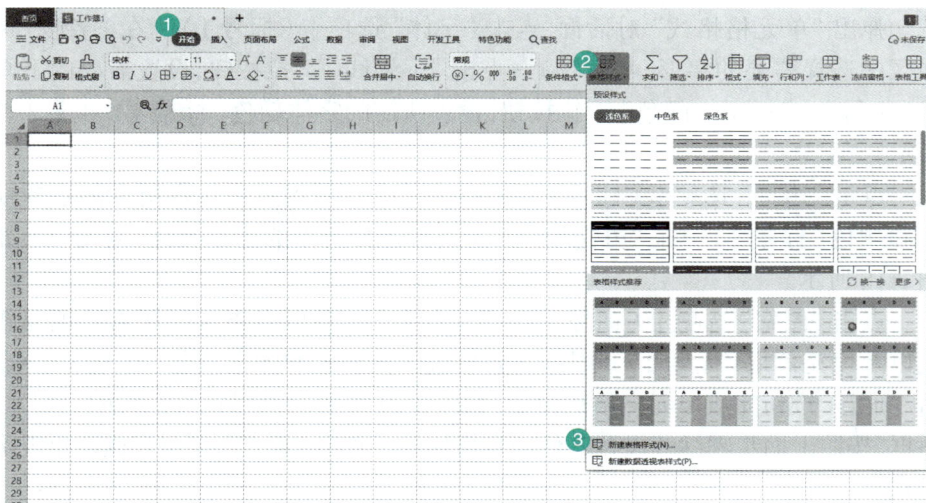

图 3.15 新建表格样式

　　弹出"新建表样式"对话框,在"名称"文本框中输入新建样式名称(标号1)→在"表元素"列表框中点击选择要设置的格式区域(标号2)→点击"格式"按钮(标号3),如图3.16所示。

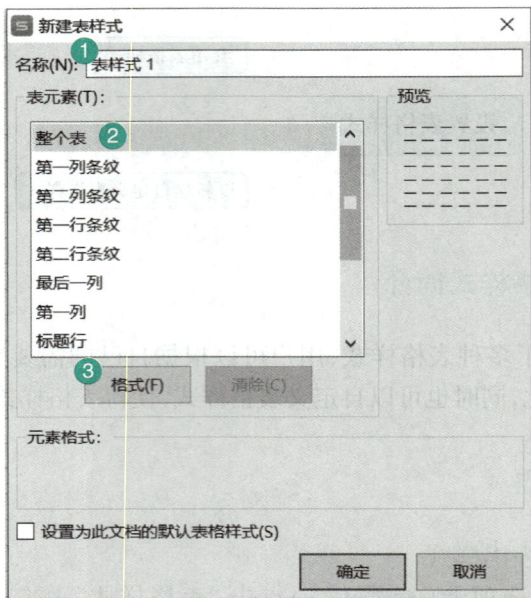

图3.16　设置表格样式

　　弹出"单元格格式"对话框,点击"字体"选项卡(标号1)→在"字形"选项区中选择需要的字形(标号2)→点击"下划线"下拉按钮,设置需要的下画线(标号3)→点击"颜色"下拉按钮,设置所需的字体颜色(标号4),如图3.17所示。

　　点击"边框"选项卡(标号1)→在"线条"选项区点击选择所需的边框样式和颜色(标号2)→在"边框"选项区点击选择所需的边框类型(标号3),如图3.18所示。

　　点击"图案"选项卡(标号1)→在"颜色"选项区点击选择所需的填充颜色以及填充效果(标号2)→根据需要设置图案样式和图案颜色(标号3)→点击"确定"按钮完成单元格格式设置,如图3.19所示→返回到"新建表样式"对话框,按照上面步骤继续设置其他的表格样式→点击"确定"按钮完成新建表格样式。

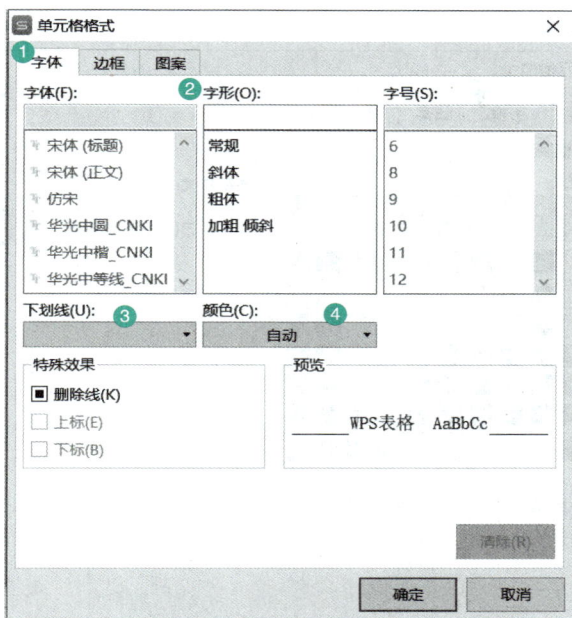

图 3.17 设置字体

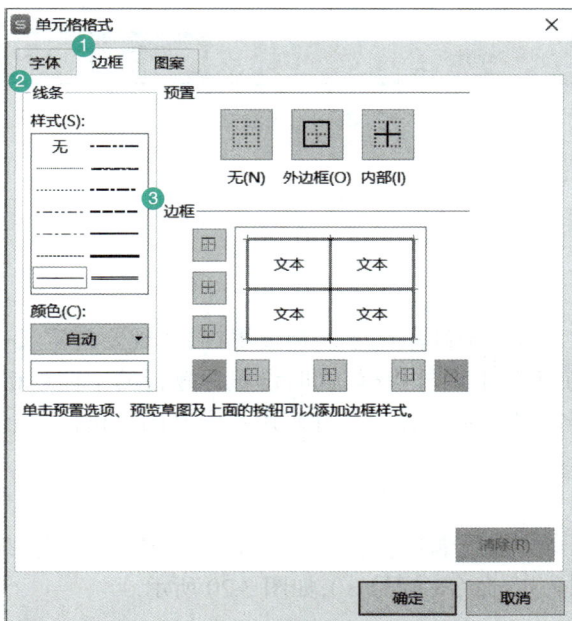

图 3.18 设置边框

图 3.19   设置底纹

3.3.3   实战演练

习题：

小王要对六年级的成绩单电子表格设置样式,现要自定义一个表格样式,对整个表加上内外边框,同时设置标题行的字体加粗、倾斜,表格样式命名为"成绩单样式",并套用自定义的表格样式,请帮他完成此项操作。

3.3.3
习题讲解

解析：

① 点击"开始"选项卡(标号 1)→点击"表格样式"下拉按钮(标号 2)→点击"新建表格样式"命令(标号 3),如图 3.20 所示。

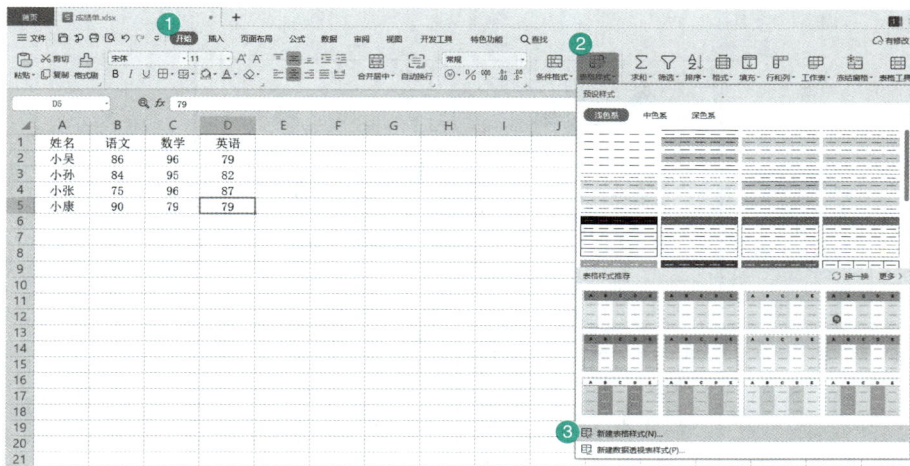

图 3.20　自定义表格样式

　　② 弹出"新建表样式"对话框,在"名称"文本框中输入"成绩单样式"(标号 1)→在"表元素"列表框中选择"整个表"(标号 2)→点击"格式"按钮(标号 3),如图 3.21 所示,→在弹出的"单元格格式"对话框中点击"边框"选项卡(标号 4)→点击"外边框"和"内部"(标号 5)→点击"确定"按钮,如图 3.22 所示。

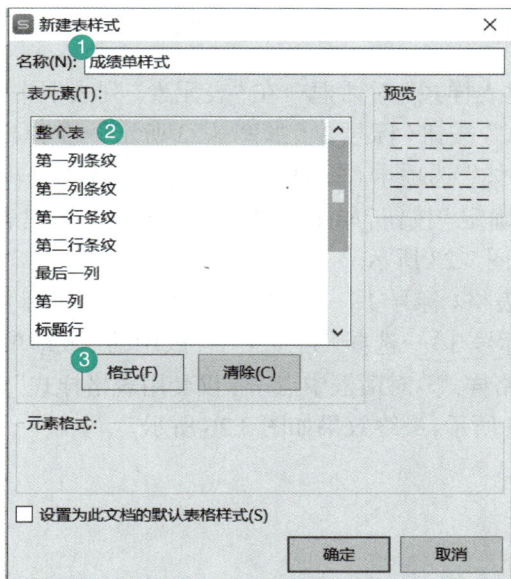

图 3.21　设置"整个表"

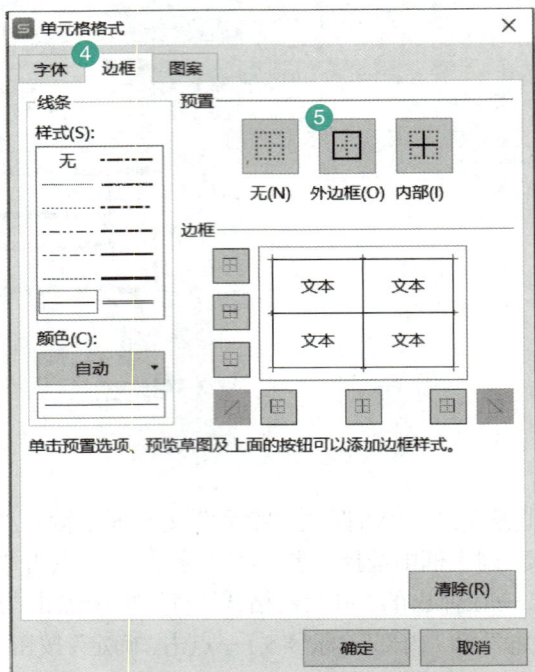

图 3.22　设置表框

　　③ 返回"新建表样式"对话框→在"表元素"列表框中选择"标题行"（标号 1）→点击"格式"按钮（标号 2），如图 3.23 所示→在弹出的"单元格格式"对话框中点击"字体"选项卡（标号 3）→点击"字形"选项框的"加粗倾斜"（标号 4）→点击"确定"按钮，如图 3.24 所示→返回"新建表样式"对话框，点击"确定"按钮，如图 3.23 所示。

　　④ 选中成绩表格（标号 1）→点击"开始"选项卡（标号 2）→点击"表格样式"下拉按钮（标号 3）→选择"自定义"样式中的"成绩单样式"（标号 4）→在弹出的"套用表格样式"对话框中点击"仅套用表格样式"（标号 5），点击"确定"按钮，如图 3.25 所示，最终效果如图 3.26 所示。

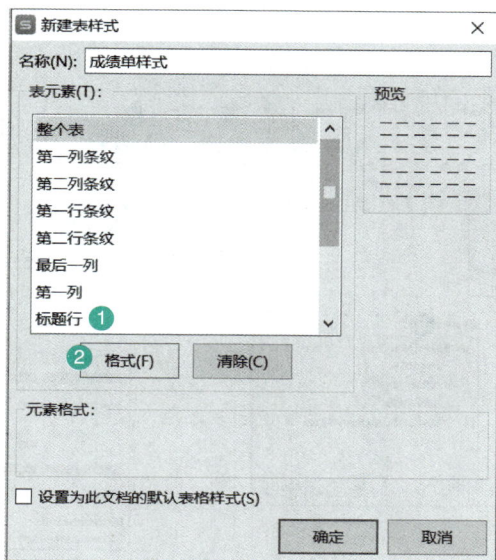

图 3.23　设置标题行

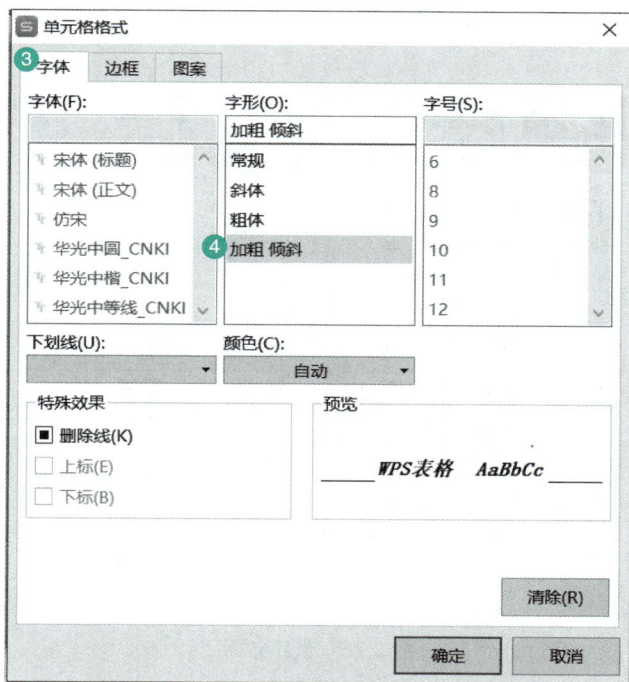

图 3.24　设置字体

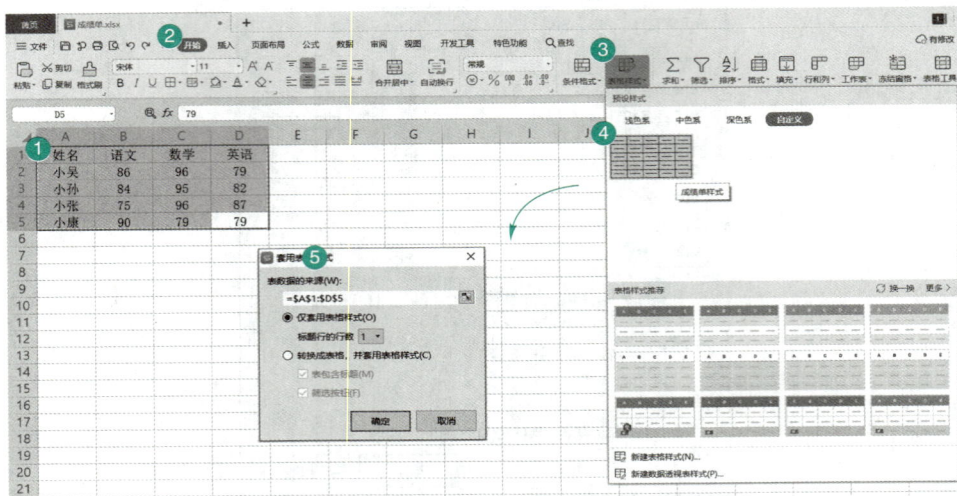

图 3.25　套用自定义样式

图 3.26　最终效果

3.4 设置条件格式

知识点框架：

```
                          ※应用内置的条件格式

        设置条件格式        ※设置自定义条件格式规则

                          管理和清除条件格式规则
```

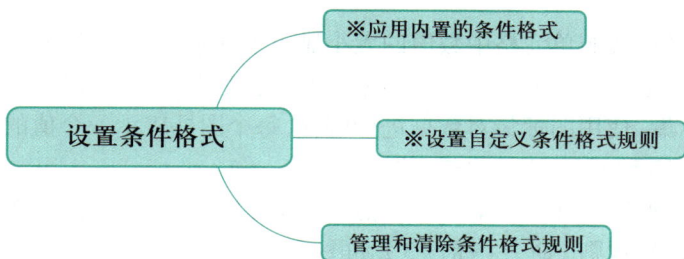

3.4.1 设置条件格式简介

设置条件格式可以快速定位到特定类型或者符合一定条件的单元格内容，当单元格中的内容发生变化时，条件格式的显示效果也会随之变化。

3.4.2 高频考点

（1）应用内置的条件格式

选中需要设置条件格式的单元格→点击"开始"选项卡（标号1）→点击"条件格式"按钮（标号2），在下拉列表中选择所需的条件格式规则，如图3.27所示。

图 3.27 应用条件格式

条件格式规则说明：

● 突出显示单元格规则：按指定数值或日期范围、文本包含内容、对重复值等要求进行标记。

● 项目选取规则：按照数值排序靠前或靠后、数值高于或低于平均值等规则进行标记。

● 数据条：按照单元格中数值的大小显示不同水平长度的颜色条。

● 色阶：通过两种或三种颜色的渐变效果直观地比较单元格中的数值。

● 图标集：使用图标集对数据进行解释，每个图标表示一个值的范围。

（2）设置自定义条件格式规则

点击"开始"选项卡（标号1）→点击"条件格式"按钮（标号2），点击下拉列表中的"新建规则"命令（标号3），如图3.28所示。

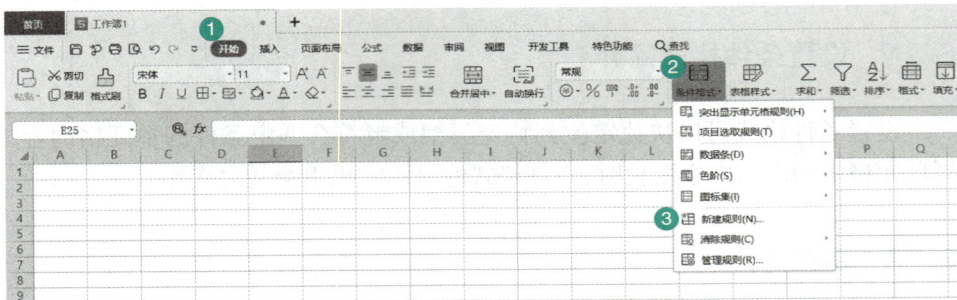

图3.28　新建格式规则1

弹出"新建格式规则"对话框，在"选择规则类型"选项框中选择所需的规则类型→在"编辑规则说明"设置区域中设置相关的规则属性→点击"确定"按钮，如图3.29所示。

条件格式的规则类型说明：

● 基于各自值设置所有单元格的格式：创建显示数据条、色阶或图标集规则。

● 只为包含以下内容的单元格设置格式：创建基于数值大小比较或基于内容包含的规则。

● 仅对排名靠前或靠后的数值设置格式：创建可标记前 n 个、前百分之 n、后 n 个、后百分之 n 的规则。

● 仅对高于或低于平均值的数值设置格式：创建可标记特定范围内数值的规则。

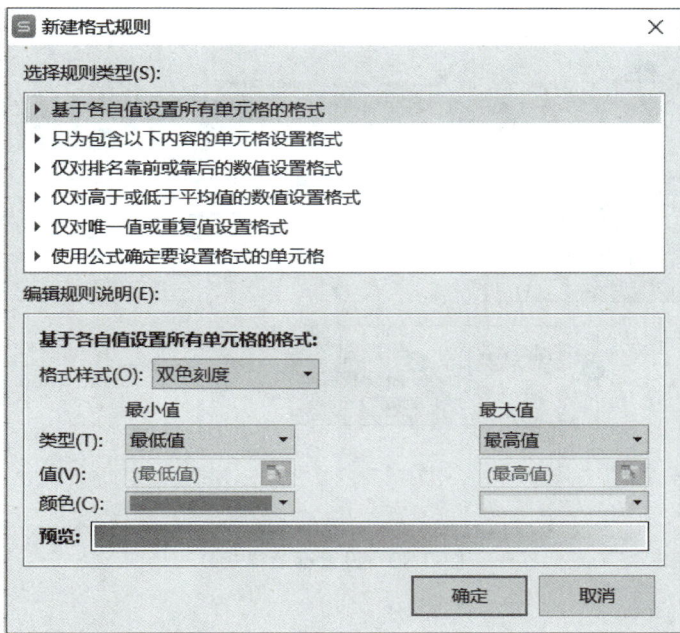

图 3.29 新建格式规则 2

- 仅对唯一值或重复值设置格式：创建可标记指定范围内的唯一值或重复值的规则。
- 使用公式确定要设置格式的单元格：创建基于公式运算结果的规则。

3.4.3 实战演练

习题：

小王要筛选出成绩大于 90 的分数，并把符合条件的单元格设置为"浅红填充色深红色文本"，请帮他完成此项操作。

解析：

选中成绩单的数字单元格区域（标号 1）→点击"开始"选项卡（标号 2）→点击"条件格式"按钮（标号 3）→点击"突出显示单元格规则"子菜单中的"大于"命令（标号 4）→弹出"大于"对话框，在文本框中输入"90"（标号 5）→点击"设置为"下拉列表，选择"浅红填充色深红色文本"（标号 6）→点击"确定"按钮，如图 3.30 所示，条件格式筛选成绩结果如图 3.31 所示。

3.4.3
习题讲解

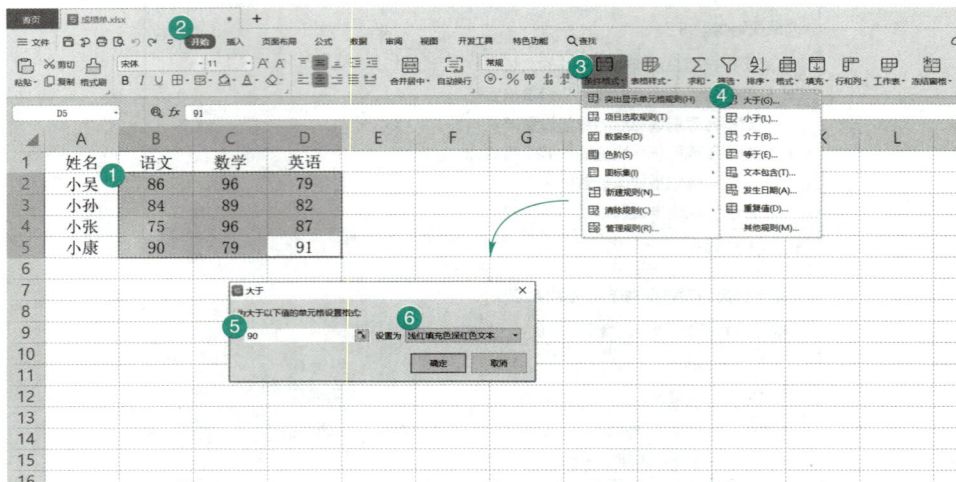

图 3.30　设置标题样式

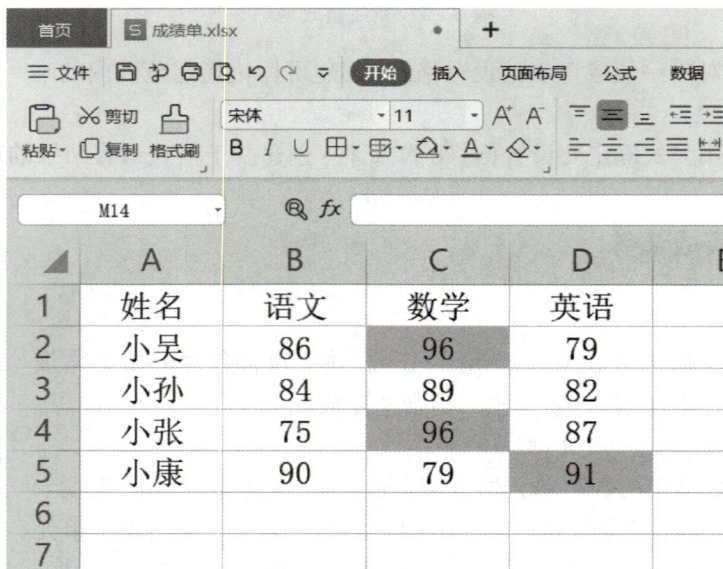

图 3.31　最终效果

3.5 使用公式与函数

知识点框架：

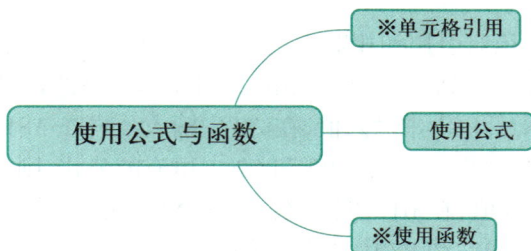

3.5.1 使用公式与函数简介

在电子表格中使用公式与函数可以快速、高效地完成对表格中数据的计算。

3.5.2 高频考点

（1）单元格引用

单元格引用是指一个单元格的值依赖其他单元格的值。如果 A1 单元格中的公式引用了 B1 单元格，那么 A1 称为 B1 的"从属单元格"，B1 称为 A1 的"引用单元格"。单元格引用分为相对引用、绝对引用和混合引用。

① 相对引用

使用单元格相对引用，公式在一个单元格中引用另一个单元格，当引用公式复制到另一个单元格时，公式自动调整，即引用相对于当前从属单元格的引用单元格。例如，在 A1、A2 和 A3 中输入值，在 B1 中输入公式"=A1"，自动填充 B2 和 B3，如果查看 B1、B2、B3 中填充的公式，则如图 3.32 所示。

② 绝对引用

使用单元格绝对引用，在公式的单元格地址的行号和列号前添加绝对引用符号"$"（美元符号），公式在一个单元格中引用另一个单元格，当引用公式复制到另一个单元格时，公式不会自动调整，即引用单元格的绝对位置不变。例如，在 A1、A2 和 A3 中输入值，在 B1 中输入公式"=$A$1"，自动填充 B2 和 B3，如果查看 B1、B2 和 B3 中填充的公式，则如图 3.33 所示。

◢	A	B
1	1	=A1
2	2	=A2
3	3	=A3

图 3.32　相对引用

◢	A	B
1	1	=$A$1
2	2	=$A$1
3	3	=$A$1

图 3.33　绝对引用

③ 混合引用

混合引用介于绝对引用和相对引用之间，只单独固定引用地址的行号或者列号。当引用公式复制到另一个单元格时，引用单元格的行号或者列号保持不变。例如，在 A1、B1 和 C1 中输入值，在 A2 中输入公式"=A$1"，表示仅固定行，自动填充 B2 和 C2，如果查看 A2、B2 和 C2 中填充的公式，则如图 3.34 所示；在 A1、A2 和 A3 中输入值，在 B1 中输入公式"=$A1"，表示仅固定列，自动填充 B2 和 B3，如果查看 B1、B2、和 B3 中填充的公式，则如图 3.35 所示。

◢	A	B	C
1	1	2	3
2	=A$1	=B$1	=C$1

图 3.34　仅固定行

◢	A	B
1	1	=$A1
2	2	=$A2
3	3	=$A3

图 3.35　仅固定列

（2）使用函数

函数的表达式为：= 函数名（参数 1,［参数 2］,［参数 3］，…）。

① 手动输入函数

选中要使用函数的单元格→在单元格中输入"="和函数名（标号 1）→在单元格下显示的动态列表中双击所需函数（标号 2），如图 3.36 所示→在函数后面的括号中输入参数，如图 3.37 所示→输入完成后按 Enter 键。

提示：在单元格中输入公式的运算符为西文半角字符。

图 3.36　输入函数

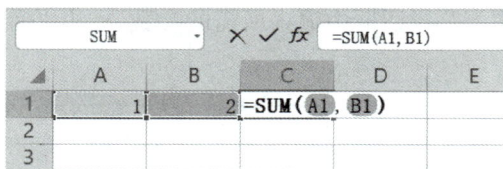

图 3.37　输入函数参数

② 插入函数

选中要使用函数的单元格→点击"公式"选项卡（标号 1）→点击"插入函数"按钮（标号 2），如图 3.38 所示。

图 3.38　插入函数

弹出"插入函数"对话框，在"查找函数"中输入想要使用的函数（标号 1）→或者点击"或选择类别"下拉按钮，选择需要的函数类别（标号 2）→在"选择函数"选项区选择需要的函数（标号 3）→点击"确定"按钮，如图 3.39 所示。

图 3.39　"插入函数"对话框

在弹出"函数参数"对话框中输入所需的参数,点击"确定"按钮,如图 3.40 所示。

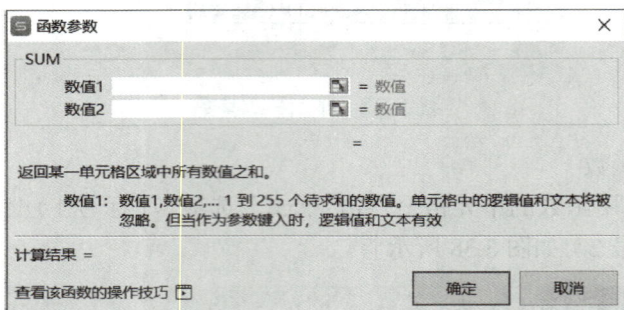

图 3.40 "函数参数"对话框

3.5.3 实战演练

习题:

小王要汇总成绩单中每个学生的成绩,并填写在"总分"所在列,请帮他完成此项操作。

解析:

① 选中 E4 单元格(标号 1)→点击"公式"选项卡(标号 2)→点击"插入函数"按钮(标号 3),如图 3.41 所示。

3.5.3
习题讲解

图 3.41 插入函数

② 弹出"插入函数"对话框,点击"或选择类别"下拉按钮,选择"常用函数"(标号 1)→在"选择函数"选项区选择"SUM"函数(标号 2)→点击"确定"按钮,如图 3.42 所示。

图 3.42 "插入函数"对话框

③ 在弹出的"函数参数"对话框的"数值 1"中输入"B4:D4",点击"确定"按钮,如图 3.43 所示。

图 3.43 输入参数

④ 选中 E4 单元格→把鼠标放在 E4 单元格右下角→当光标变成黑色十字叉时,按住鼠标左键并向下拖动鼠标到 E7 单元格,即可自动按照 E4 的规则填充下面剩余的单元格,最终效果如图 3.44 所示。

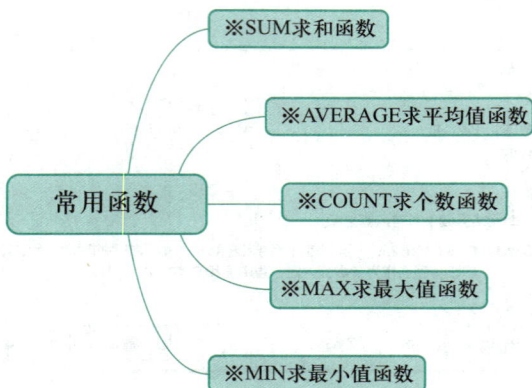

图 3.44　最终效果

3.6　常用函数

知识点框架:

※SUM求和函数

※AVERAGE求平均值函数

常用函数　※COUNT求个数函数

※MAX求最大值函数

※MIN求最小值函数

3.6.1 常用函数简介

用户使用频率较高的函数有求和、求平均值、求极值等函数,使用函数能够快速地进行数据的计算,提高工作效率。

3.6.2 高频考点

(1) SUM 求和函数

SUM 函数的形式:SUM(参数 1,[参数 2],…)。参数 1 是必需参数,表示求和的单元格区域;其他为可选参数。

SUM 函数的作用:将参数中所有数值求和。

SUM 函数的使用:求 B1:B3 中数的和,填写到 B4 单元格中。在 B4 单元格中编写公式 "=SUM(B1:B3)",按下键盘上的 Enter 键,计算结果如图 3.45 所示。

(2) AVERAGE 求平均值函数

AVERAGE 函数的形式:AVERAGE(参数 1,[参数 2],…)。参数 1 是必需参数,表示求平均值的单元格区域;其他为可选参数。

AVERAGE 函数的作用:求参数中所有数的算术平均值。

AVERAGE 函数的使用:求 B1:B3 中数的平均值,填写到 B4 单元格中。在 B4 单元格中编写公式 "=AVERAGE(B1:B3)",按下键盘上的 Enter 键,计算结果如图 3.46 所示。

(3) COUNT 求个数函数

COUNT 函数的形式:COUNT(参数 1,[参数 2],…)。参数 1 是必需参数,表示要计入数值个数的单元格;其他为可选参数。

COUNT 函数的作用:统计指定区域中包含数值的个数。

COUNT 函数的使用:求 B1:B3 中数值的个数,填写到 B4 单元格中。在 B4 单元格中编写公式 "=COUNT(B1:B3)",按下键盘上的 Enter 键,统计结果如图 3.47 所示。

	A	B
1		1
2	数据	3
3		5
4	求和结果	9

图 3.45　求和

	A	B
1		1
2	数据	3
3		5
4	求平均值结果	3

图 3.46　求平均值

	A	B
1		1
2	数据	A
3		5
4	求数值个数结果	2

图 3.47　求数值个数

（4）MAX 求最大值函数

MAX 函数的形式：MAX（参数1，参数2，…）。参数1和参数2是必需参数。

MAX 函数的作用：求参数中所有数的最大值。

MAX 函数的使用：求 B1:B3 中数的最大值，填写到 B4 单元格中。在 B4 单元格中编写公式"=MAX（B1:B3）"，按下键盘上的 Enter 键，结算结果如图 3.48 所示。

（5）MIN 求最小值函数

MIN 函数的形式：MIN（参数1，参数2，…）。参数1和参数2是必需参数。

MIN 函数的作用：求参数中所有数的最小值。

MIN 函数的使用：求 B1:B3 中数的最小值，填写到 B4 单元格中。在 B4 单元格中编写公式"=MIN（B1:B3）"，按下键盘上的 Enter 键，计算结果如图 3.49 所示。

	A	B
1		1
2	数据	3
3		5
4	求最大值结果	5

图 3.48　求最大值

	A	B
1		1
2	数据	3
3		5
4	求最小值结果	1

图 3.49　求最小值

3.6.3　实战演练

习题：

小王要计算每门课程的平均分和总分的平均分，将结果填入平均分表中，请帮他完成此项操作。

解析：

3.6.3
习题讲解

① 选中 B10 单元格（标号1）→点击"公式"选项卡（标号2）→点击"插入函数"按钮（标号3），如图 3.50 所示。

② 弹出"插入函数"对话框，点击"或选择类别"下拉按钮，选择"常用函数"（标号1）→在"选择函数"中选择"AVERAGE"函数（标号2）→点击"确定"按钮，如图 3.51 所示。

③ 在弹出的"函数参数"对话框的"数值1"中输入"B4:B7"，点击"确定"按钮，如图 3.52 所示。

图 3.50　插入函数

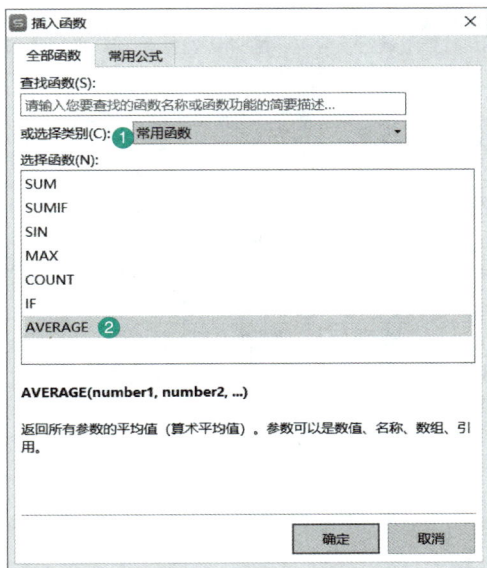

图 3.51　选择函数

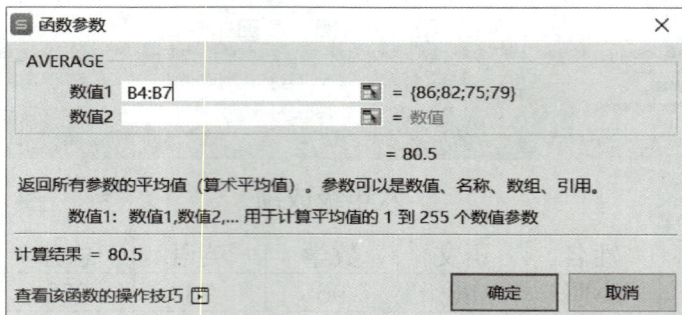

图 3.52   输入参数

④ 选中 B10 单元格→把鼠标放在 B10 单元格右下角→当光标变成黑色十字叉时,按住鼠标左键并向右拖动鼠标到 E10 单元格,即可按照 B10 的规则自动填充下面剩余的单元格,最终效果如图 3.53 所示。

图 3.53   最终效果

3.7　逻辑判断函数

知识点框架：

```
                          ※IF逻辑判断函数

                          ※SUMIF单条件求和函数

    逻辑判断函数 ───────── ※SUMIFS多条件求和函数

                          ※COUNTIF单条件求个数函数

                          ※COUNTIFS多条件求个数函数
```

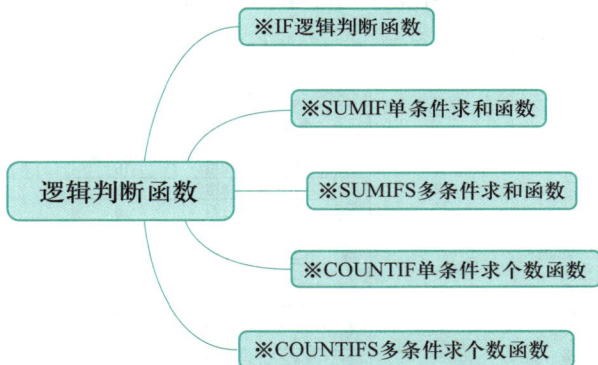

3.7.1　逻辑判断函数简介

　　逻辑判断函数的功能是首先判断指定单元格内容是否符合给出的条件，然后根据结果的不同进行相匹配的统计或计算等操作。

3.7.2　高频考点

（1）IF 逻辑判断函数

　　IF 函数的形式：IF（测试条件，真值，［假值］）。"测试条件"和"真值"为必需参数。"假值"为可选参数，省略则默认为假值。

　　IF 函数的作用：根据逻辑判断条件的真假显示不同的值。

　　IF 函数的使用：对 A2：A6 中的成绩分级（大于等于 60 为及格，否则为不及格），依次填写到 B2：B6 单元格中。在 B2 单元格中编写公式 "=IF（A2>=60，" 及格 "，" 不及格 "）"→按下键盘上的 Enter 键→选中 B2 单元格→把鼠标放在 B2 单元格右下角，当光标变成黑色十字叉时，按下鼠标左键并向下拖动鼠标到 B6 单元格，即可按照 B2 的规则自动填充下面剩余的单元格，如图 3.54 所示。

（2）SUMIF 单条件求和函数

　　SUMIF 函数的形式：SUMIF（区域，条件，［求和区域］）。"区域"是必需参数，表示计算条件的单元格区域。"条件"是必需参数,表示求和条件。"求和区域"是可选参数,表示实际的求和区域,省略则默认使用"区域"参数。

SUMIF 函数的作用:对满足条件的单元格求和。

SUMIF 函数的使用:统计 4 个季度 1 组的总销售额,填写在 E3 单元格中。在 E3 单元格中编写公式"=SUMIF(B2:B13,"1 组",C2:C13)",按下键盘上的 Enter 键,如图 3.55 所示。

	A	B
1	成绩	等级
2	68	及格
3	98	及格
4	52	不及格
5	75	及格
6	86	及格

图 3.54   成绩分级

	A	B	C	D	E
1	季度	销售组别	销售额/万		
2	1	1组	14		1组年销售额
3	1	2组	16		61
4	1	3组	10		
5	2	1组	15		
6	2	2组	19		
7	2	3组	18		
8	3	1组	15		
9	3	2组	11		
10	3	3组	16		
11	4	1组	17		
12	4	2组	19		
13	4	3组	16		

图 3.55   年销售额统计

（3）SUMIFS 多条件求和函数

SUMIFS 函数的形式:SUMIFS(求和区域,区域 1,条件 1,[区域 2,条件 2],…)。"求和区域"为必需参数,表示要求和的单元格。"区域 1,条件 1"为必需参数,表示搜索区域中符合条件的搜索对。其他为可选参数,表示更多的区域和条件。

SUMIFS 函数的作用:对区域中满足多个条件的单元格求和。

SUMIFS 函数的使用:统计前半年 1 组的总销售额,填写在 E3 单元格中。在 E3 单元格中编写公式"=SUMIFS(C2:C13,A2:A13,"<=2",B2:B13,"=1 组")",按下键盘上的 Enter 键,如图 3.56 所示。

（4）COUNTIF 单条件求个数函数

COUNTIF 函数的形式:COUNTIF(区域,条件)。"区域"为必需参数,表示计算个数的单元格区域。"条件"为必需参数,表示计数条件。

COUNTIF 函数的作用:计算区域中满足条件的单元格个数。

COUNTIF 函数的使用:统计 B2:B6 中为"及格"的个数,填写到 C4 单元格中。在 C4 单元格中编写公式"=COUNTIF(B2:B6,"=及格")",按下键盘上的 Enter 键,如图 3.57 所示。

	A	B	C	D	E
1	季度	销售组别	销售额/万		
2	1	1组	14		1组前半年销售额
3	1	2组	16		29
4	1	3组	10		
5	2	1组	15		
6	2	2组	19		
7	2	3组	18		
8	3	1组	15		
9	3	2组	11		
10	3	3组	16		
11	4	1组	17		
12	4	2组	19		
13	4	3组	16		

图 3.56　前半年销售额统计

	A	B	C
1	成绩	等级	及格个数
2	68	及格	
3	98	及格	
4	52	不及格	4
5	75	及格	
6	86	及格	

图 3.57　及格个数统计

（5）COUNTIFS 多条件求个数函数

COUNTIFS 函数的形式：COUNTIFS（区域 1，条件 1，[区域 2，条件 2]，…）。"区域 1，条件 1"为必需参数，表示计数区域和关联条件。其他为可选参数，表示更多的区域和条件。

COUNTIFS 函数的作用：计算区域中满足给定条件的单元格个数。

COUNTIFS 函数的使用：统计 B2：B12 和 C2：C12 中均大于等于 80 的人数，填写到 D7 单元格中。在 D7 单元格中编写公式 "=COUNTIFS（B2：B12，">=80"，C2：C12，">=80"）"，按下键盘上的 Enter 键，如图 3.58 所示。

	A	B	C	D
1	姓名	语文	数学	满足条件人数
2	尹可	78	98	
3	孙志	78	84	
4	田铎	67	84	
5	张大帆	78	73	
6	李利	68	94	
7	孙浩	56	93	3
8	李明	67	73	
9	张强	94	83	
10	吕刚	84	84	
11	杜鑫	93	84	
12	唐文	73	82	

图 3.58　满足多条件人数统计

3.7.3　实战演练

习题：

小王要找出满足三好学生条件的同学（总分不低于 250），并依次在 F4：F13 单元格填写"满足"或者"不满足"，请帮他完成此项操作。

解析：

① 选中 F4 单元格（标号 1）→点击"公式"选项卡（标号 2）→点击"插入函数"按钮（标号 3），如图 3.59 所示。

3.7.3
习题讲解

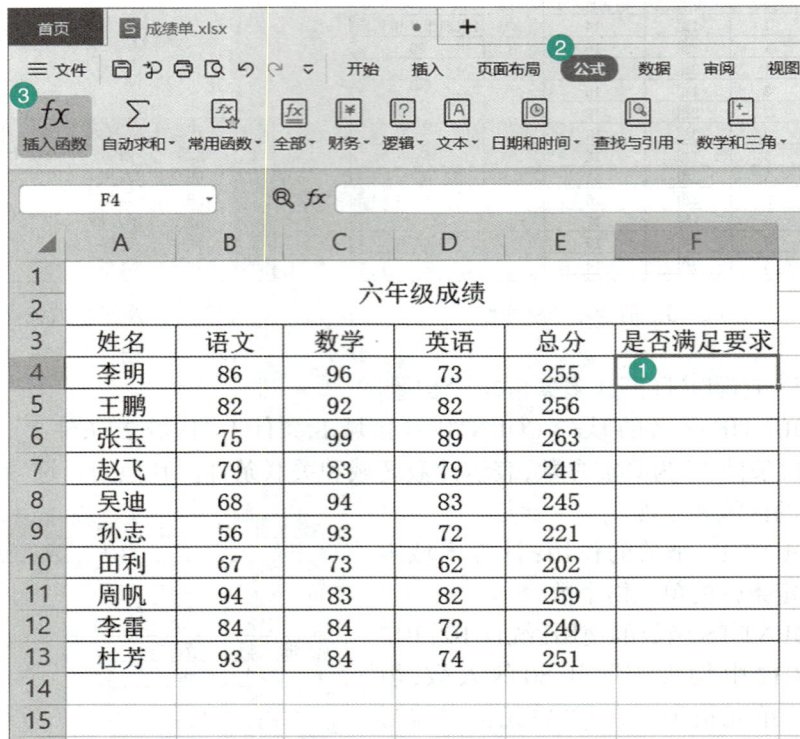

图 3.59　插入函数

② 弹出"插入函数"对话框,点击"或选择类别"下拉按钮,选择"全部"(标号 1)→在"选择函数"选项区选择"IF"(标号 2)→点击"确定"按钮,如图 3.60 所示。

③ 弹出"函数参数"对话框,在"测试条件"中输入"E4>=250";在"真值"中输入"满足";在"假值"中输入"不满足"。点击"确定"按钮,如图 3.61 所示。

④ 选中 F4 单元格→把鼠标放在 F4 单元格右下角→当光标变成黑色十字叉时,按下鼠标左键并向下拖动鼠标到 F13 单元格,即可按照 F4 的规则自动填充下面剩余的单元格,最终效果如图 3.62 所示。

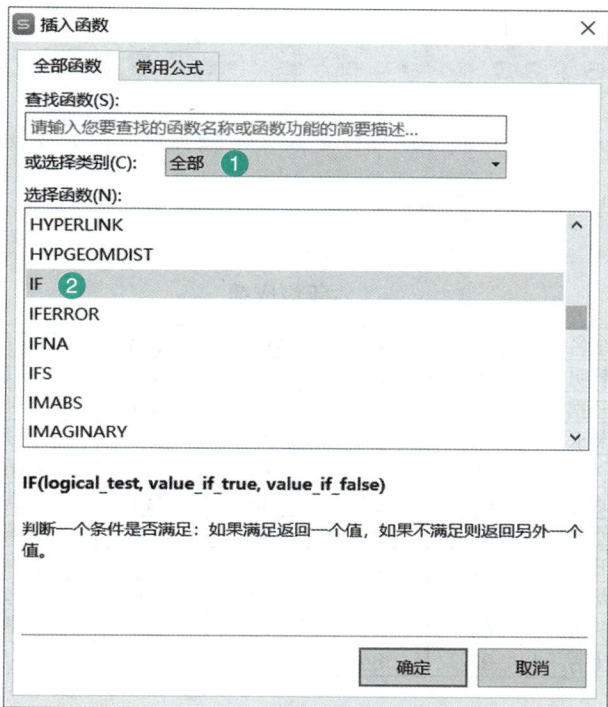

图 3.60　选择函数

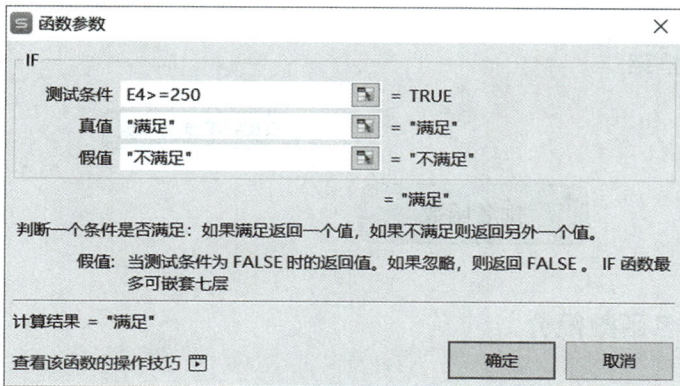

图 3.61　输入参数

图 3.62　最终效果

3.8　排名函数

知识点框架：

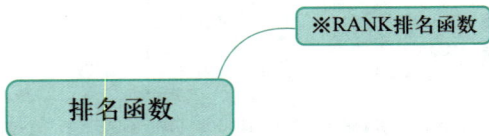

3.8.1　排名函数简介

排名函数是对数据按照一定的规则进行排序,并返回排序的名次。

3.8.2　高频考点

RANK 排名函数

RANK 函数的形式：RANK（数值，引用，[排位方式]）。"数值"为必需参数，表示参与排名的数值；"引用"为必需参数，表示要查找数值的列表；"排位方式"为可选参数，表示排序方式。

RANK 函数的作用：求数值在指定列表中的排名。

RANK 函数的使用：对 A2：A6 中的成绩排序，依次填到 B2：B6 单元格中。在 B2 单元格中编写公式"=RANK（A2，A$2:A$6）"→按下键盘上的 Enter 键→选中 B2 单元格→把鼠标放在 B2 单元格右下角，当光标变成黑色十字叉时，按下鼠标左键并向下拖动鼠标到 B6 单元格，即可按照 B2 的规则自动填充下面剩余的单元格，如图 3.63 所示。

	A	B
1	成绩	排名
2	64	3
3	57	5
4	68	2
5	76	1
6	58	4

图 3.63　成绩排名

3.8.3　实战演练

习题：

小王要为全班同学的成绩进行排名，把成绩单按照总成绩由高到低进行排序，排名情况填写到排名列中，请帮他完成此项操作。

解析：

① 选中 G3 单元格（标号 1）→点击"公式"选项卡（标号 2）→点击"插入函数"按钮（标号 3），如图 3.64 所示。

3.8.3
习题讲解

② 弹出"插入函数"对话框，点击"或选择类别"下拉按钮，选择"统计"（标号 1）→在"选择函数"选项区选择"RANK"函数（标号 2）→点击"确定"按钮，如图 3.65 所示。

③ 弹出"函数参数"对话框，在"数值"文本框中输入"F3"，在"引用"文本框中输入"F$3：F$13"，点击"确定"按钮，如图 3.66 所示。

④ 选中 G3 单元格，把鼠标放在 G3 单元格右下角，当光标变成黑色十字叉时，按下鼠标左键并拖动鼠标到 G13 单元格，即可按照 G3 的规则自动填充下面剩余的单元格，最终效果如图 3.67 所示。

图 3.64   插入函数

图 3.65   选择函数

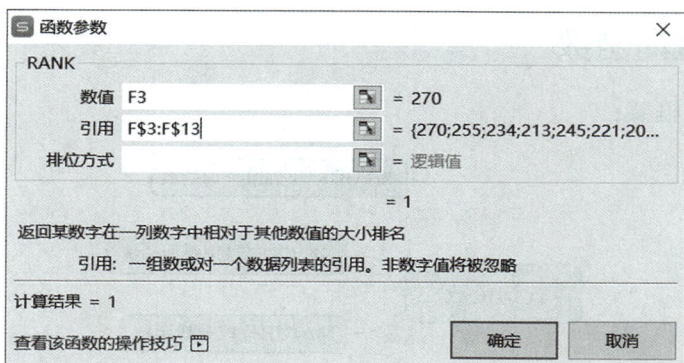

图 3.66　输入参数

图 3.67　最终结果

3.9　查询函数

知识点框架：

```
                          ※LOOKUP数组查询函数

                          ※VLOOKUP查询函数

            查询函数        MATCH位置查找函数

                          INDEX信息检索函数
```

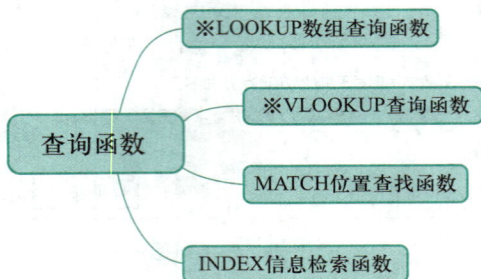

3.9.1　查询函数简介

查询函数可以帮助用户快速准确地寻找值，并且返回查找值或查找值对应的数据。

3.9.2　高频考点

（1）LOOKUP 数组查询函数

LOOKUP 函数的形式：LOOKUP（查找值，数组）。"查找值"为必需参数，可以为数值、文本、逻辑值和包含数值的名称或引用；"数组"为必需参数，函数按数组维数查找，若列数大于行数，则在数组的第一行查找，否则在数组的第一列查找，返回最后一行或者最后一列对应的值；当找不到"查找值"时，则返回小于"查找值"的最大值，如果"查找值"小于"数组"的第一行或第一列的最小值，则返回错误值"#N/A"。

LOOKUP 函数的作用：从数组中查找值。

LOOKUP 函数的使用：在 A1：A5 中查找数值 2，返回所在单元格最后一列的值，填写到 B6 单元格中。在 B6 单元格中编写公式"=LOOKUP（2,A1:B5）"→按下键盘上的 Enter 键，如图 3.68 所示。

	A	B
1	1	3
2	2	5
3	3	4
4	5	6
5	5	7
6	查找2对应的值	5

图 3.68　查找对应值

（2）VLOOKUP 查询函数

VLOOKUP 函数的形式：VLOOKUP（查找值,数据表,列序数,[匹配条件]）。"查找值"为必需参数,可以为数值、引用或文本字符串;"数据表"为必需参数,指要查找的区域;"列序数"为必需参数,指要返回结果在查找区域的列序号;"匹配条件"为可选参数,指查找方式,取值为 TRUE 或 FALSE,如果"匹配条件"填写 TRUE 或省略为近似查找,如果"匹配条件"填写为 FALSE 则为精确查找。

VLOOKUP 函数的作用：在数据表的首列查找指定值,并返回数据表当前行、指定列单元格中的数值。提示：VLOOKUP 数据表默认是升序排序的。

VLOOKUP 函数的使用：在 A2：B6 中查找小李的成绩,并填到 D2 单元格中。在 D2 单元格中编写公式"=VLOOKUP（"小李",A2:B6,2,FALSE）"→按键盘上的 Enter 键,如图 3.69 所示。

	A	B	C	D
1	姓名	成绩		小李的成绩
2	小李	76		76
3	小赵	78		
4	小吴	86		
5	小宋	89		
6	小张	94		

图 3.69　查找成绩

3.9.3　实战演练

习题：

小王要查找小吴同学的总分,将结果填入查询表中,请帮他完成此项操作。

解析：

① 选中 B10 单元格（标号 1）→点击"公式"选项卡（标号 2）→点击"插入函数"按钮（标号 3）,如图 3.70 所示。

3.9.3
习题讲解

② 弹出"插入函数"对话框,点击"或选择类别"下拉按钮,选择"查找与引用"（标号 1）→在"选择函数"中选择"VLOOKUP"（标号 2）→点击"确定"按钮,如图 3.71 所示。

③ 弹出"函数参数"对话框,在"查找值"中输入"小吴"→在"数据表"中输入"A4：E7"→在"列序数"中输入"5"→在"匹配条件"中输入"FALSE"→点击"确定"按钮,如图 3.72 所示,查询结果如图 3.73 所示。

图 3.70 插入函数

图 3.71 选择函数

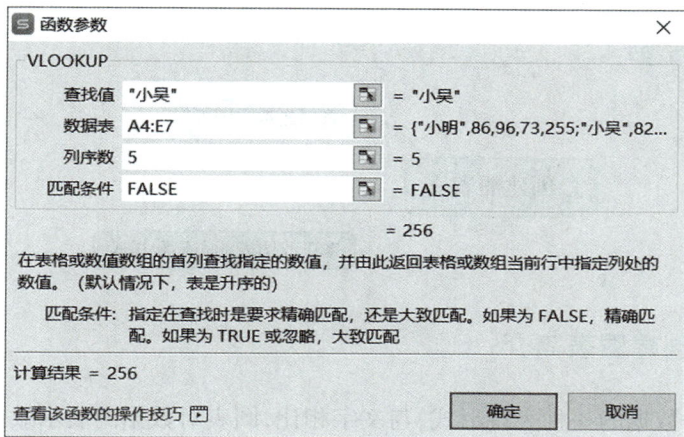

图 3.72　输入参数

图 3.73　查询结果

3.10　创建图表

知识点框架：

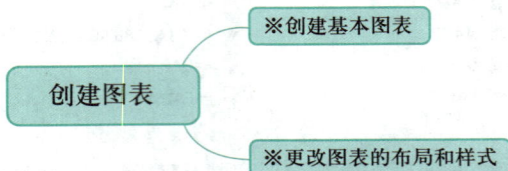

3.10.1　创建图表简介

图表是数据的一种表现形式，与文字相比，图表对数据的展示效果更加直观和清晰。

3.10.2　高频考点

（1）创建基本图表

首先在表格中输入一组数据，选中数据所在单元格（标号1）→点击"插入"选项卡（标号2）→点击"全部图表"按钮（标号3）→在弹出的"插入图表"对话框中选择所需的图表→点击"插入"按钮（标号4），如图3.74所示。

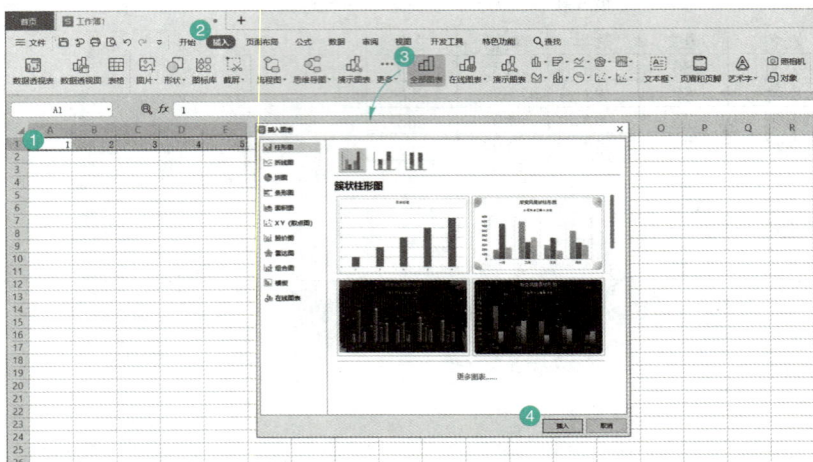

图3.74　创建基本图表

（2）更改图表的布局和样式

① 更改图表布局

选中需要更改布局的图表,此时工具栏中会出现"图表工具"选项卡→点击"图表工具"选项卡(标号1)→点击"快速布局"按钮(标号2)→在下拉列表中选择所需的布局,如图 3.75 所示。

图 3.75 更改图表布局

如需添加图表元素,点击"添加元素"按钮(标号3),在下拉列表中选择所需的元素,如图 3.76 所示。

图 3.76 添加图表元素

② 更改图表样式

更改图表颜色:选中需要更改颜色的图表→点击"图表工具"选项卡(标号1)→点击"更改颜色"按钮(标号2)→在下拉列表中选择所需的图表颜色,如图 3.77 所示。

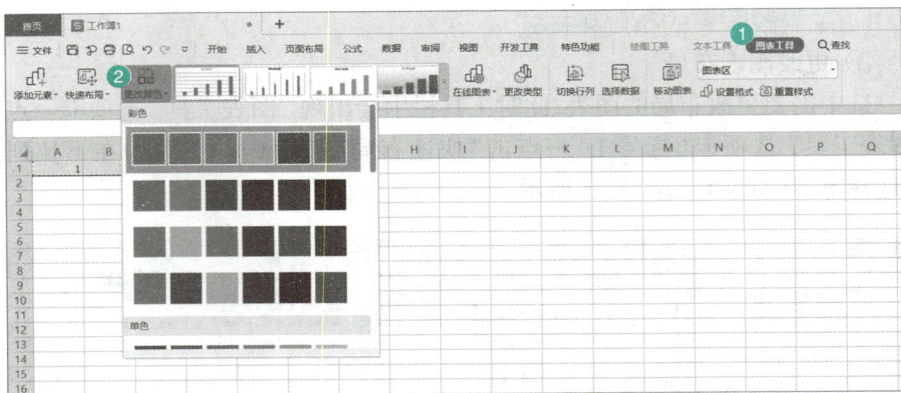

图 3.77　更改图表颜色

更改图表样式：选中需要更改样式的图表→点击"图表工具"选项卡（标号1）→点击图表样式库右侧的"其他"按钮（标号2）→在下拉列表中选择所需的图表样式，如图 3.78 所示。

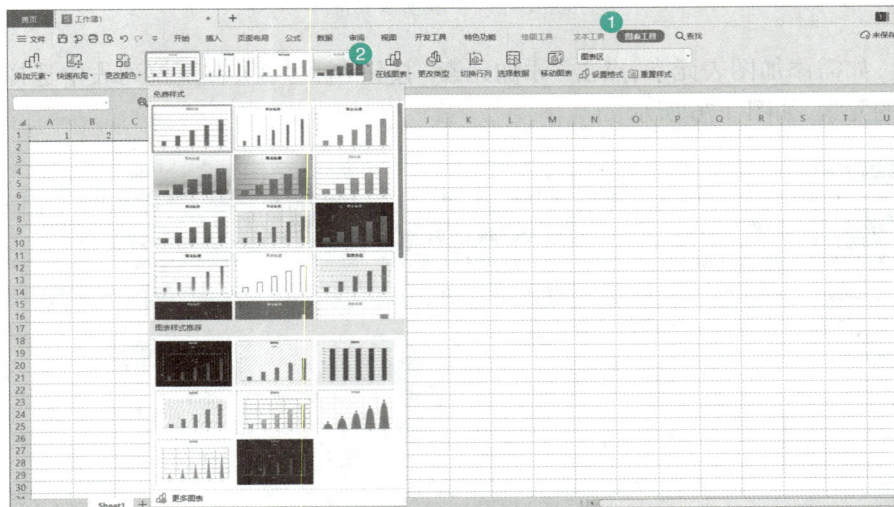

图 3.78　更改图表样式

3.10.3　实战演练

习题：

小王要为六年级的成绩单创建柱状图表，图表标题设置为"六

3.10.3
习题讲解

年级成绩"，请帮他完成此项操作。

解析：

① 选中 A3：E7 单元格（标号 1）→点击"插入"选项卡（标号 2）→点击"全部图表"按钮（标号 3）→在弹出的"插入图表"对话框中选择簇状柱形图（标号 4）→点击"插入"按钮（标号 5），如图 3.79 所示。

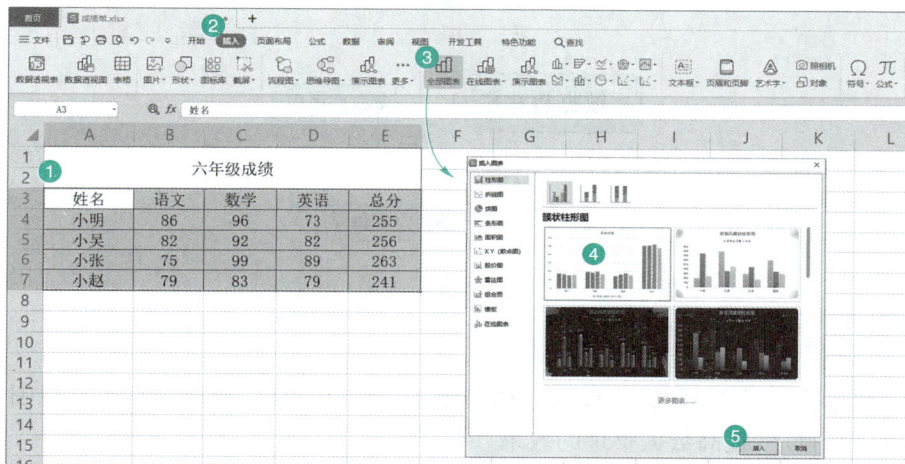

图 3.79　插入图表

② 在图表标题处输入"六年级成绩"，最终效果如图 3.80 所示。

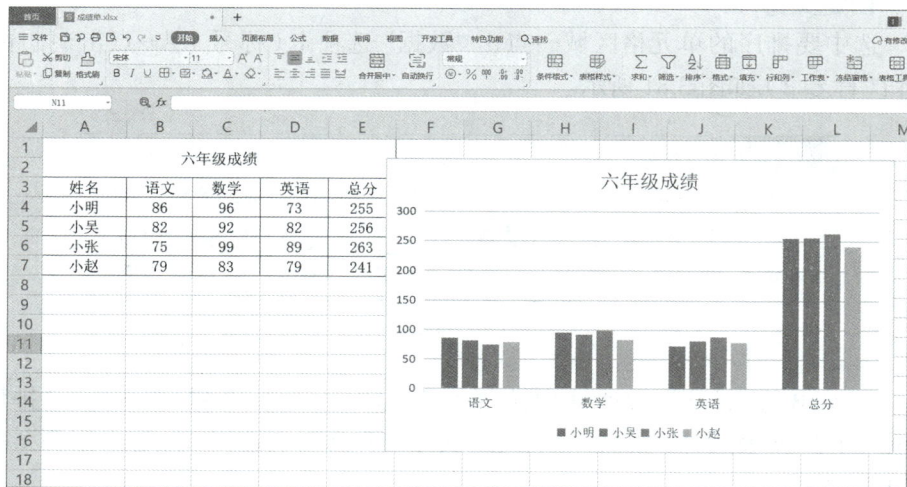

图 3.80　最终效果

3.11　数据排序

知识点框架：

```
                        ┌─── 简单排序
                        │
        ┌────────────┐  │
        │  数据排序   ├──┼─── 多条件排序
        └────────────┘  │
                        │
                        └─── ※自定义排序
```

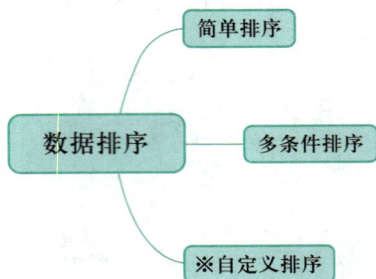

3.11.1　数据排序简介

数据排序功能可以将数据按照给定的规则进行排序，也可以自定义规则对数据进行排序，提高数据整理的效率。

3.11.2　高频考点

自定义排序

选中要排序的单元格区域→点击"数据"选项卡（标号 1）→点击"排序"按钮（标号 2），如图 3.81 所示。

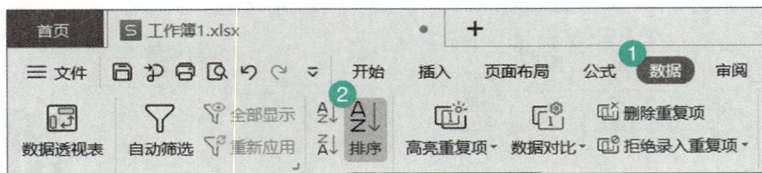

图 3.81　选择排序

在弹出的"排序"对话框中选择所需的"列"主要关键字→点击"排序依据"下拉列表选择"数值"→点击"次序"下拉列表选择"自定义序列"，如图 3.82 所示。

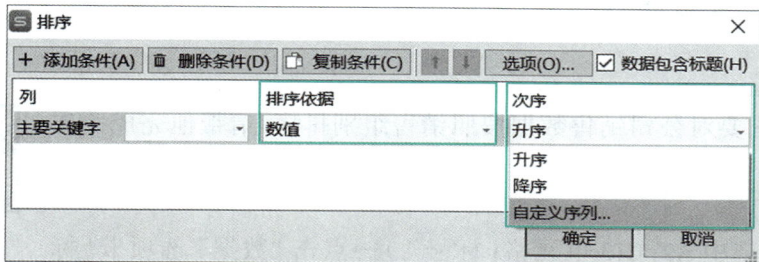

图 3.82　自定义序列

弹出"自定义序列"对话框,在"自定义序列"文本框中选择已有的序列,或者点击"新序列"(标号 1)并在右侧的"输入序列"文本框中输入需要的排序序列(标号 2)→点击"确定"按钮(标号 3),如图 3.83 所示→返回"排序"对话框,点击"确定"按钮即可完成自定义排序。

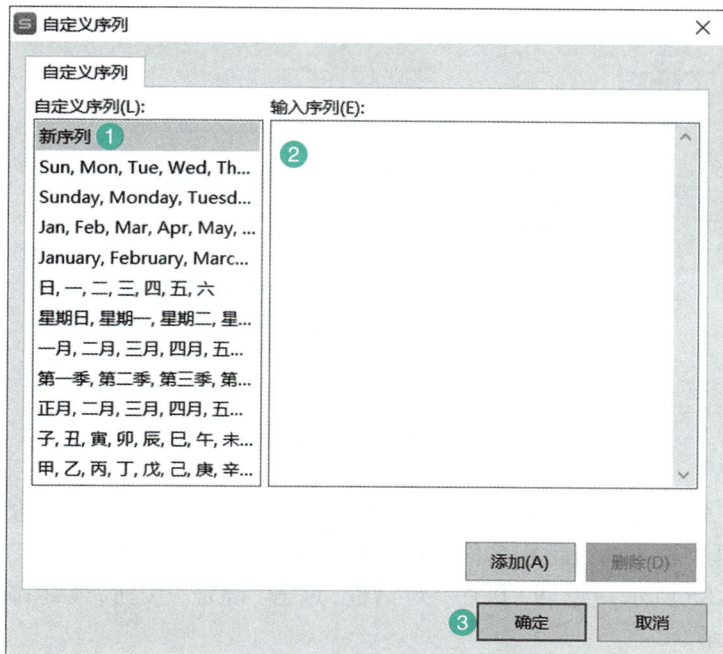

图 3.83　"自定义序列"对话框

3.11.3　实战演练

习题：

小王要对公司销售数据按照销售组别排序，请帮他完成此项操作。

解析：

① 选中 A2：C13 单元格（标号 1）→点击"数据"选项卡（标号 2）→点击"排序"按钮（标号 3）→弹出"排序"对话框，点击"主要关键字"下拉列表，选择"列 B"→点击"排序依据"下拉列表，选择"数值"→点击"次序"下拉列表，选择"自定义序列"，如图 3.84 所示。

3.11.3
习题讲解

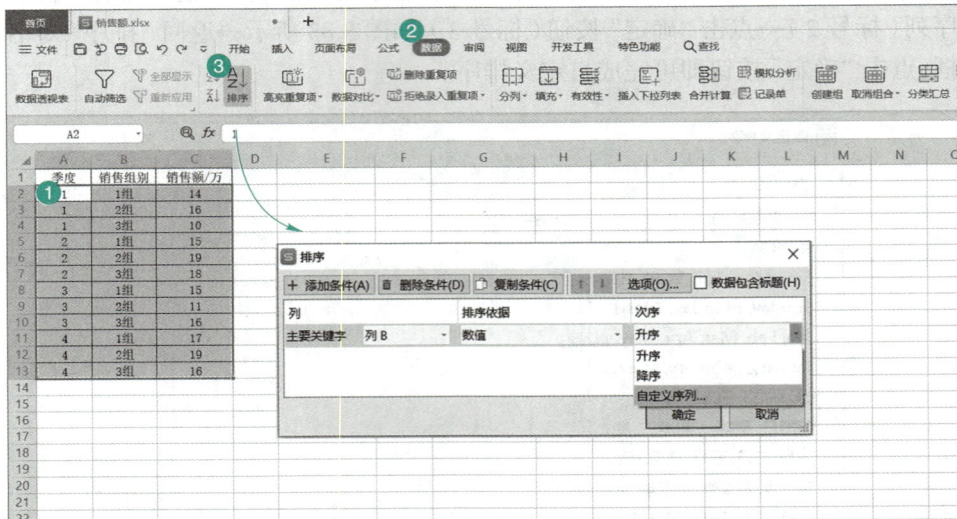

图 3.84　数据排序

② 在弹出的"自定义序列"对话框中，点击"新序列"→在右侧"输入序列"文本框中输入 3 行组别名称，分别为"1 组""2 组""3 组"→点击"确定"按钮，如图 3.85 所示→返回"排序"对话框，点击"确定"按钮，最终排序结果如图 3.86 所示。

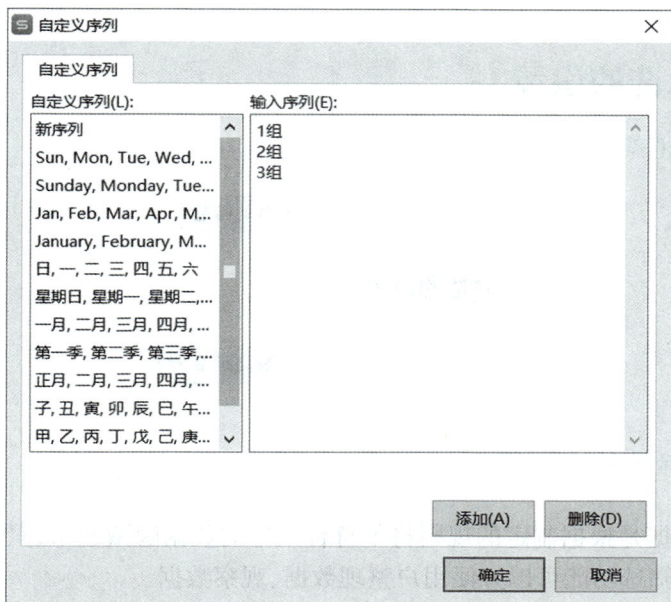

图 3.85　自定义排序

图 3.86　排序结果

3.12　筛选的设置

知识点框架：

```
                            ┌─── 自动筛选
              筛选的设置 ───┤
                            └─── ※高级筛选
```

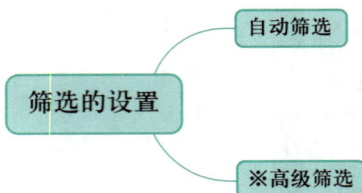

3.12.1　筛选的设置简介

筛选数据是根据制定的规则将不符合条件的数据隐藏起来，只显示符合条件的数据。筛选功能可以方便用户整理数据、观察数据。

3.12.2　高频考点

高级筛选

在进行筛选之前，首先要在筛选数据的区域外输入要筛选的条件，每一个条件标签必须和数据表的列名一致，在对应的标签下面输入对应的查询条件，如图 3.87 所示。

销量	库存
>1000	>100

图 3.87　编写筛选条件

选中要筛选的区域→点击"数据"选项卡（标号 1）→点击"筛选"选项组右下角的"高级筛选"对话框启动器（标号 2），如图 3.88 所示。

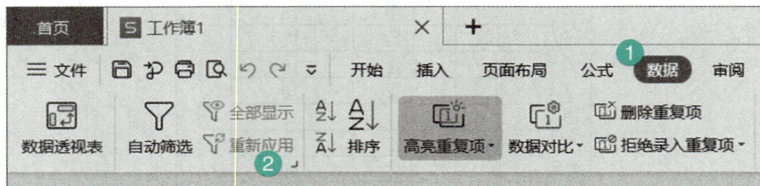

图 3.88　启动高级筛选

在弹出的"高级筛选"对话框中，在"方式"区域选择筛选结果显示的位置→在"列表区域"框中会默认显示当前选择的区域，也可以点击右侧的按钮重新指定列表区域→点击"条件区域"框右侧的按钮,选择提前输入的条件区域。如果在"方式"区域选择"将筛选结果复制到其他位置",需要填写"复制到"框,来确定复制结果的位置。设置完成后点击"确定"按钮,如图 3.89 所示。

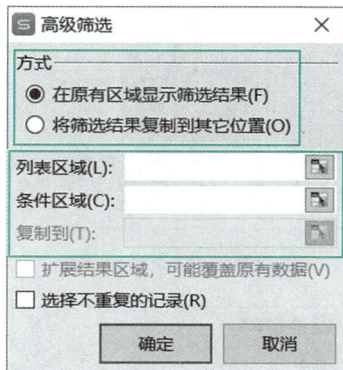

图 3.89 "高级筛选"对话框

3.12.3 实战演练

习题:

小王要筛选出数学和英语成绩均大于 80 且总分大于 250 的同学,在原有区域显示筛选结果,请帮他完成此项操作。

解析:

① 在成绩单之外的空白区域输入筛选的条件,如图 3.90 所示。

② 选中学生成绩单区域(标号 1)→点击"数据"选项卡(标号 2)→点击"筛选"选项组右下角的"高级筛选"对话框启动器(标号 3),如图 3.91 所示。

③ 弹出"高级筛选"对话框,在"方式"区域选择"在原有区域显示筛选结果"(标号 1)→核对"列表区域"框中显示的成绩单的区域(标号 2)→点击"条件区域"框右方的按钮,选择提前输入的条件区域(标号 3)→点击"确定"按钮,如图 3.92 所示,筛选结果如图 3.93 所示。

3.12.3
习题讲解

数学	英语	总分
>80	>80	>250

图 3.90 筛选条件

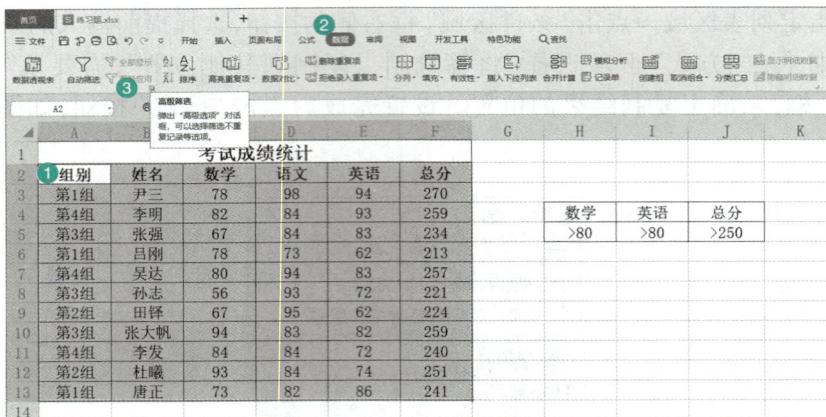

图 3.91　启动高级筛选

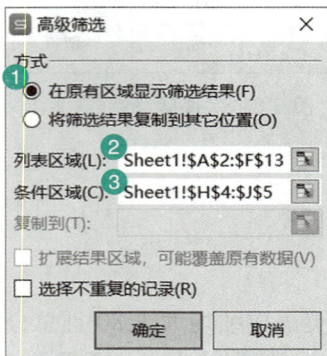

图 3.92　筛选数据

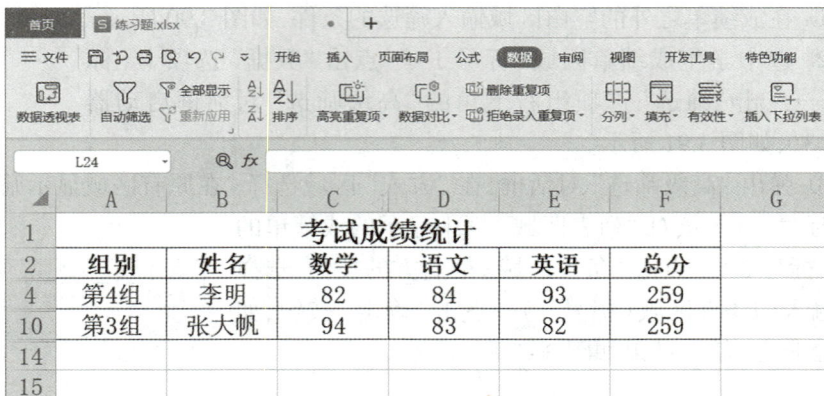

图 3.93　筛选结果

3.13 数据对比

知识点框架：

```
                              ┌── 数据对比
                              │
        ┌─────────┐           │
        │ 数据对比 │───────────┤
        └─────────┘           │
                              └── ※处理重复项
```

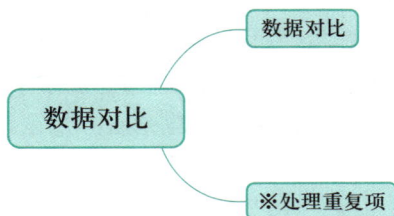

3.13.1 数据对比简介

数据对比可以快速发现不同数据源之间的异同，同时方便处理数据表中的重复项。

3.13.2 高频考点

处理重复项

① 高亮重复项

点击"数据"选项卡（标号1）→点击"高亮重复项"下拉按钮（标号2）→在下拉列表中点击"设置高亮重复项"按钮（标号3），如图3.94所示。

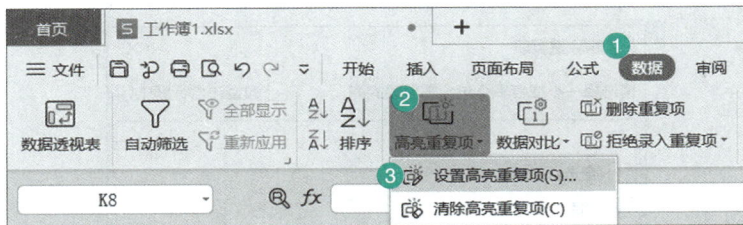

图 3.94　设置高亮重复项

弹出"高亮显示重复值"对话框，在文本框中输入处理重复项的区域（标号1）→如需精准匹配15位以上的数字，则勾选"精确匹配15位以上的长数字"复选框（标号2）→点击"确定"按钮即可将区域中内容重复的单元格标记为橙色背景，如图3.95所示。

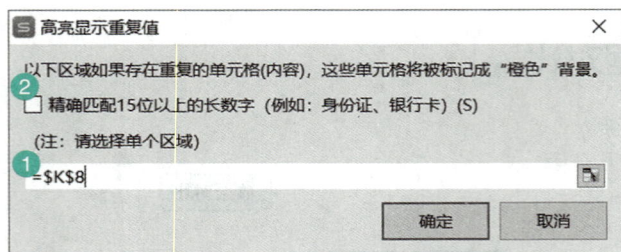

图 3.95　设置参数

② 删除重复项

选中处理重复项的单元格区域→点击"数据"选项卡（标号 1）→点击"删除重复项"按钮（标号 2），如图 3.96 所示。

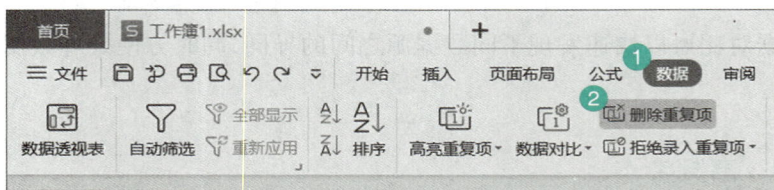

图 3.96　删除重复项

弹出"删除重复项"对话框，根据需要选择一个或多个包含重复项的列，如果选择多列，只有选择的每列数值都相同时才判定为重复，点击"删除重复项"按钮即可删除重复项，如图 3.97 所示。

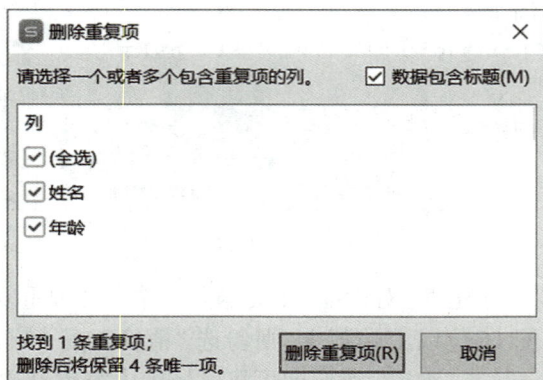

图 3.97　删除重复项

③ 拒绝录入重复项

点击"数据"选项卡（标号 1）→点击"拒绝录入重复项"下拉按钮（标号 2）→在下拉列表中点击"设置"命令（标号 3），如图 3.98 所示。

图 3.98　拒绝录入重复项

弹出"拒绝重复输入"对话框，在文本框中输入处理拒绝重复输入的区域，点击"确定"按钮即可完成设置，如图 3.99 所示。

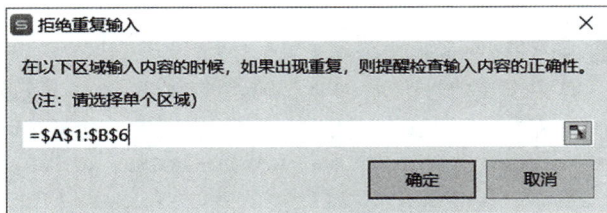

图 3.99　拒绝录入重复项区域

3.13.3　实战演练

习题：

小王要找出学生成绩单中重复的学生成绩并删除，请帮他完成此项操作。

解析：

选中 A3：E17 单元格（标号 1）→点击"数据"选项卡（标号 2）→点击"删除重复项"按钮（标号 3）→弹出"删除重复项"对话框，在对话框中，选中"（全选）"，点击"删除重复项"按钮（标号 4），如图 3.100 所示，删除后的结果如图 3.101 所示。

3.13.3
习题讲解

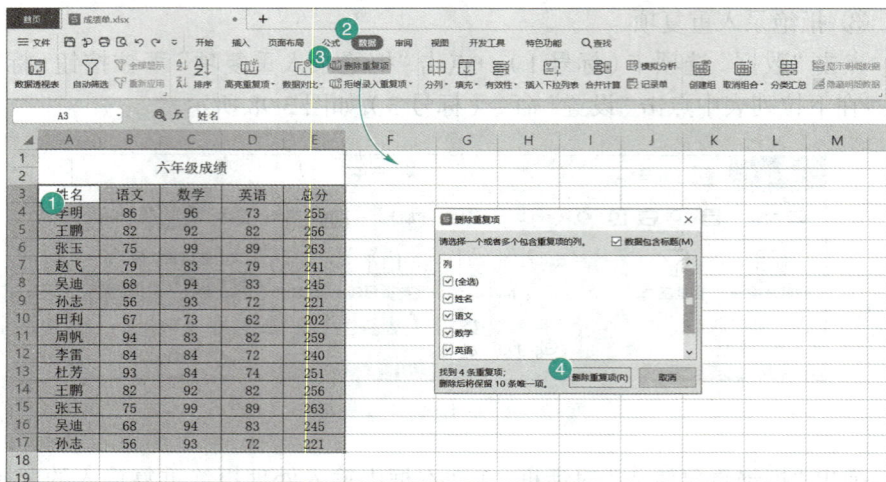

图 3.100　删除重复数据

图 3.101　删除后的结果

3.14 数据工具

知识点框架：

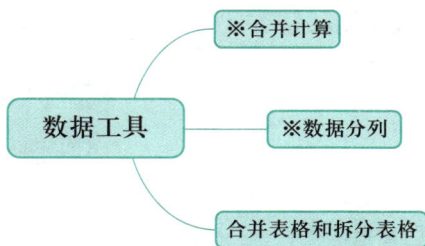

3.14.1 数据工具简介

数据工具可以快速地对数据做多种变换，例如对不同数据表进行合并、把数据按照规则将 1 列拆分为多列等，方便用户对数据进行整理。

3.14.2 高频考点

（1）合并计算

选中要显示合并计算结果单元格区域的左上角单元格→点击"数据"选项卡（标号 1）→点击"合并计算"按钮（标号 2），如图 3.102 所示。

图 3.102　合并计算

在弹出的"合并计算"对话框中，点击"函数"下拉按钮，选择所需的汇总函数（标号 1）→点击"引用位置"文本框后面的按钮（标号 2），选择数据源的位置，如果数据源的位置不在本工作簿中，点击"浏览"按钮查找数据源的位置（标号 3）→点击"添加"按钮（标号 4），添加数据源→在"标签位置"选择标签在数据源的位置（标号 5），表示按类别合并→点击"确定"按钮完成合并计算，如图 3.103 所示。

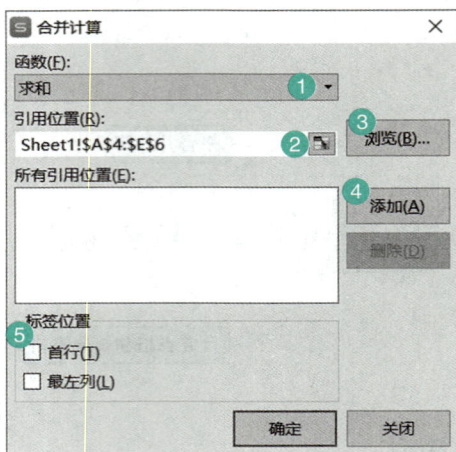

图 3.103　设置合并计算

（2）数据分列

选中需要分列的数据所在单元格→点击"数据"选项卡（标号 1）→点击"分列"按钮（标号 2），如图 3.104 所示。

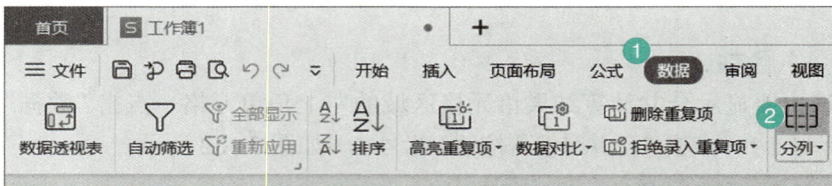

图 3.104　数据分列

① 使用分隔符号进行分列

定位于弹出的"文本分列向导 –3 步骤之 1"对话框，在"原始数据类型"区选择"分隔符号"，点击"下一步"按钮，如图 3.105 所示。

进入"文本分列向导 –3步骤之 2"对话框，在"分隔符号"中选择所需的符号类型，点击"下一步"按钮，如图 3.106 所示。

进入"文本分列向导 –3步骤之 3"对话框，在"数据预览"区中选择数据列→在"列数据类型"区设置该列的数据类型→在"目标区域"区设置输出结果区域→点击"完成"按钮，如图 3.107 所示。

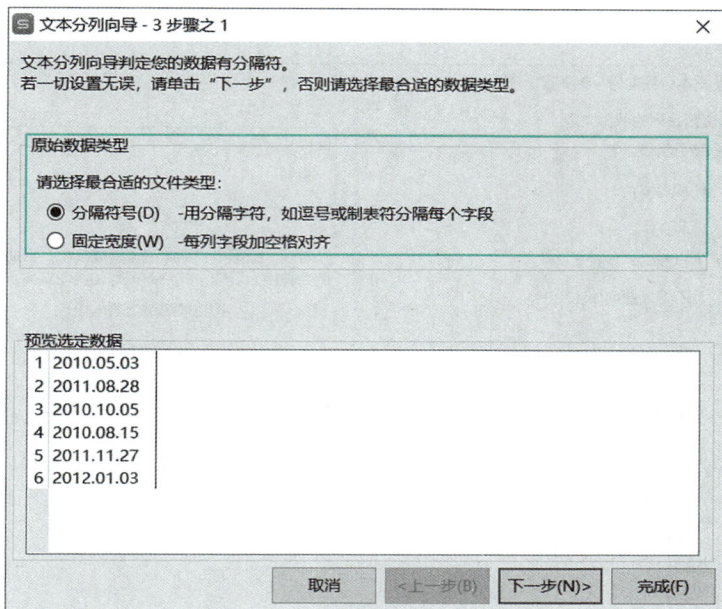

图 3.105　使用分隔符号分列向导步骤 1

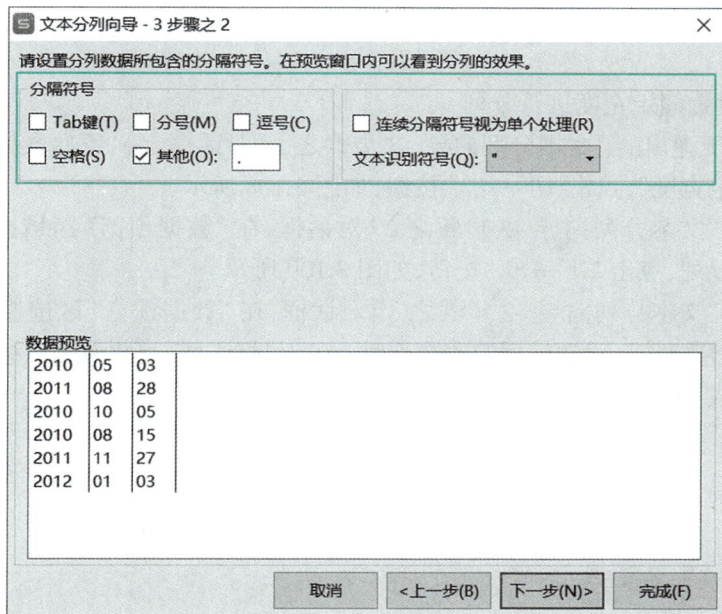

图 3.106　使用分隔符号分列向导步骤 2

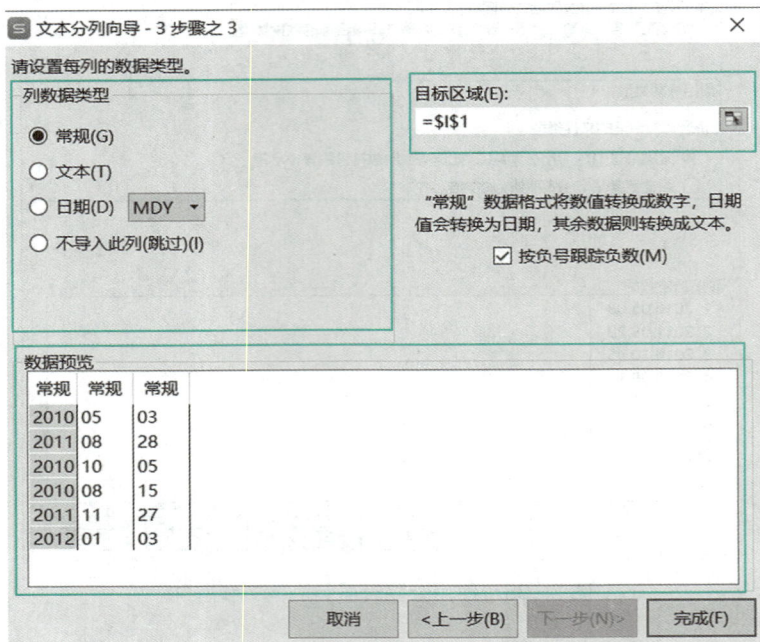

图 3.107　使用分隔符号分列向导步骤 3

② 设置固定宽度进行分列

定位于弹出的"文本分列向导 –3 步骤之 1"对话框,在"原始数据类型"中选择"固定宽度",点击"下一步"按钮,如图 3.108 所示。

进入"文本分列向导 –3 步骤之 2"对话框,在"数据预览"区域操作"分割线"进行分列,点击"下一步"按钮,如图 3.109 所示。

进入"文本分列向导 –3 步骤之 3"对话框,在"数据预览"区选择数据列→在"列数据类型"区设置该列的数据类型→在"目标区域"区设置输出结果区域→点击"完成"按钮,如图 3.110 所示。

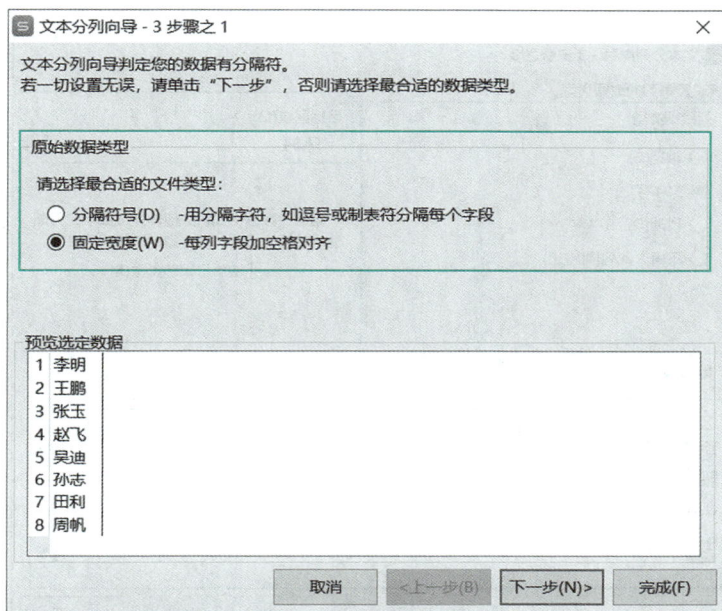

图 3.108　固定宽度分列向导步骤 1

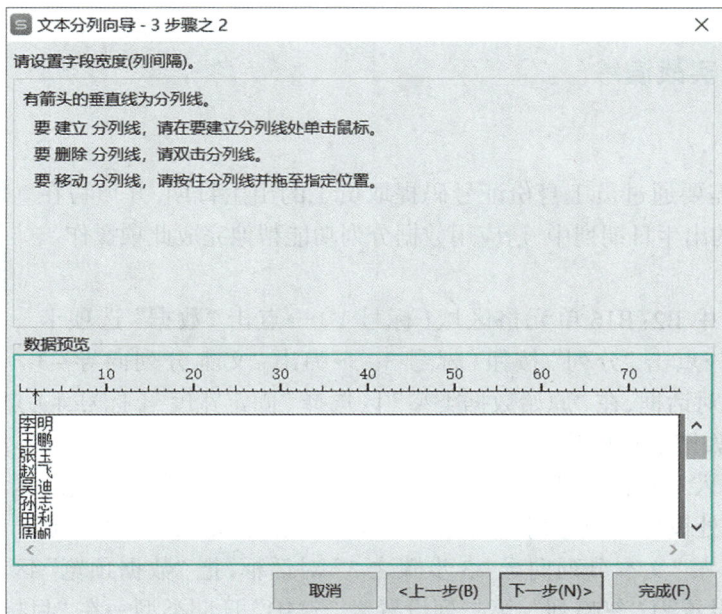

图 3.109　固定宽度分列向导步骤 2

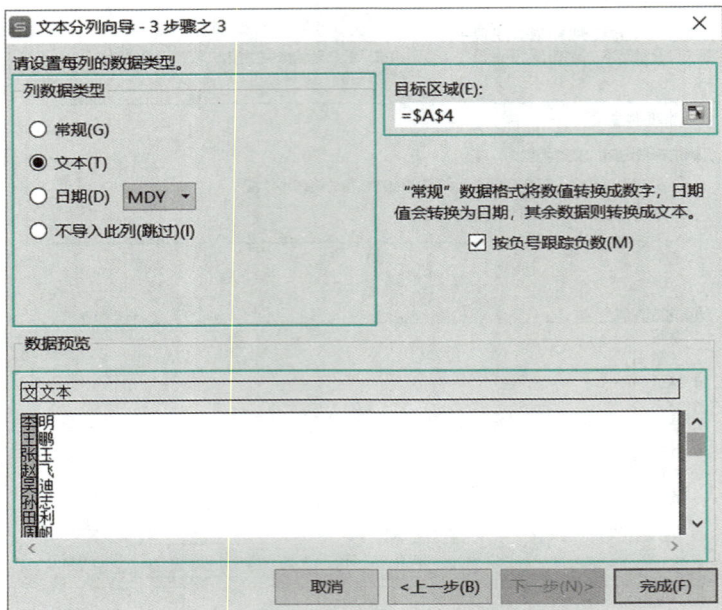

图 3.110　固定宽度分列向导步骤 3

3.14.3　实战演练

习题：

小王需要通过员工身份证号码提取员工的出生日期，并填写在表格对应的出生日期列中，请应用数据分列功能帮他完成此项操作。

解析：

① 选中 B2：B16 单元格区域（标号 1）→点击"数据"选项卡（标号 2）→点击"分列"按钮（标号 3）→弹出"文本分列向导 –3 步骤之 1"对话框，在"原始数据类型"区选择"固定宽度"（标号 4），点击"下一步"按钮，如图 3.111 所示。

3.14.3
习题讲解

② 进入"文本分列向导 –3 步骤之 2"对话框，在"数据预览"区域中的数值 6 和 14 处设置两个分列线，点击"下一步"按钮，如图 3.112 所示。

③ 进入"文本分列向导 –3 步骤之 3"对话框，把"数据预览"区的第一列和第三列设置为"忽略列"，第二列设置为"YMD"日期类型→在"目标区域"区输入"=$C$2"→点击"完成"按钮，如图 3.113 所示，分列结果如图 3.114 所示。

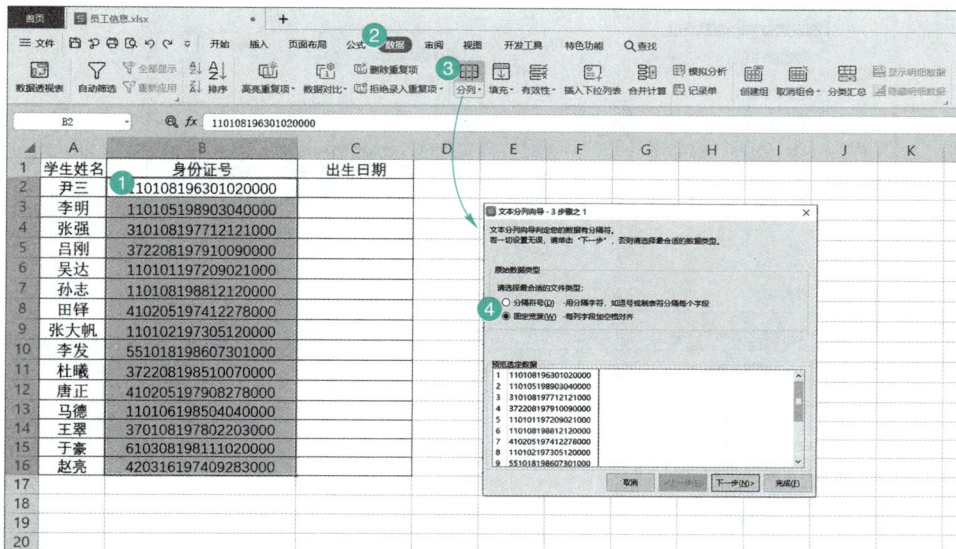

图 3.111　数据分列

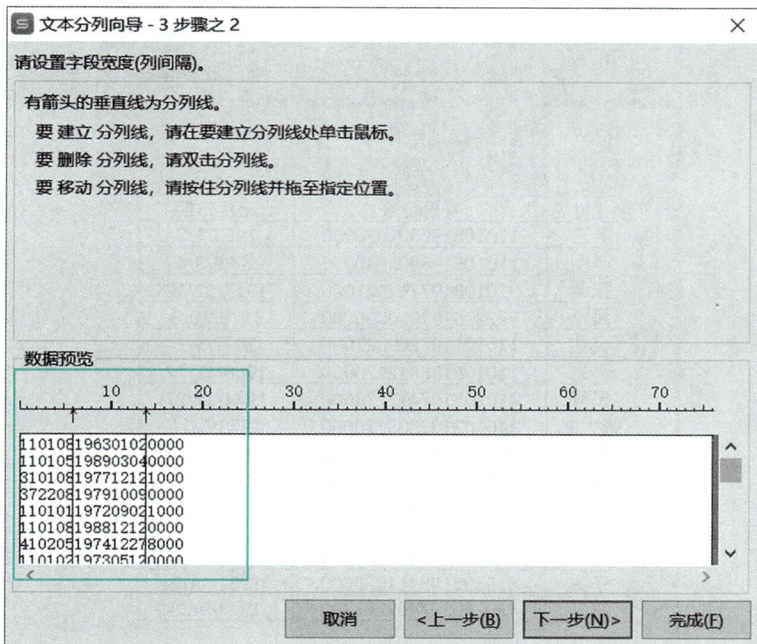

图 3.112　设置分列线

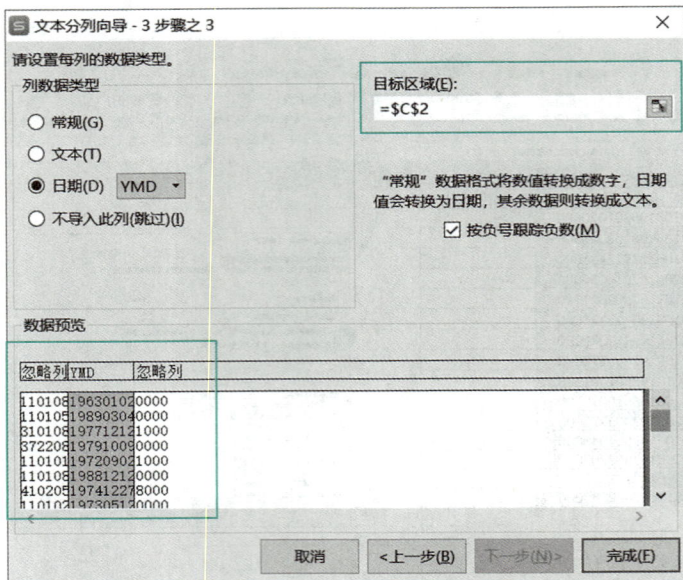

图 3.113   设置分列参数

图 3.114   分列结果

3.15 分类汇总和分级显示

知识点框架：

```
                              ┌─── ※创建分类汇总
        分类汇总和分级显示 ───┤
                              └─── ※创建分级显示
```

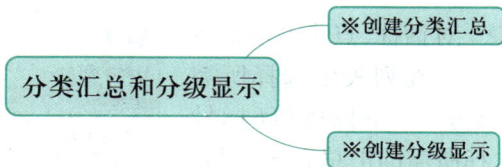

3.15.1 分类汇总和分级显示简介

分类汇总可以对某一列进行分组并对同组数据按照规则进行计算，汇总的数据分为多个级别，可以显示或隐藏每个级别数据的明细。

3.15.2 高频考点

（1）创建分类汇总

分类汇总首先需要对表格进行排序，然后将表格中的数据按照组别升序排列。如图 3.115 所示。

	A	B	C	D	E	F
1	考试成绩统计					
2	组别	姓名	数学	语文	英语	总分
3	第1组	尹三	78	98	94	270
4	第1组	唐正	73	82	66	221
5	第1组	吕刚	78	73	62	213
6	第2组	杜曦	93	84	74	251
7	第2组	田铎	67	73	62	202
8	第3组	张大帆	94	83	82	259
9	第3组	张强	67	84	83	234
10	第3组	孙志	56	93	72	221
11	第4组	李明	78	84	93	255
12	第4组	吴达	68	94	83	245
13	第4组	李发	84	84	72	240

图 3.115　成绩排序

选中排序后的单元格区域→点击"数据"选项卡（标号 1）→点击"分类汇总"按钮（标号 2），如图 3.116 所示。

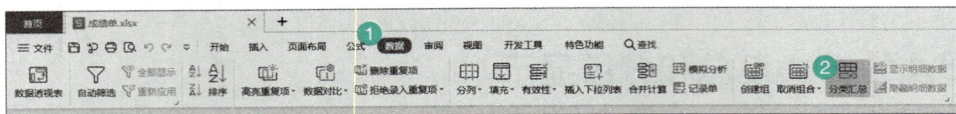

图 3.116　分类汇总

弹出"分类汇总"对话框,点击"分类字段"下拉按钮(标号 1),在列表中选择所需的字段→点击"汇总方式"下拉按钮(标号 2),在下拉列表中选择所需的汇总方式,例如"求和"或"计数"方式等→在"选定汇总项"中勾选需要汇总计算的列(标号 3)→点击"确定"按钮,如图 3.117 所示。

以所给素材为例,在"分类字段"下拉列表中选择"组别";在"汇总方式"下拉列表中选择"平均值";在"选定汇总项"中勾选"总分"复选框,分类汇总结果如图 3.118所示。

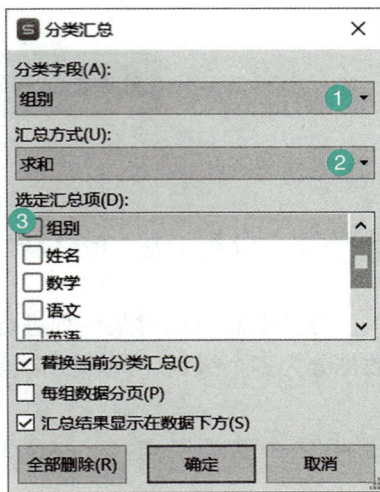

图 3.117　设置分类汇总方式

	A	B	C	D	E	F
1	考试成绩统计					
2	组别	姓名	数学	语文	英语	总分
3	第1组	尹三	78	98	94	270
4	第1组	唐正	73	82	66	221
5	第1组	吕刚	78	73	62	213
6	第1组 平均值					234.6666667
7	第2组	杜曦	93	84	74	251
8	第2组	田铎	67	73	62	202
9	第2组 平均值					226.5
10	第3组	张大帆	94	83	82	259
11	第3组	张强	67	84	83	234
12	第3组	孙志	56	93	72	221
13	第3组 平均值					238
14	第4组	李明	78	84	93	255
15	第4组	吴达	68	94	83	245
16	第4组	李发	84	84	72	240
17	第4组 平均值					246.6666667
18	总平均值					237.3636364

图 3.118　分类汇总结果

(2)创建分级显示

分类汇总的结果可以分级进行显示,在工作表左侧显示分级情况,可以对各级别显示窗格进行显示或隐藏的设置,如图 3.119 所示。最上方的 1、2、3 等表示分级的级别,数字越大级别越低;"+"表示可以展开下级数据的明细,"–"表示可以收起下级数据的明细。

	组别	姓名	数学	语文	英语	总分
1			考试成绩统计			
2	组别	姓名	数学	语文	英语	总分
3	第1组	尹三	78	98	94	270
4	第1组	唐正	73	82	66	221
5	第1组	吕刚	78	73	62	213
6	第1组 平均值					234.6666667
7	第2组	杜曦	93	84	74	251
8	第2组	田铎	67	73	62	202
9	第2组 平均值					226.5
10	第3组	张大帆	94	83	82	259
11	第3组	张强	67	84	83	234
12	第3组	孙志	56	93	72	221
13	第3组 平均值					238
14	第4组	李明	78	84	93	255
15	第4组	吴达	68	94	83	245
16	第4组	李发	84	84	72	240
17	第4组 平均值					246.6666667
18	总平均值					237.3636364

图 3.119 分级显示

3.15.3 实战演练

习题:

小王要计算公司每个季度的销售额总和,请帮他完成此项操作。

解析:

选中 A1:C13 单元格区域(标号 1)→点击"数据"选项卡(标号 2)→点击"分类汇总"按钮(标号 3)→弹出"分类汇总"对话框,点击"分类字段"下拉列表,选择"季度"列→点击"汇总方式"下拉列表,选择"求和"→在"选定汇总项"中勾选"销售额/万"复选框→点击"确定"按钮,如图 3.120 所示,汇总结果如图 3.121 所示。

3.15.3
习题讲解

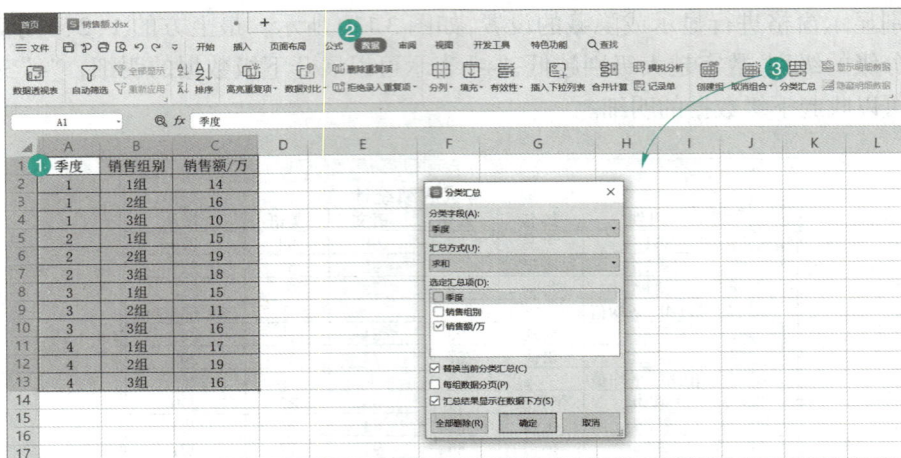

图 3.120   对销售额进行分类汇总

图 3.121   销售额汇总结果

3.16 数据透视表的制作

知识点框架：

```
                          ┌─ ※数据透视表的筛选与排序
        数据透视表的制作 ─┤
                          └─ ※数据透视表的汇总方式
```

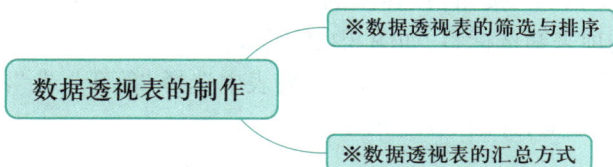

3.16.1 数据透视表的制作简介

数据透视表可以按照一定的规则快速汇总数据并提取有效的信息，并提供筛选、排序和多种汇总方式。

3.16.2 高频考点

（1）数据透视表的筛选与排序

选中数据源所在单元格区域→点击"数据"选项卡（标号 1）→点击"数据透视表"按钮（标号 2），如图 3.122 所示。

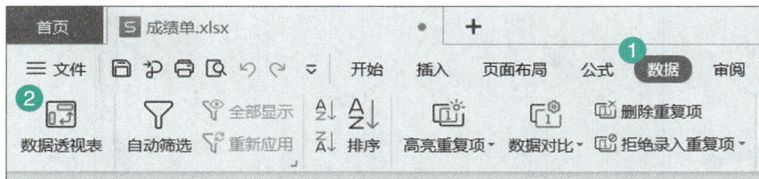

图 3.122 创建数据透视表

在弹出的"创建数据透视表"对话框中分别选择要分析的数据和放置透视表的位置，点击"确定"按钮，如图 3.123 所示。

工作表右侧将会弹出"数据透视表"窗格，在"字段列表"区勾选所需的数据复选框，在"数据透视表区域"中显示的"筛选器""列""行"和"值"区域中，可以拖动数据进行调整，如图 3.124 所示。生成的数据透视表如图 3.125 所示。

　　点击"组别"下拉按钮→点击"升序"或"降序"命令将会按照字母或者数字的顺序进行排序,或者点击"其他排序选项"命令,如图 3.126 所示→弹出"排序(组别)"对话框,设置"手动"排序或设置其他的排序方式→设置完成后点击"确定"按钮,如图 3.127 所示。

　　点击"标签筛选"按钮,在弹出的下拉列表中选择"等于"或"不等于"或"开头是"等选项来筛选标签,如图 3.128 所示。

　　点击"值筛选"按钮,在弹出的下拉列表中选择"等于"或"不等于"或"大于"等选项来筛选值,如图 3.129 所示。

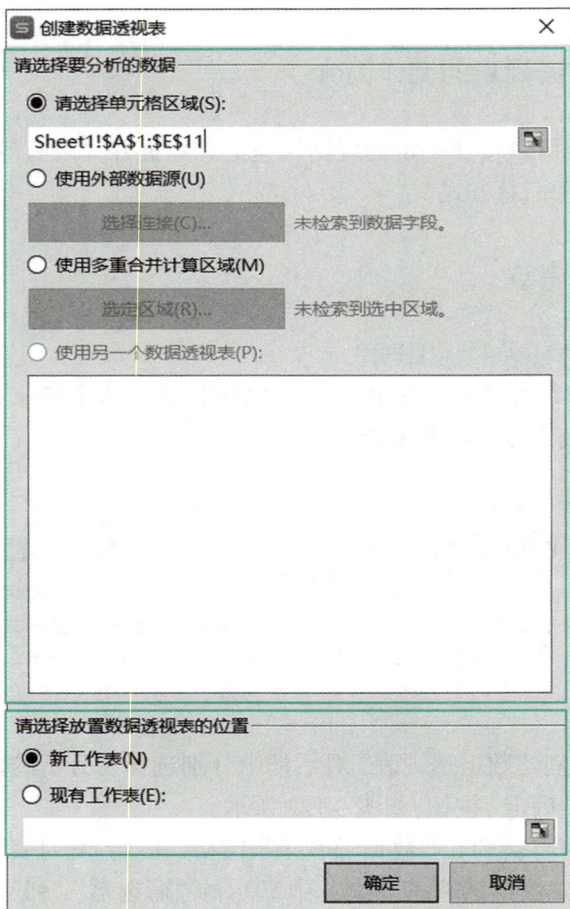

图 3.123　设置创建透视表的信息

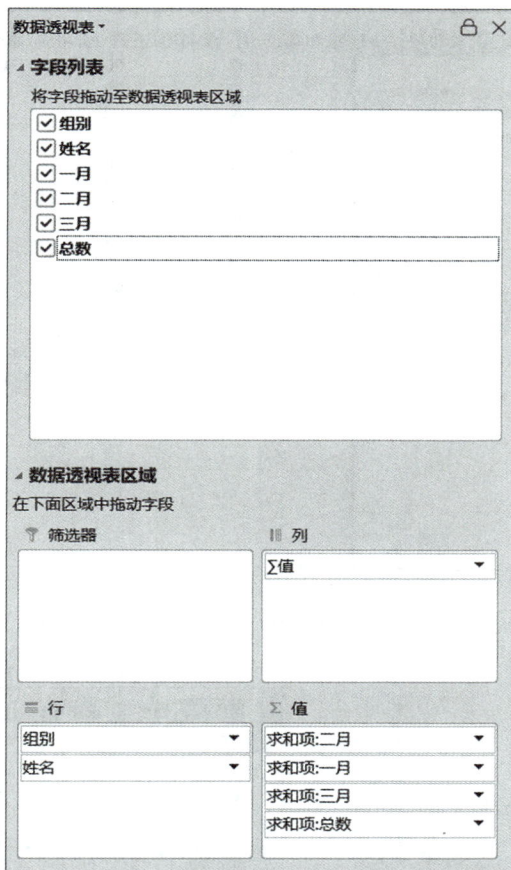

图 3.124　数据透视表窗格

组别 ▼	姓名 ▼	求和项:二月	求和项:一月	求和项:三月	求和项:总数
⊟二组		**50**	**67**	**66**	**183**
	孙志	13	27	22	62
	吴迪	14	19	23	56
	赵飞	23	21	21	65
⊟三组		**94**	**91**	**83**	**268**
	杜芳	24	23	24	71
	李雷	24	24	22	70
	田利	23	30	15	68
	周帆	23	14	22	59
⊟一组		**59**	**73**	**66**	**198**
	李明	16	26	23	65
	王鹏	22	22	22	66
	张玉	21	25	21	67
总计		**203**	**231**	**215**	**649**

图 3.125　数据透视表

图 3.126 下拉列表

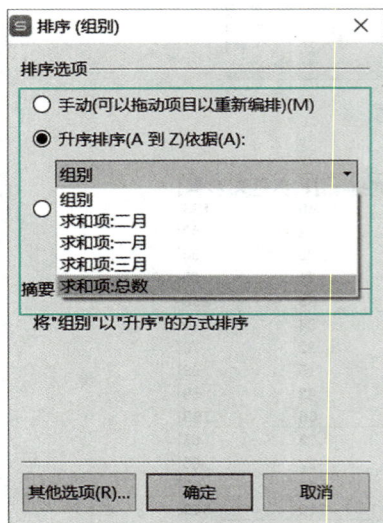

图 3.127 排序设置

图 3.128 标签筛选

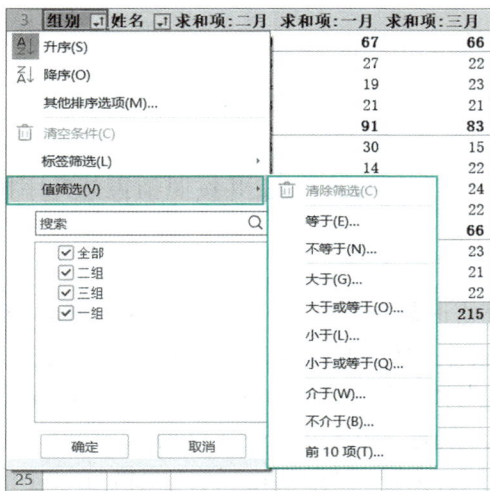

图 3.129　值筛选

（2）数据透视表的汇总方式

选中需要设置汇总方式的列中任意值字段（标号 1）→点击"分析"选项卡（标号 2）→点击"字段设置"按钮（标号 3）→在弹出的"值字段设置"对话框中设置值的汇总方式→点击"确定"按钮即可设置该列的汇总方式，如图 3.130 所示。

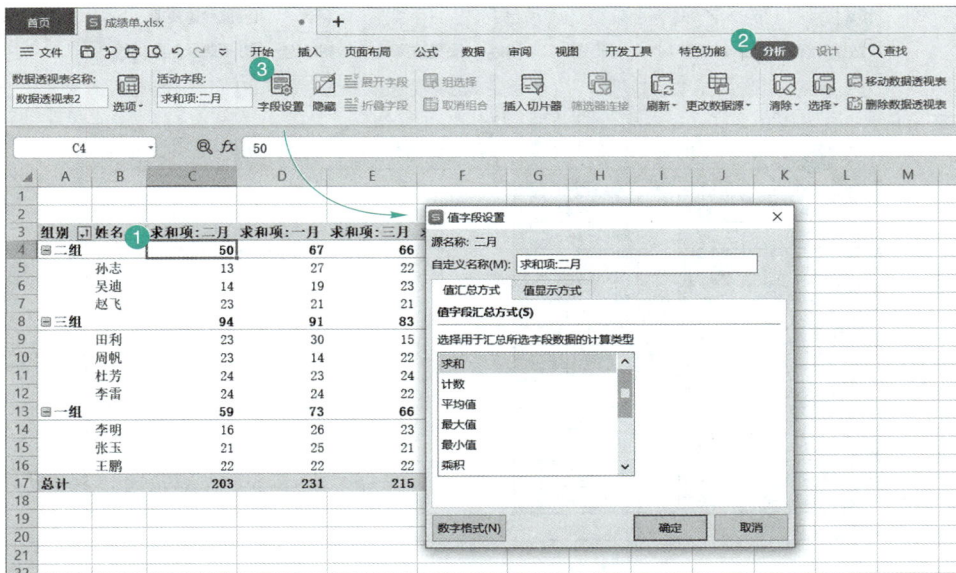

图 3.130　设置值字段汇总方式

3.16.3　实战演练

习题：

小王要制作公司销售额的透视表，并按照销售额升序排序，请帮他完成此项操作。

解析：

① 选中销售表格区域（标号1）→点击"数据"选项卡（标号2）→点击"数据透视表"按钮（标号3），如图3.131所示→在弹出的"创建数据透视表"对话框的"请选择放置透视表的位置"区域中选择"新工作表"单选项→点击"确定"按钮，如图3.132所示。

3.16.3
习题讲解

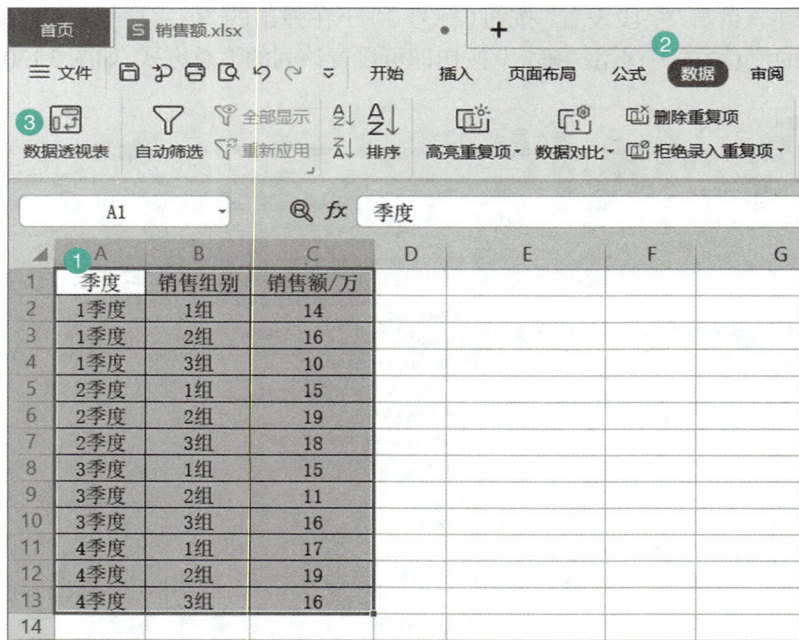

② 新工作表右侧将会弹出"数据透视表"窗格，在"字段列表"区勾选所有复选框，如图3.133所示。

③ 在数据透视表中点击"销售组别"下拉按钮（标号1）→点击下拉列表的"其他排序选项"命令（标号2）→如图3.134所示。

图3.131　新建数据透视表

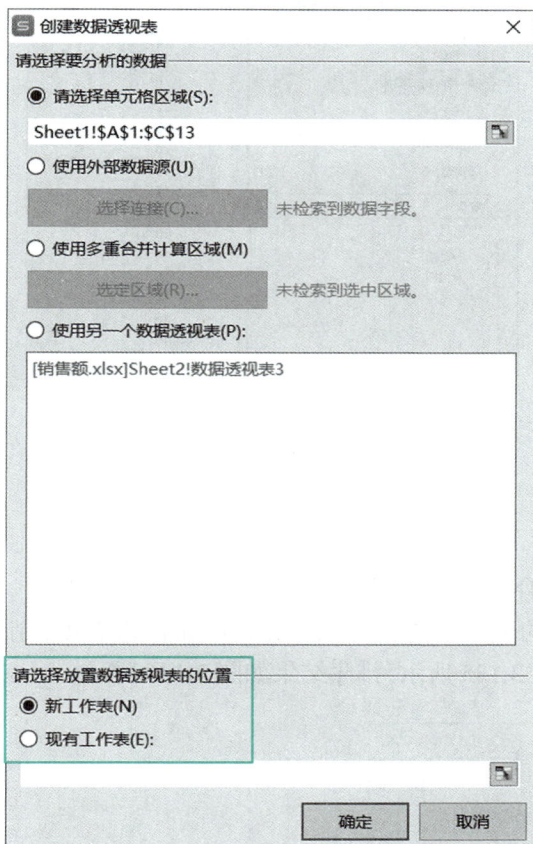

图 3.132 设置显示区域

图 3.133 设置字段列表

图 3.134　排序方式设置

④ 弹出"排序（销售组别）"对话框，选择"升序排序（A 到 Z）依据"单选项→点击下方的下拉按钮，选择下拉列表中的"求和项：销售额 / 万"→点击"确定"按钮，如图 3.135 所示，排序结果如图 3.136 所示。

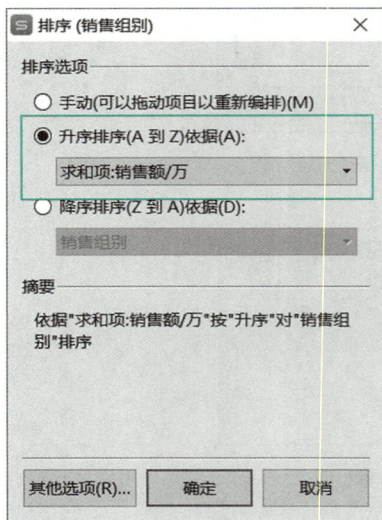

图 3.135　销售额排序

图 3.136　排序结果

第四章 演示文稿专题

4.1 幻灯片的基本操作

知识点框架：

幻灯片的基本操作
- 添加和删除幻灯片
- 添加幻灯片编号
- 添加日期和时间
- ※分节设置

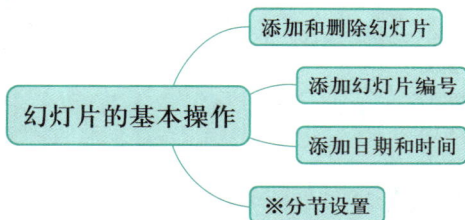

4.1.1 幻灯片的基本操作简介

用户需要掌握对幻灯片的添加、删除等基本操作，以便更加有效地组织和管理幻灯片。对幻灯片进行分节的操作使得演示文稿在结构上更加清晰，也便于批量管理幻灯片。

4.1.2 高频考点

分节设置

① 新增节

在幻灯片浏览视图中，将鼠标放置在需要开始分节的幻灯片与上一张幻灯片的缩略图之间，点击鼠标右键（标号 1 ）→在弹出的快捷菜单中点击"新增节"命令（标号 2 ），如图 4.1 所示。

此时指定位置将会被插入一个默认名为"无标题节"的幻灯片节，且上方会自动命名为"默认节"，效果如图 4.2 所示。

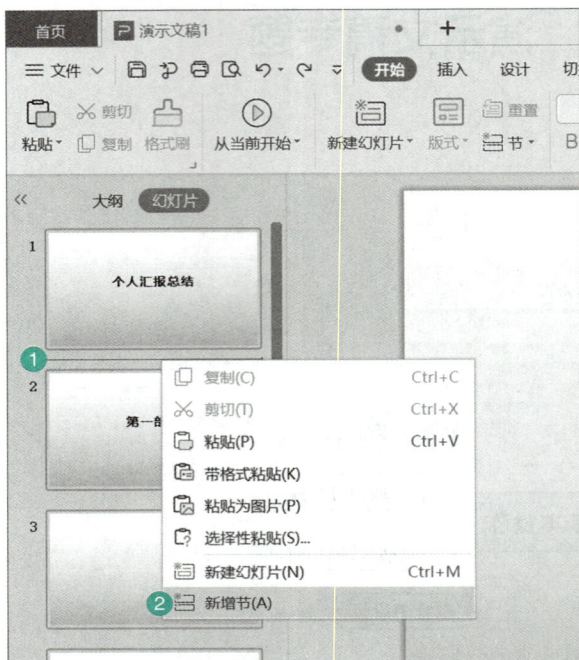

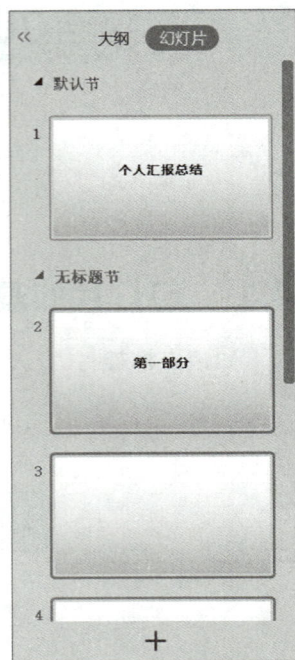

图 4.1　新增节　　　　　　　　图 4.2　新增节效果

② 重命名节

在幻灯片浏览视图中的节名称上点击鼠标右键→在弹出的快捷菜单中点击"重命名节"命令→在弹出的对话框中输入新的名称→点击"重命名"按钮,如图 4.3 所示。

③ 对节的操作

创建节之后,可以针对节进行一系列的设置。在幻灯片大纲视图中将鼠标放置在节名称上,单击鼠标右键,在弹出的快捷菜单中进行进一步的设置,如图 4.4 所示。

选择节:用鼠标左键点击节名称,可选中此节中所包含的所有幻灯片。可为这些幻灯片进行统一的样式设置。

展开 / 折叠节:用鼠标左键点击节名称左侧的三角形图标,可以展开或折叠节。

展开 / 折叠所有节:用鼠标右键点击节名称,在弹出的快捷菜单中点击"全部折叠"或"全部展开"命令。

移动节:用鼠标右键点击需要移动的节导航条,在弹出的快捷菜单中点击"向上移动节"或"向下移动节";或者左键按住需要移动的节导航条,拖动节导航条移动到目标位置。

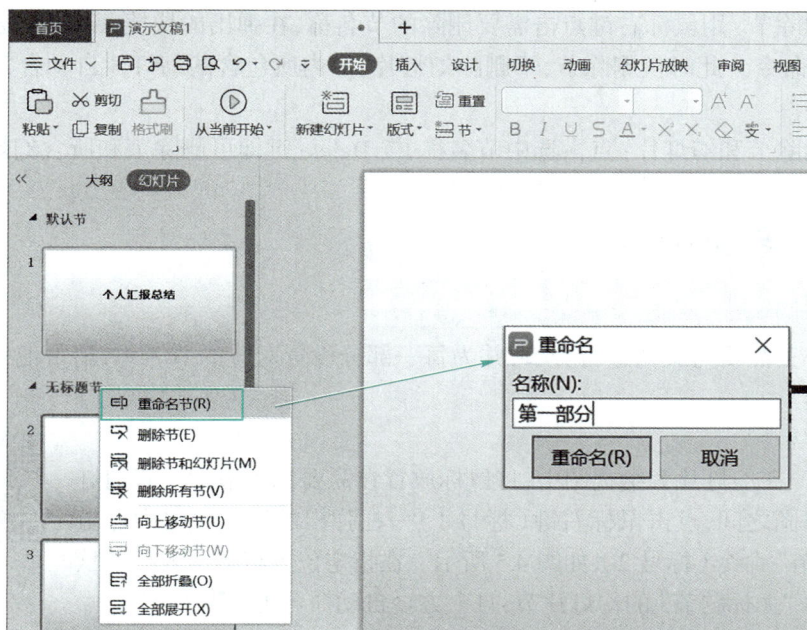

图 4.3　重命名节

图 4.4　对节的操作

删除节：用鼠标右键点击需要删除的节名称，在弹出的快捷菜单中点击"删除节"命令。此时仅删除节，不删除幻灯片，节内所包含的幻灯片自动合并到上一节中。

删除节和幻灯片：点击选中节名称，按 Delete 键即可删除节和所含幻灯片。

4.1.3　实战演练

习题：

小王需要为文档进行分节，并为每一部分设置对应的节名称，请帮他完成此项操作。

解析：

① 在幻灯片大纲视图中，将鼠标放置在需要添加节的两张幻灯片缩略图之间，点击鼠标右键（标号 1）→在弹出的快捷菜单中点击"新增节"命令（标号 2），如图 4.5 所示。在指定位置将会插入一个默认名为"无标题节"的幻灯片节，且上方会自动命名为"默认节"。

4.1.3
习题讲解

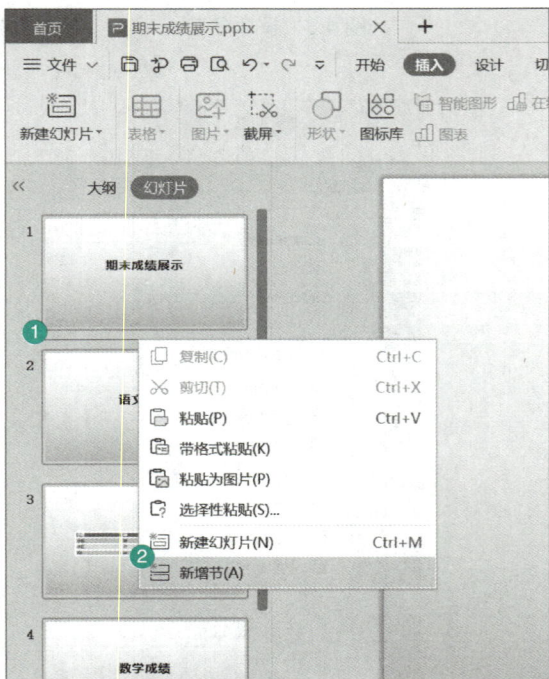

图 4.5　新增节

②　在节名称上点击鼠标右键→在弹出的快捷菜单中点击"重命名节"命令（标号1）→在弹出的对话框中，输入新的名称"语文成绩"→点击"重命名"按钮（标号2），如图4.6所示。

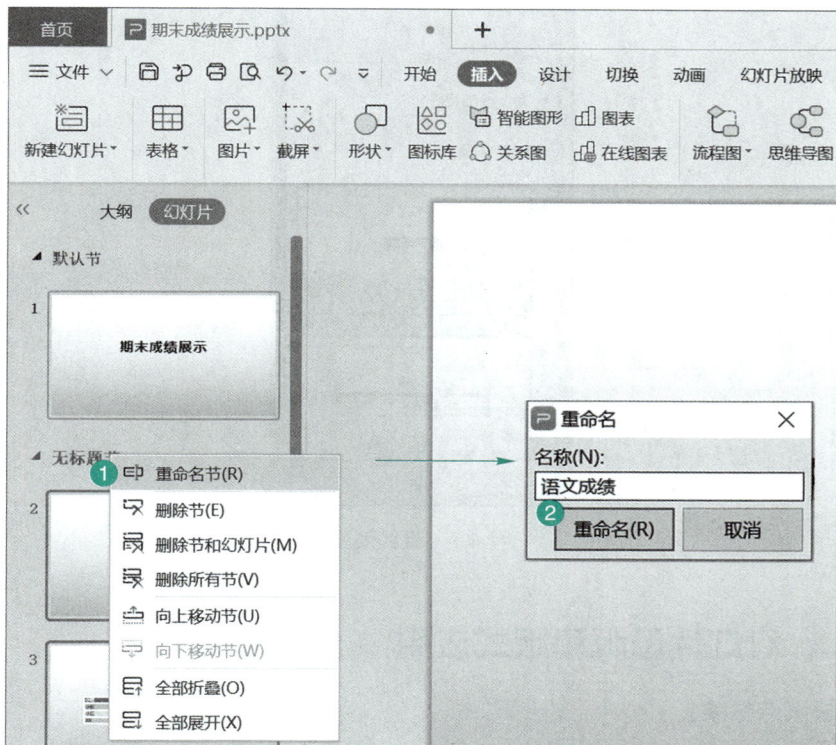

图 4.6　重命名节

③　重复上述操作进行"数学成绩"节的设置，最终效果如图 4.7 所示。

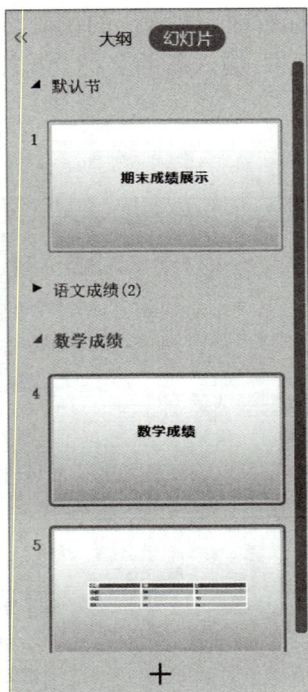

图 4.7　最终效果

4.2　幻灯片母版和版式应用

知识点框架：

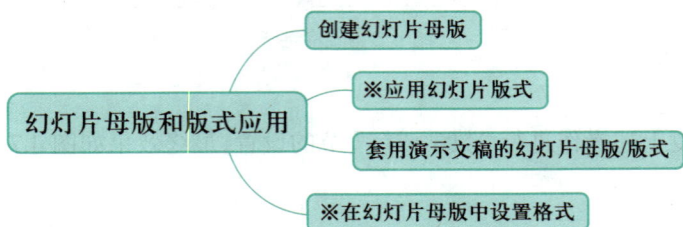

4.2.1　幻灯片母版和版式应用简介

在幻灯片母版中，可以自定义设置文本格式、主题颜色、日期、背景等，还可以为幻灯片页面统一添加元素，形成风格一致的演示文稿。

4.2.2　高频考点

（1）应用幻灯片版式

选中需要更改版式的幻灯片（标号 1）→点击"版式"按钮（标号 2）→在下拉列表中点击选择所需的版式，例如"比较"（标号 3），如图 4.8 所示。

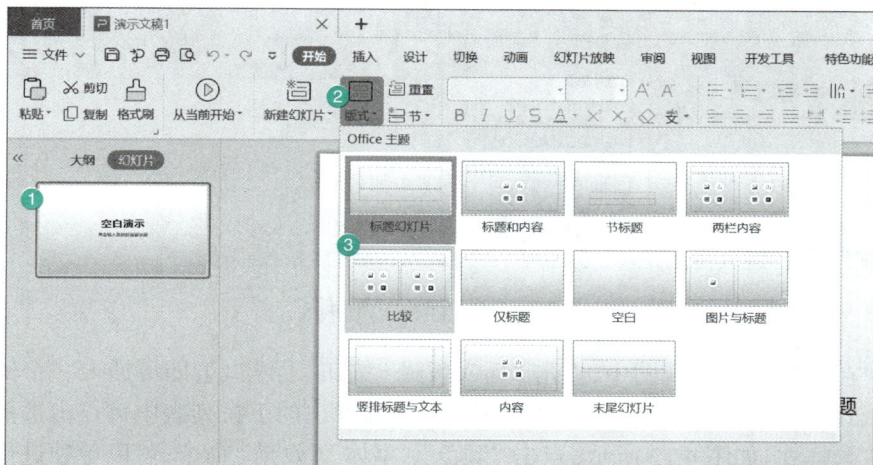

图 4.8　应用幻灯片版式

点击想要的版式后，所选幻灯片会切换为相应的版式，随后可在相应的位置上添加内容，如图 4.9 所示。

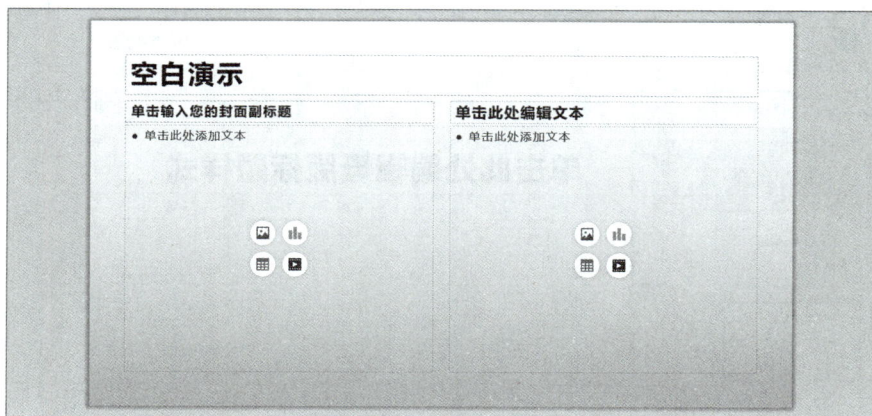

图 4.9　幻灯片版式应用效果

（2）在幻灯片母版中设置格式

创建一个空白演示文稿→点击"视图"选项卡（标号1）→点击"幻灯片母版"按钮（标号2），如图4.10所示，将会进入"幻灯片母版"视图。

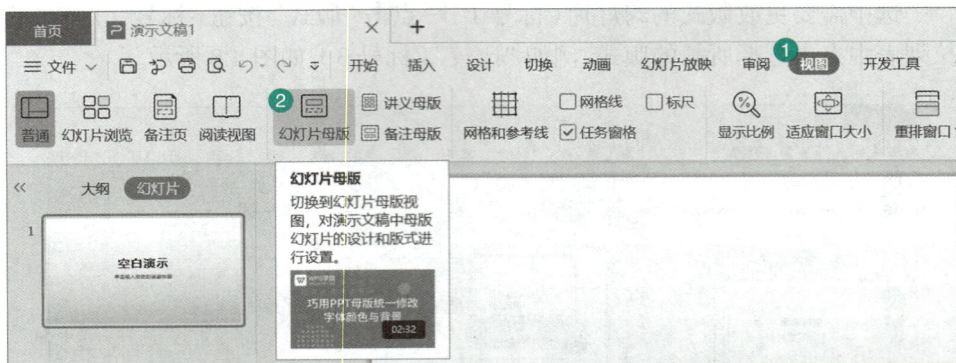

图 4.10   点击"幻灯片母版"

在幻灯片母版视图中，点击"插入版式"按钮（标号1），即可插入一个幻灯片版式，如图4.11所示→点击"主题"按钮，在弹出的下拉列表中可点击选择一种主题样式，如图4.12所示；点击"颜色""字体""效果"命令，可以单独进行颜色等的选择设置→设置完成后，点击"关闭"按钮（标号2），即可退出幻灯片母版视图，如图4.11所示。

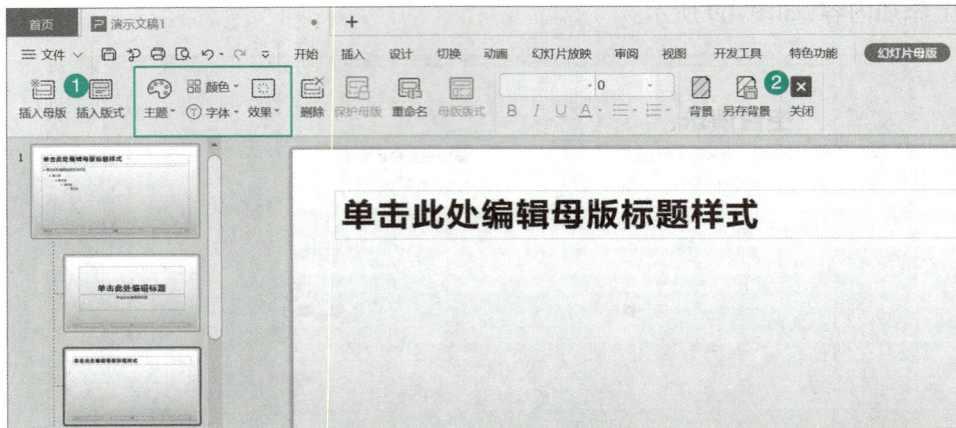

图 4.11   自定义设置版式

图 4.12 设置主题

4.2.3 实战演练

习题：

小王需要为演示文稿中的每一页幻灯片的左下角添加故宫的宣传图片，请帮他完成此项操作。

解析：

① 打开演示文稿→点击"视图"选项卡（标号 1）→点击"幻灯片母版"按钮（标号 2），如图 4.10 所示，将会进入"幻灯片母版"视图。

② 在幻灯片母版视图中，点击"插入版式"按钮，即可插入一个幻灯片版式，如图 4.13 所示。

4.2.3
习题讲解

图 4.13   插入版式

③ 点击"插入"选项卡（标号 1）→点击"图片"按钮（标号 2）→在弹出的对话框中，选中需要插入的图片（标号 3）→点击"打开"按钮（标号 4），如图 4.14 所示。

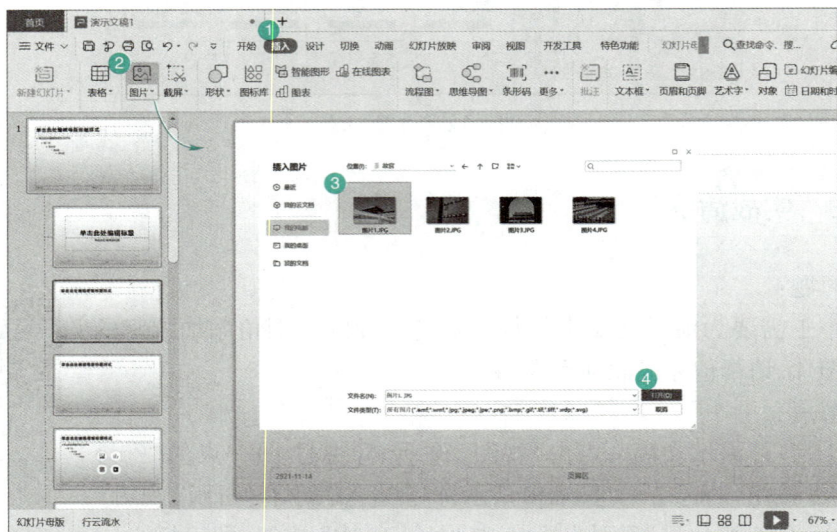

图 4.14   插入图片

④ 调整图片的位置和大小,设置完成后,点击"关闭"按钮,如图 4.15 所示。

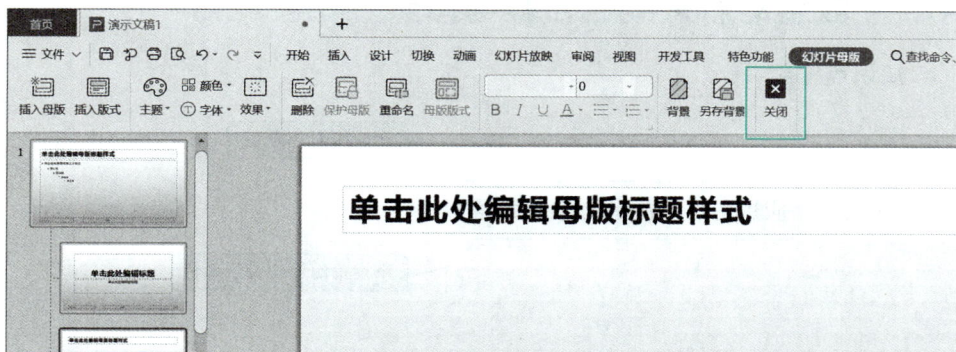

图 4.15 关闭幻灯片母版视图

⑤ 点击"插入"选项卡(标号 1)→点击"新建幻灯片"按钮(标号 2)→在弹出的列表中,选择"母版",点击选择新创建的母版(标号 3),如图 4.16 所示,即可在每一页幻灯片的左下角添加故宫的宣传图片。

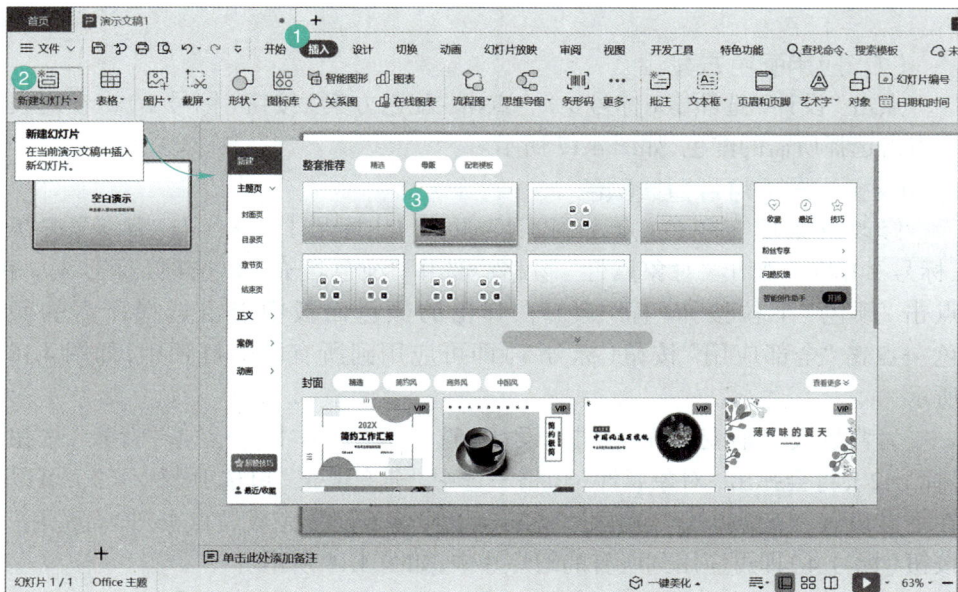

图 4.16 最终效果

4.3   应用幻灯片配色方案与背景

知识点框架:

```
                                      ※应用配色方案

应用幻灯片配色方案与背景

                                      ※设置幻灯片背景颜色
```

4.3.1   应用幻灯片配色方案与背景简介

WPS 为用户提供了多种内置的幻灯片配色方案与背景,应用配色方案可使演示文稿更具特色,效果更加丰富。

4.3.2   高频考点

(1)应用配色方案

点击"设计"选项卡(标号1)→点击"配色方案"按钮(标号2)→在列表中点击选择所需的配色,如图 4.17 所示。

(2)设置幻灯片背景颜色

修改背景填充颜色:点击"设计"选项卡(标号1)→点击"背景"按钮(标号2),将会弹出"对象属性"窗格→选中"纯色填充"单选项(标号3)→点击"颜色"下拉按钮(标号4),在弹出的颜色面板中点击选择所需的颜色→点击"全部应用"按钮(标号5)即可应用到所有的幻灯片中,如图 4.18 所示。

为背景设置渐变填充:点击"设计"选项卡(标号1)→点击"背景"按钮(标号2),将会弹出"对象属性"窗格→选中"渐变填充"单选项(标号3),可以在下方设置"渐变样式""角度""色标颜色"等→设置完成后点击"全部应用"按钮(标号4)即可应用到所有的幻灯片中,如图 4.19 所示。

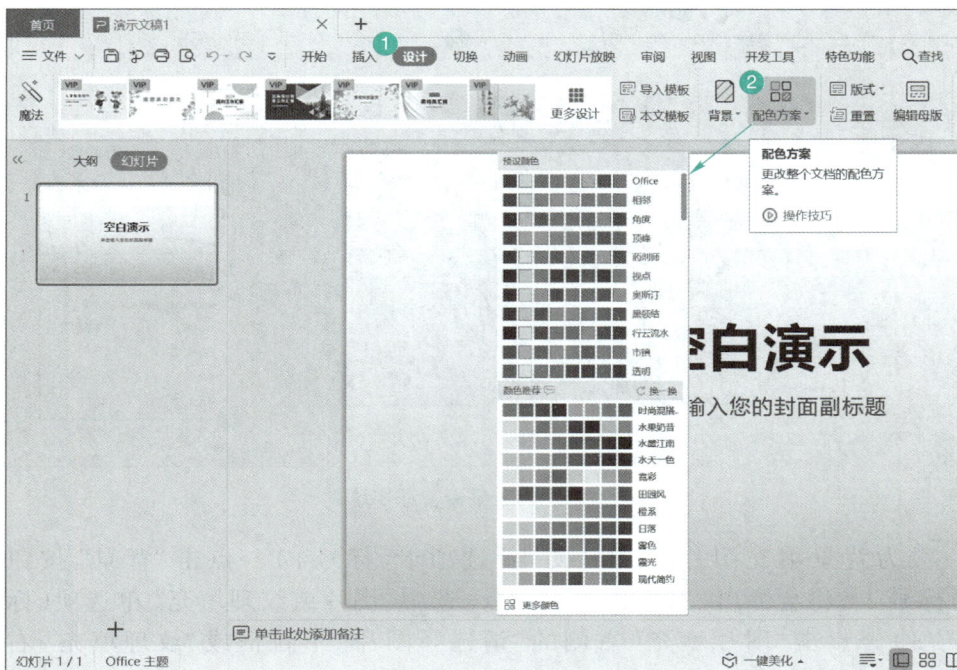

图 4.17　应用配色方案

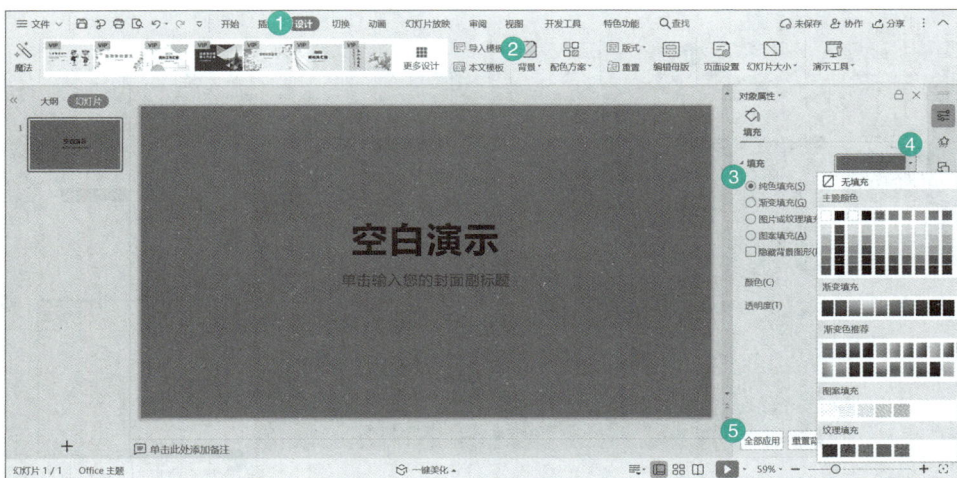

图 4.18　修改背景填充颜色

图 4.19　为背景设置渐变填充

　　为背景填充图片：点击"设计"选项卡（标号 1）→点击"背景"按钮（标号 2），将会弹出"对象属性"窗格→选中"图片或纹理填充"单选项（标号 3）→点击"图片填充"右侧的"请选择图片"下拉框或"纹理填充"右侧的下拉按钮进行填充设置，在下方还可以设置透明度、放置方式、偏移量等→点击"全部应用"按钮（标号 4）即可应用到所有的幻灯片中，如图 4.20所示。

图 4.20　为背景填充图片

　　为背景设置图案填充：点击"设计"选项卡（标号1）→点击"背景"按钮（标号2），将会弹出"对象属性"窗格→选中"图案填充"单选项（标号3）→点击内置的图案下拉框（标号4），在弹出的图案面板中选择所需的图案样式。还可点击右侧的"前景""背景"下拉框，设置前景色和背景色→点击"全部应用"按钮（标号5）即可应用到所有的幻灯片中，如图4.21所示。

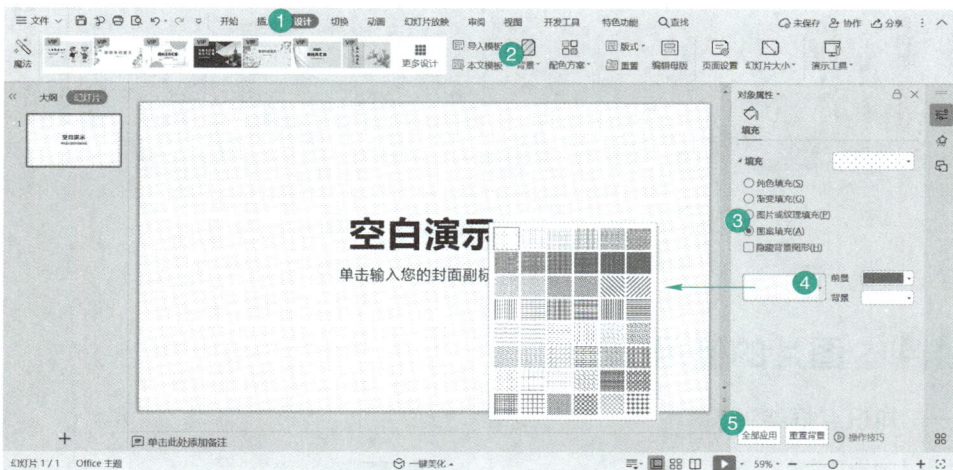

图4.21　为背景设置图案填充

4.3.3　实战演练

习题：

　　小王需要为演示文稿的所有背景设置渐变填充，设置色标颜色为"矢车菊蓝，着色2"，位置为"100%"，透明度为"50%"，亮度为"0%"，请帮助他完成此项操作。

解析：

4.3.3
习题讲解

　　打开演示文稿，点击"设计"选项卡（标号1）→点击"背景"按钮（标号2），将会弹出"对象属性"窗格→选中"渐变填充"单选项（标号3）→点击色标颜色右侧的下拉按钮，在列表中设置颜色为"矢车菊蓝，着色2"（标号4）→在下方设置位置为"100%"，透明度为"50%"，亮度为"0%"→点击"全部应用"按钮（标号5）即可应用到所有的幻灯片中，如图4.22所示。

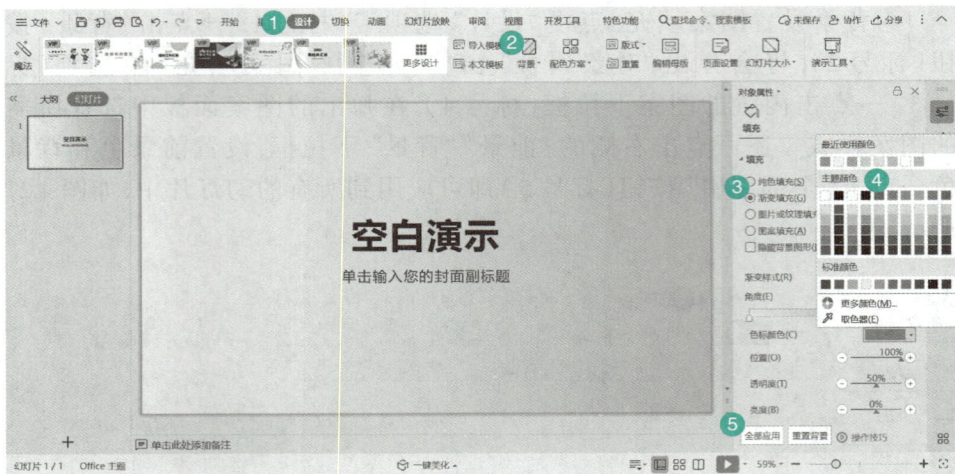

图 4.22　为背景设置渐变填充

4.4　图片的使用

知识点框架：

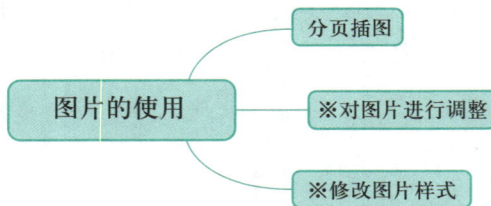

4.4.1　图片的使用简介

在 WPS 中，用户可以在幻灯片中插入一张图片或分页插入多张图片，还可以对图片进行调整或修改图片样式，以达到想要的展示效果。

4.4.2　高频考点

（1）对图片进行调整
① 调整图片大小

选中图片,菜单栏将会出现"图片工具"选项卡,在"高度"和"宽度"选项区精准调整图片的大小,如图 4.23 所示。

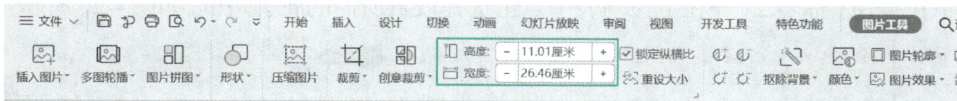

图 4.23 调整图片大小

② 旋转图片

固定角度旋转图片:选中图片,菜单栏将会出现"图片工具"选项卡(标号 1)→点击"旋转"按钮(标号 2)→在下拉列表中点击选择所需的旋转方式,如图 4.24 所示。

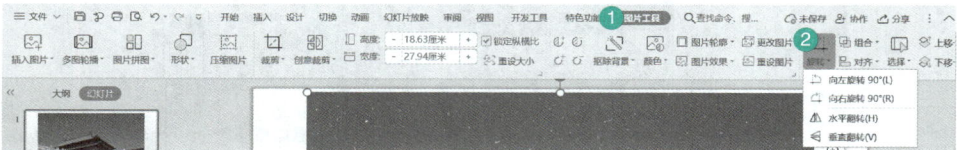

图 4.24 固定角度旋转图片

精确角度旋转图片:选中图片→点击打开右侧的"对象属性"窗格(标号 1)→点击"大小与属性"按钮(标号 2)→在"旋转"角度盘(标号 3)中拖动角度控制点或在右侧数值框中输入角度值即可旋转图片,如图 4.25 所示。

图 4.25 精确角度旋转图片

（2）修改图片样式

选中图片，菜单栏将会出现"图片工具"选项卡（标号1）→点击"图片轮廓"下拉按钮（标号2）→在下拉列表中点击选择设置所需的轮廓边框，如图4.26所示。

图 4.26　设置图片轮廓

（3）设置图片效果

选中图片，菜单栏将会出现"图片工具"选项卡（标号1）→点击"图片效果"下拉按钮（标号2）→在下拉列表中点击选择设置阴影、倒影、发光等特效，如图4.27所示。

图 4.27　设置图片效果

4.4.3 实战演练

习题：

小王需要在演示文稿中插入故宫的图片，并调整其位置和大小，使得演示文稿更加形象生动，请帮他完成此项操作。

解析：

① 打开文档→点击"插入"选项卡（标号 1）→点击"图片"按钮（标号 2）→在弹出的"插入图片"对话框中，选中图片（标号 3）→点击"打开"按钮（标号 4），如图 4.28 所示。

4.4.3
习题讲解

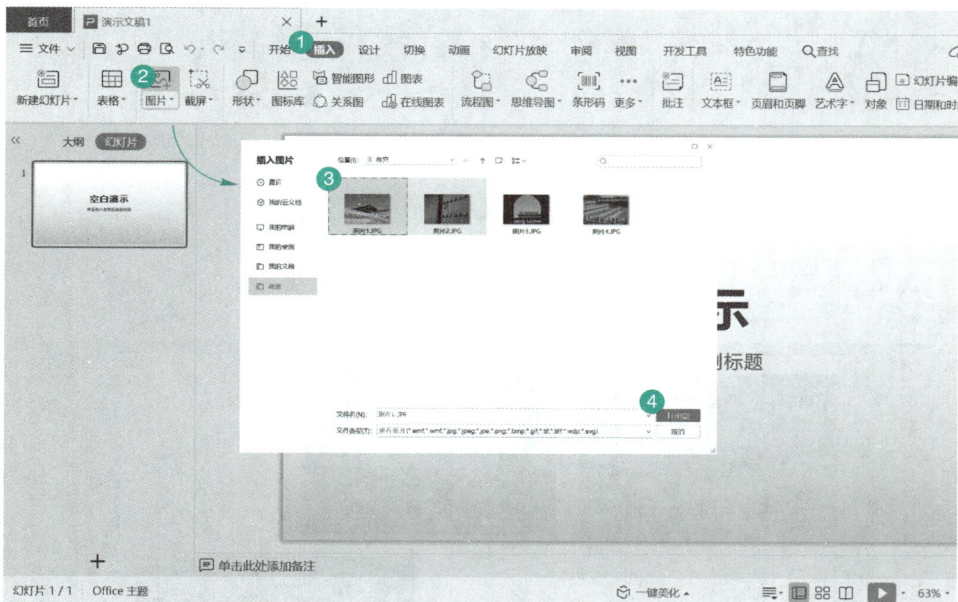

图 4.28　插入图片

② 选中图片，菜单栏将会出现"图片工具"选项卡（标号 1）→点击"图片效果"下拉按钮（标号 2）→在下拉列表中选择"倒影"，在列表中点击选择"半倒影，4 pt 偏移量"（标号 3），如图 4.29 所示。

③ 按照上述步骤插入其他图片，适当调整其位置和大小，设置图片格式，最终效果如图 4.30 所示。

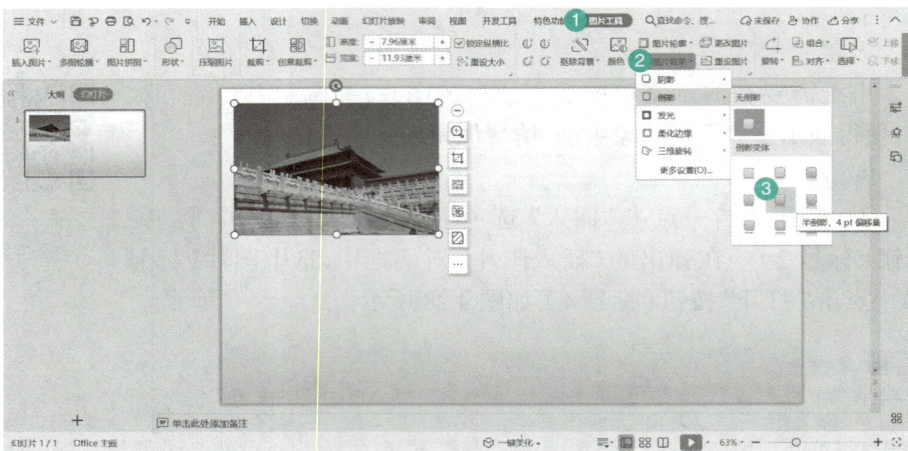

图 4.29　设置图片格式

图 4.30　最终效果

4.5 形状的使用

知识点框架：

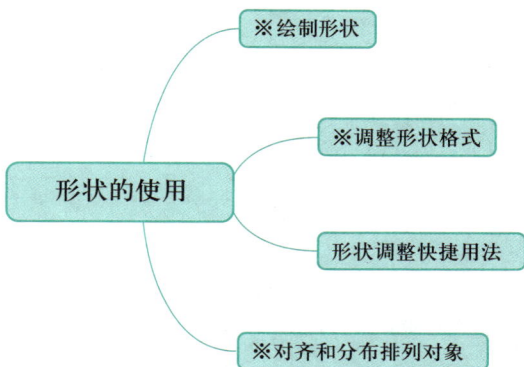

```
                    ※绘制形状

                        ※调整形状格式

    形状的使用
                        形状调整快捷用法

                    ※对齐和分布排列对象
```

4.5.1 形状的使用简介

幻灯片中可以插入多种形状，包括线条、矩形、基本形状等。利用形状的排列、组合可以表示不同的逻辑关系。

4.5.2 高频考点

（1）绘制形状

选中需要绘制形状的幻灯片→点击"插入"选项卡（标号1）→点击"形状"按钮（标号2）→在形状列表中点击选择所需的形状，如图4.31所示→在幻灯片中拖动鼠标即可绘制相应的形状。

（2）调整形状格式

选中需要调整格式的形状，菜单栏将会出现"绘图工具"选项卡（标号1）→点击"编辑形状"下拉按钮（标号2）→在列表中点击"更改形状"命令（标号3），在展开的列表中点击选择其他形状或点击"编辑顶点"命令（标号4）自由调整形状，如图4.32所示。

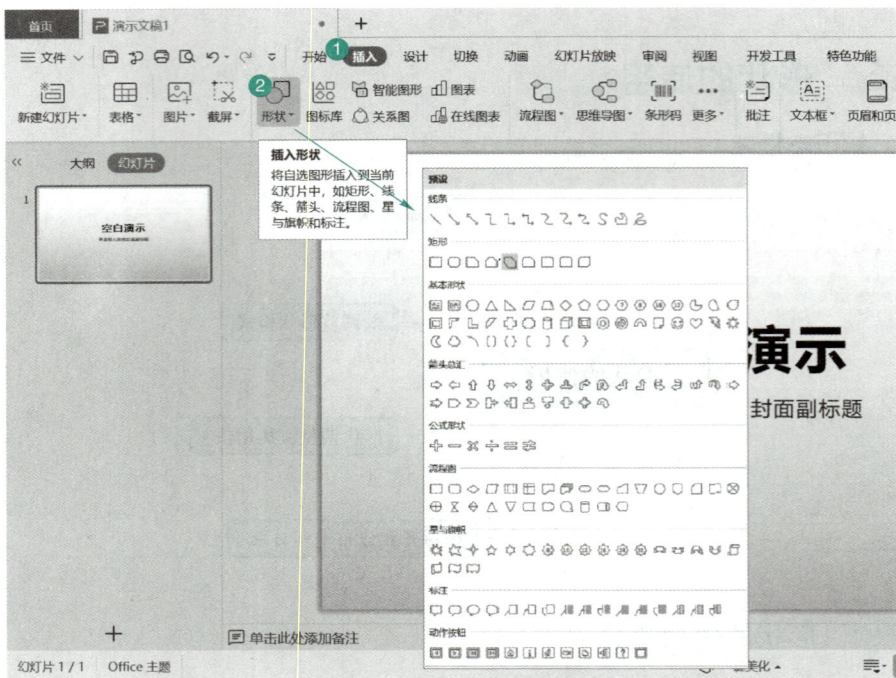

图 4.31   绘制形状

图 4.32   编辑形状

（3）对齐和分布排列对象

插入形状后可以通过复制、粘贴操作在幻灯片中绘制多个相同的形状，如图 4.33 所示。

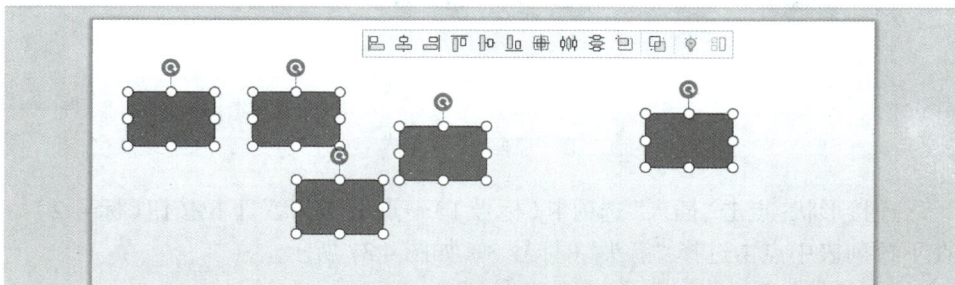

图 4.33　绘制多个 "圆角矩形"

排列形状：选中所有的形状→点击多图形浮动工具条上的 "垂直居中" 按钮，即可横向居中对齐形状，如图 4.34 所示→点击 "横向分布" 按钮，即可平均分布形状之间的间距，如图 4.35 所示，最终结果如图 4.36 所示。

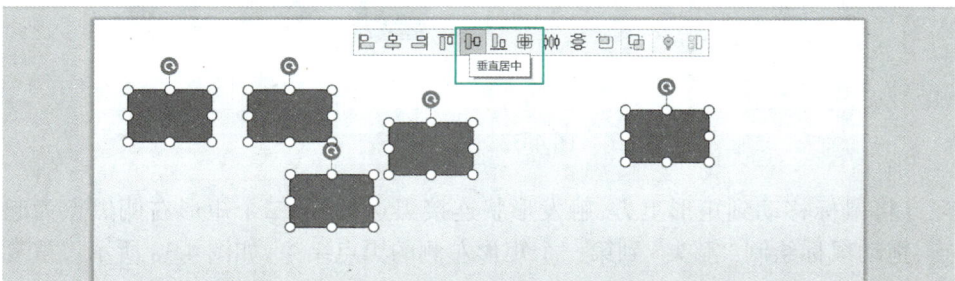

图 4.34　形状 "垂直居中"

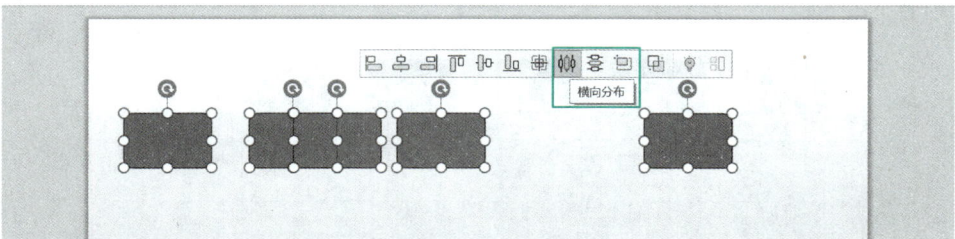

图 4.35　形状 "横向分布"

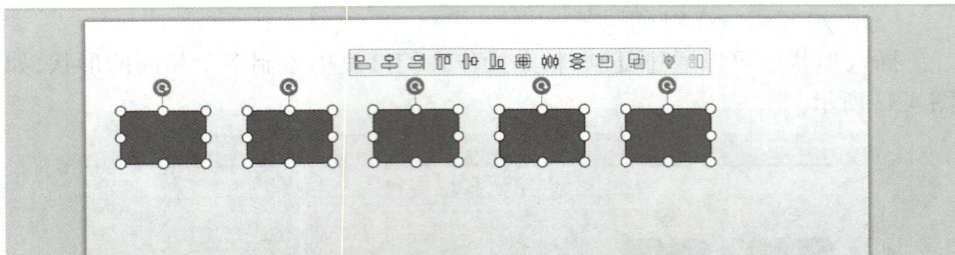

图 4.36　排列形状

连接形状：点击"插入"选项卡（标号 1）→点击"形状"下拉按钮（标号 2）→在下拉列表中点击选择"箭头"（标号 3），如图 4.37 所示。

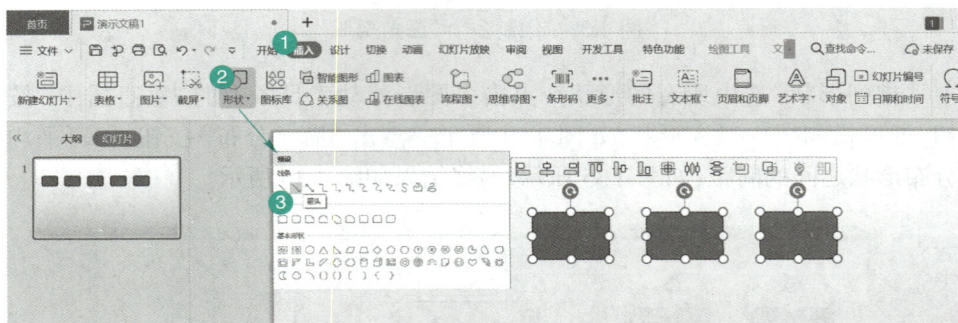

图 4.37　插入线条

将鼠标移动到矩形上方，触发形状连接黑点，以第二个矩形右侧黑点为起点，拖动鼠标绘制"箭头"到第三个矩形左侧的黑点结束，如图 4.38 所示。重复此步骤完成形状的连接。

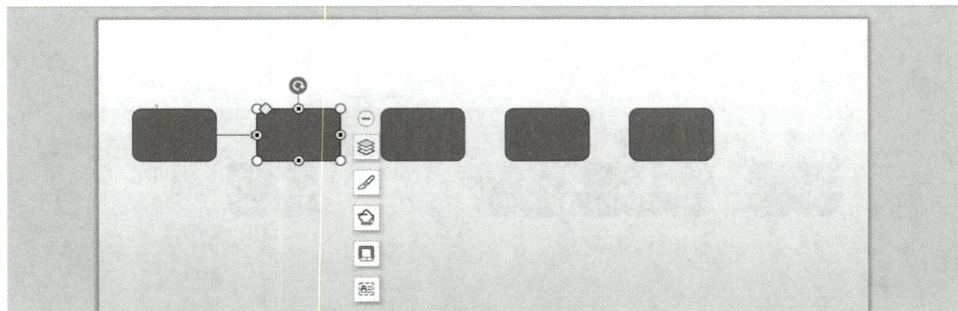

图 4.38　绘制连接线

组合/取消组合形状：选中所有形状→点击多图形浮动工具条上的"组合"按钮，即可组合所有形状，如图 4.39 所示→组合后的形状，也可以通过点击多图形浮动工具条上的"取消组合"按钮，取消组合形状，如图 4.40 所示。

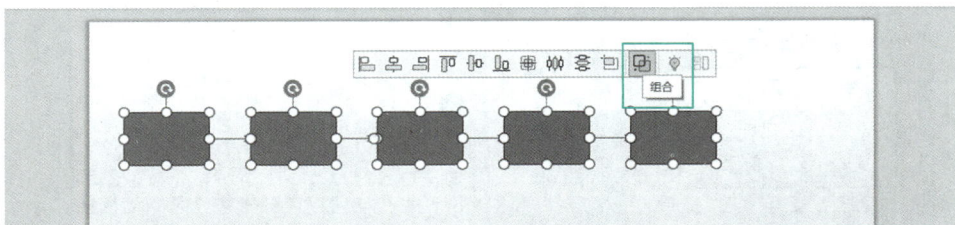

图 4.39　组合形状

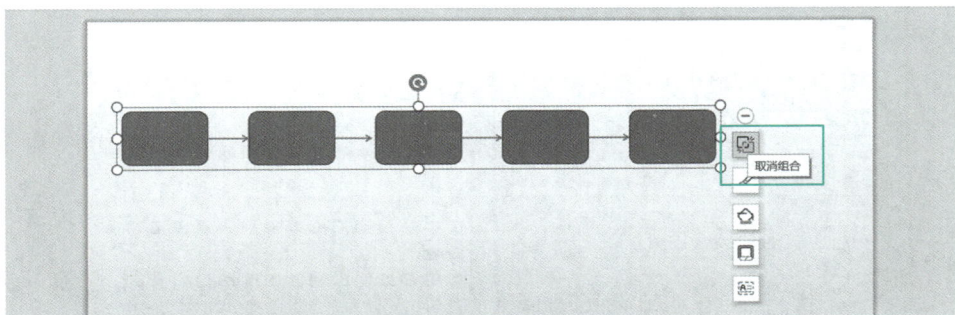

图 4.40　取消组合形状

4.5.3　实战演练

习题：

小王需要为学校制作一个入学报到流程，请帮他完成此项操作。

解析：

① 选中需要绘制形状的幻灯片→点击"插入"选项卡（标号 1）→点击"形状"下拉按钮（标号 2）→在形状列表中点击选择"圆角矩形"（标号 3），如图 4.41 所示→在幻灯片中拖动鼠标绘制相应的形状。

4.5.3
习题讲解

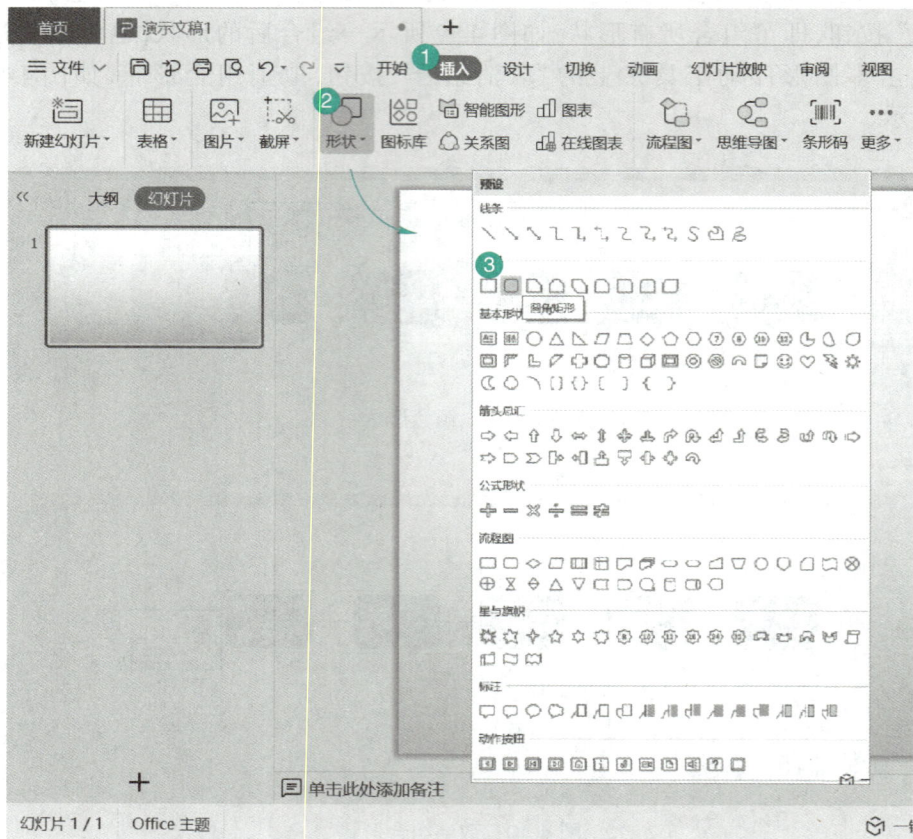

图 4.41　插入形状

　　② 选中刚插入的形状,点击形状样式右侧的下拉按钮→在下拉列表中点击选择"彩色轮廓 – 黑色,深色 1",如图 4.42 所示。

　　③ 点击"文本框"按钮(标号 1)→在形状内拖动鼠标插入文本框,输入文字(标号 2),如图 4.43 所示。

　　④ 选中形状,复制粘贴,并输入其他文字,如图 4.44 所示。

　　⑤ 点击"插入"选项卡(标号 1)→点击"形状"下拉按钮(标号 2)→在下拉列表中点击选择"箭头"(标号 3),如图 4.45 所示。

　　⑥ 将鼠标移动到矩形上方,触发形状连接黑点,以第一个矩形下方的黑点为起点,拖动鼠标绘制"箭头",到第二个矩形上方的黑点结束,如图 4.46 所示。

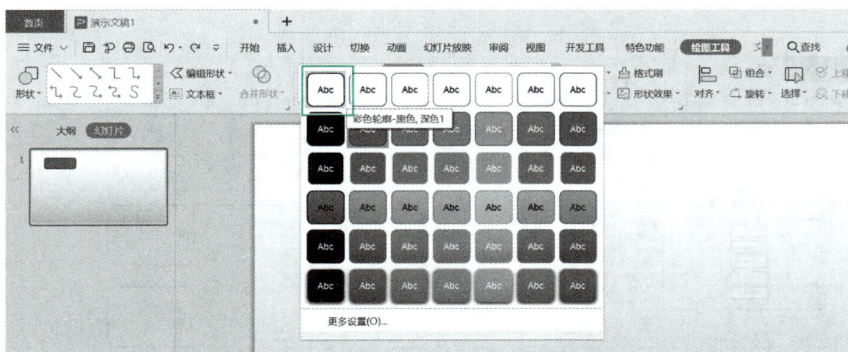

图 4.42　修改形状样式

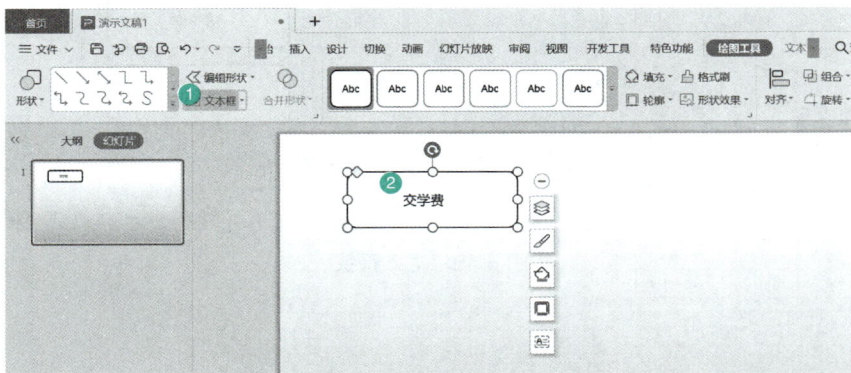

图 4.43　插入文本框

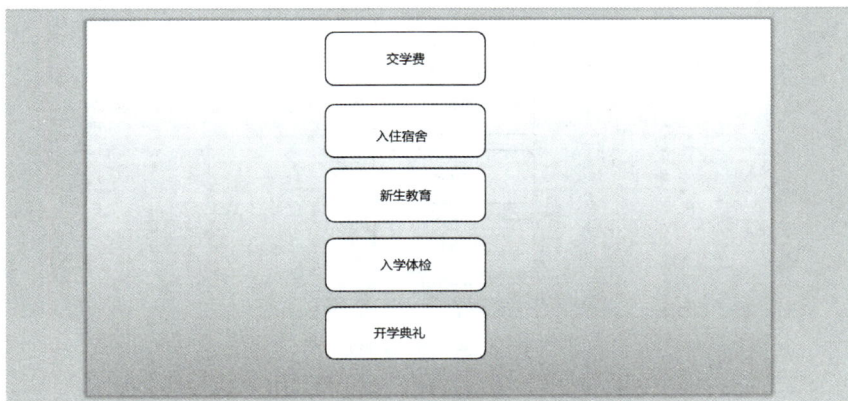

图 4.44　复制形状

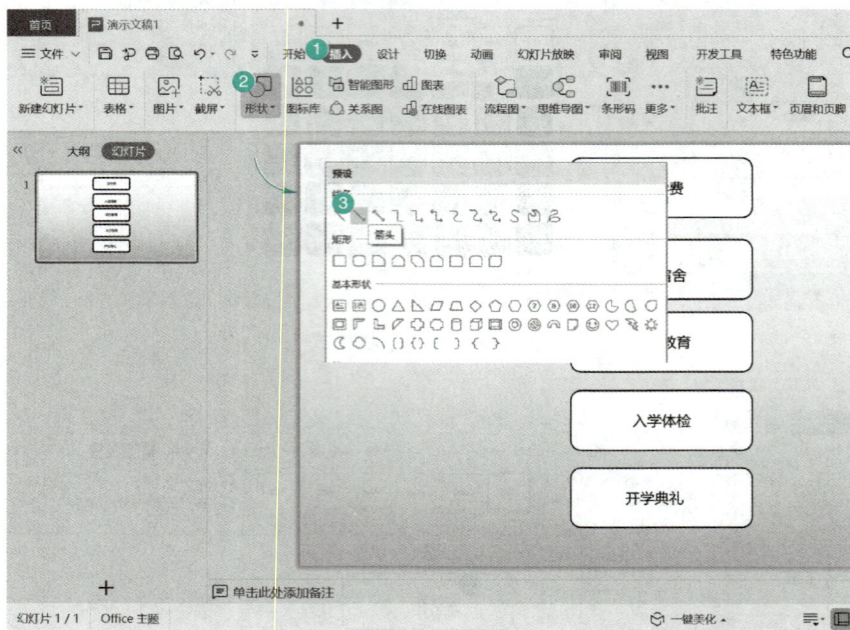

图 4.45　插入箭头

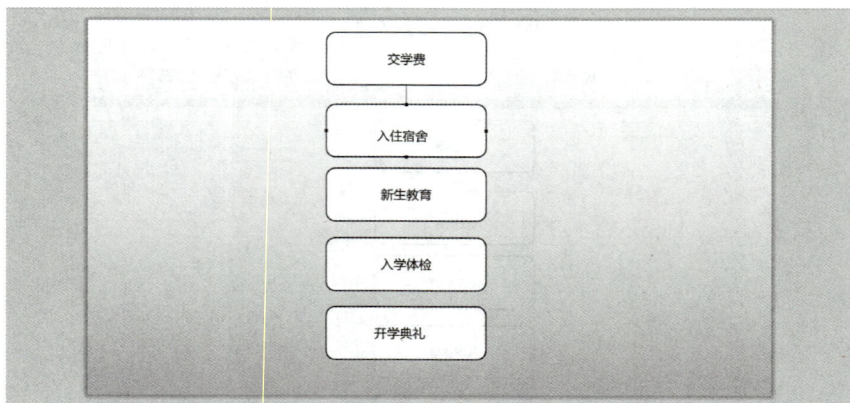

图 4.46　连接形状

⑦ 重复此步骤完成形状的连接,最终效果如图 4.47 所示。

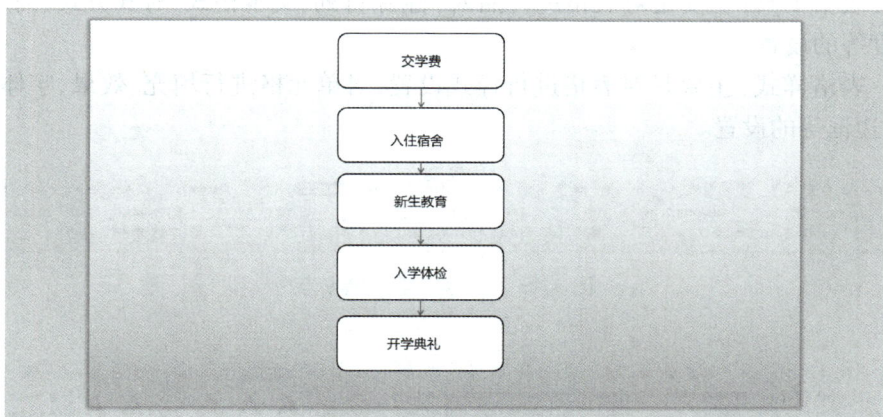

图 4.47 最终效果

4.6 表格的使用

知识点框架:

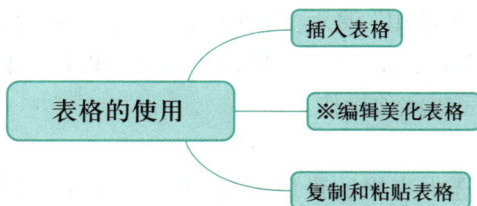

4.6.1 表格的使用简介

在演示文稿中除了文本、形状、图片外,还可以使用表格来丰富幻灯片。表格可以更加直观地表示数据和文字,使内容展示效果更清晰。

4.6.2 高频考点

编辑美化表格

选中需要修改样式的表格,菜单栏将会出现"表格工具"选项卡和"表格样式"选项卡,如图 4.48、图 4.49 所示。

　　表格工具:主要是对表格进行插入/删除行列、文本格式、对齐方式、高度、宽度等的设置。

　　表格样式:主要是对表格进行样式设置,对单元格进行填充、效果、字体格式、边框等的设置。

图 4.48　"表格工具"选项卡

图 4.49　"表格样式"选项卡

4.6.3　实战演练

　　习题:

　　小王需要在"销售清单"演示文稿中插入一组新的信息,名称为"葡萄"、单价为"3.4"、斤为"12"、总销售额为"40.8",并设置新的表格样式,请帮他完成此项操作。

　　解析:

4.6.3
习题讲解

　　① 打开文档→选中表格的最后一行(标号 1),菜单栏将会出现"表格工具"选项卡(标号 2)→点击"在下方插入行"按钮(标号 3),表格下方将会插入新的行,如图 4.50 所示。

　　② 在新的一行中填写数据信息(标号 1)→点击"表格样式"选项卡(标号 2)→在表格样式库中点击选择"中度样式 2– 强调 5"(标号 3),即可完成样式设置,如图 4.51 所示。

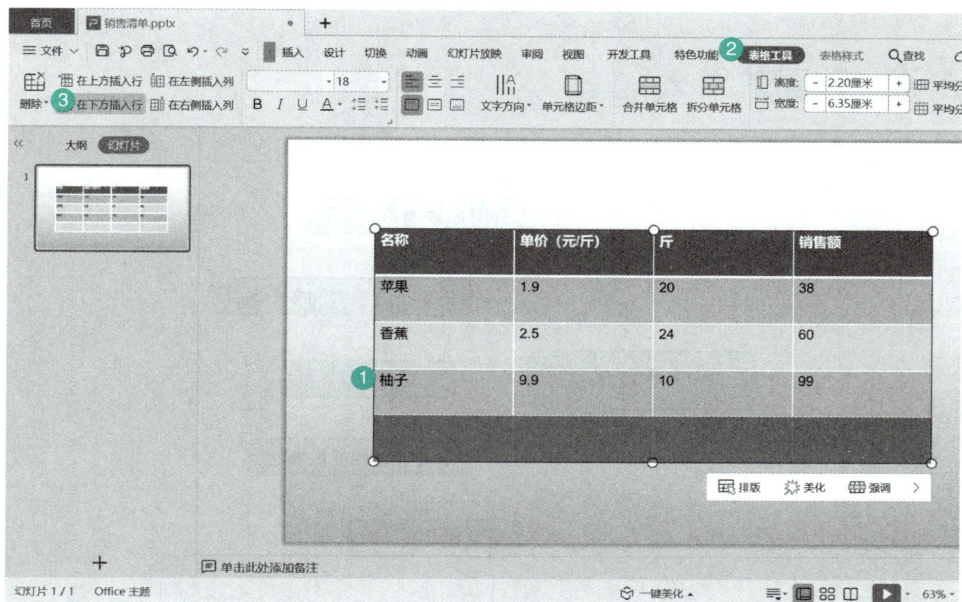

图 4.50 插入新的行

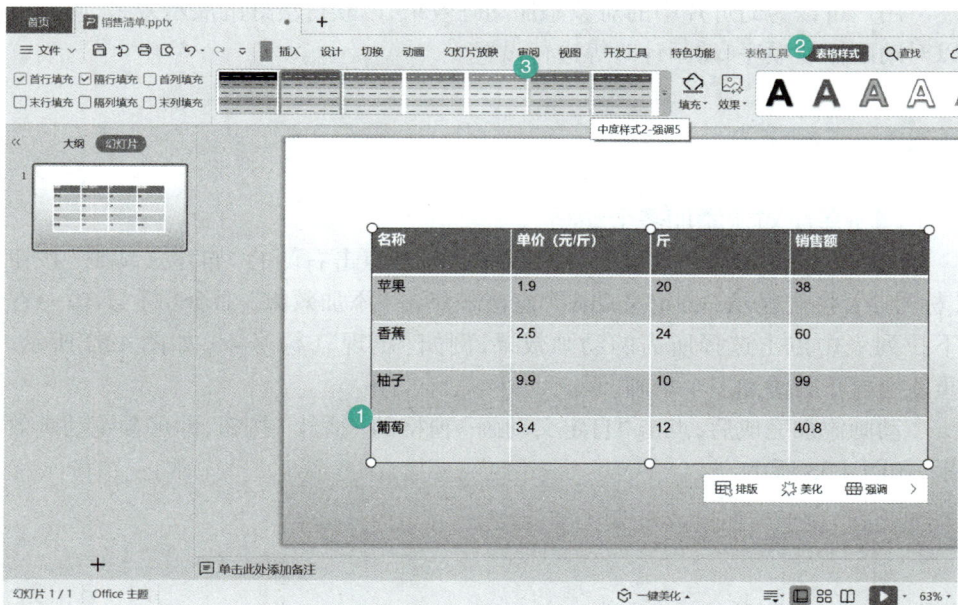

图 4.51 修改表格样式

4.7　动画效果

知识点框架：

```
                                    ┌─ 为对象添加动画效果
                                    │
                                    ├─ ※单个对象添加多个动画
                                    │
              动画效果 ─────────────┼─ 更改或删除动画
                                    │
                                    ├─ ※设置动画播放顺序
                                    │
                                    └─ ※设置动画计时
```

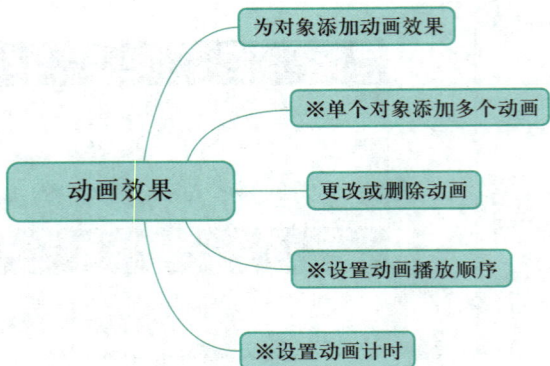

4.7.1　动画效果简介

　　用户可以为幻灯片中的对象添加动画效果，以获得更好的展示效果，同时可以对动画播放顺序、动画计时等进行设置。

4.7.2　高频考点

（1）单个对象添加多个动画

　　选中需要添加动画效果的对象（标号 1）→点击右侧的"自定义动画"按钮（标号 2），将会显示"自定义动画"窗格→点击"添加效果"命令（标号 3）→在下拉列表中点击选择所需的动画效果，例如"出现"（标号 4），如图 4.52 所示。重复上述步骤添加多个动画。

　　动画添加完成后，点击"自定义动画"窗格的"播放"按钮，即可预览动画效果，如图 4.53 所示。

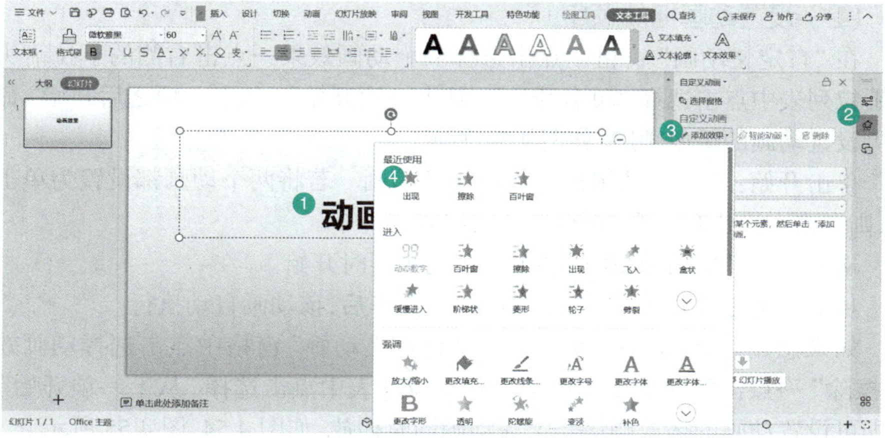

图 4.52　为单个对象添加多个动画效果

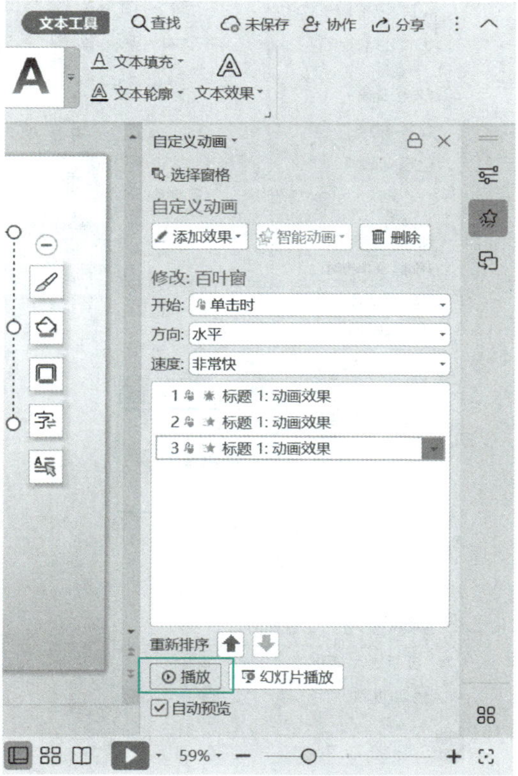

图 4.53　预览动画效果

（2）设置动画播放顺序

在"自定义动画"窗格中点击选择一个动画效果→点击右侧的下拉箭头→在下拉列表中点击选择"单击开始""从上一项开始""从上一项之后开始"命令即可设置动画的播放顺序，如图 4.54 所示。

单击开始：点击一次鼠标之后出现该动画。若将两个动画都设置为单击开始，则点击一次出现一个，再点击一次出现另一个。

从上一项开始：该动画会和上一个动画同时开始。

从上一项之后开始：上一个动画执行完毕后，该动画自动执行。

如果想调整动画播放的顺序，在"自定义动画"窗格中点击选择动画效果 2"擦除"→点击右侧的下拉箭头→在下拉列表中点击选择"从上一项开始"命令即可设置动画的播放顺序与上一动画同时播放，如图 4.54、图 4.55 所示。

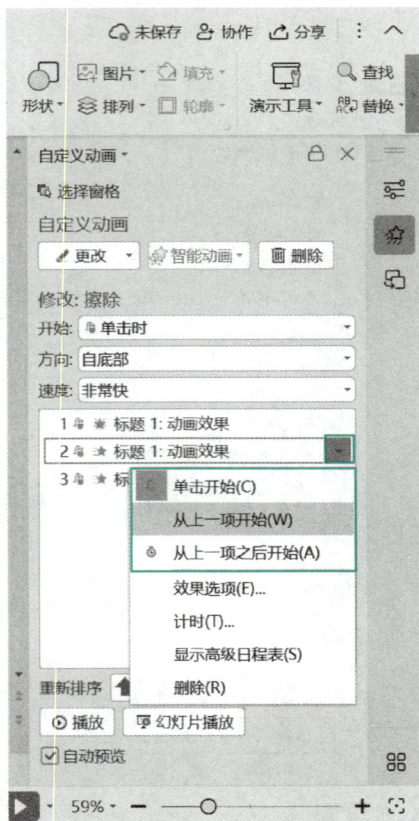

图 4.54   设置动画播放顺序

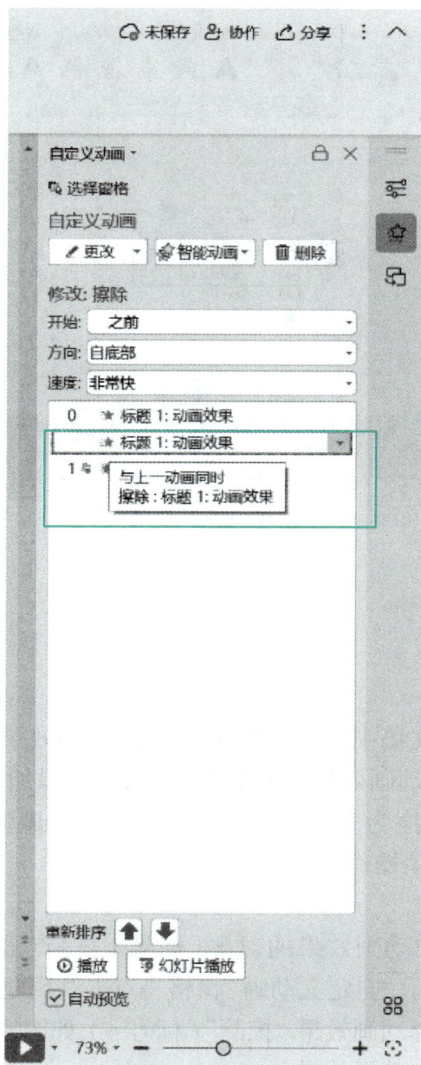

图 4.55 设置动画与上一动画同时播放

（3）设置动画计时

在"自定义动画"窗格中点击选择想要设置的动画效果→点击右侧的下拉箭头（标号 1）→在下拉列表中点击"计时"（标号 2）→在弹出的对话框中，设置"延迟"时间和"速度"→点击"确定"按钮（标号 3），如图 4.56 所示。

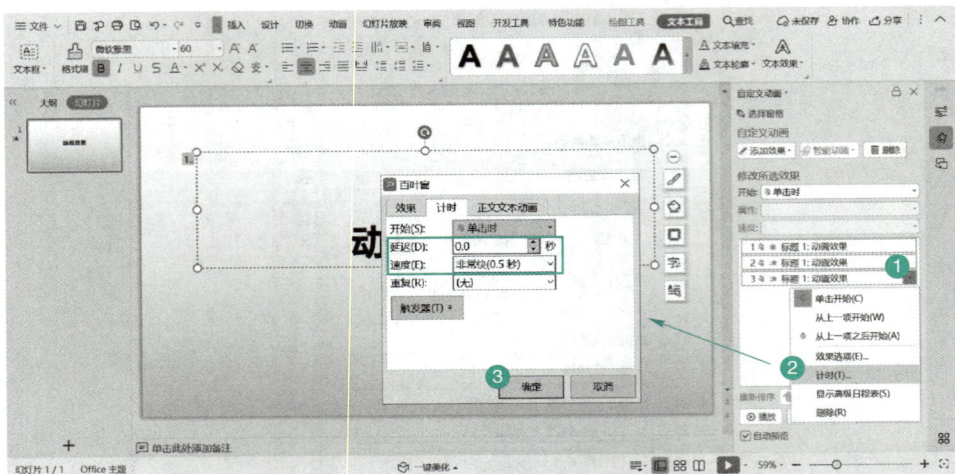

图 4.56　设置动画计时

4.7.3　实战演练

习题：

小王需要为演示文稿中的图片添加"擦除"动画效果，为"故宫简介"添加"阶梯状"动画效果，为"2021年11月"添加"出现"动画效果，并设置播放顺序为先图片、然后"故宫简介"，最后"2021年11月"，请帮他完成此项操作。

4.7.3
习题讲解

解析：

① 选中需要添加动画效果的对象（标号1）→点击右侧的"自定义动画"按钮（标号2），将会显示"自定义动画"窗格→点击"添加效果"按钮（标号3）→在下拉列表中点击选择动画效果"擦除"（标号4），如图4.57所示。重复上述步骤为其余两个对象添加动画效果。

② 选中所添加的动画效果→点击"重新排序"的向上或向下箭头（标号1），调整动画播放的顺序→点击"播放"按钮（标号2），即可预览幻灯片的动画效果，如图4.58所示。

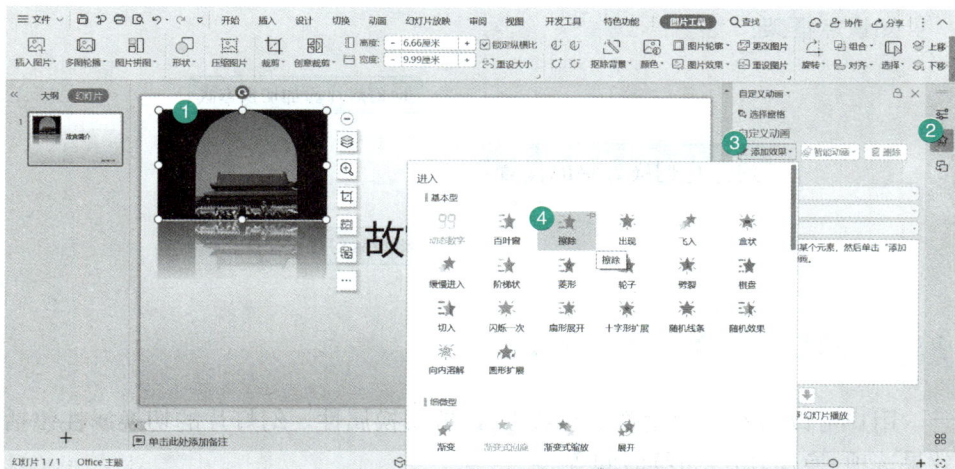

图 4.57 为对象添加动画效果

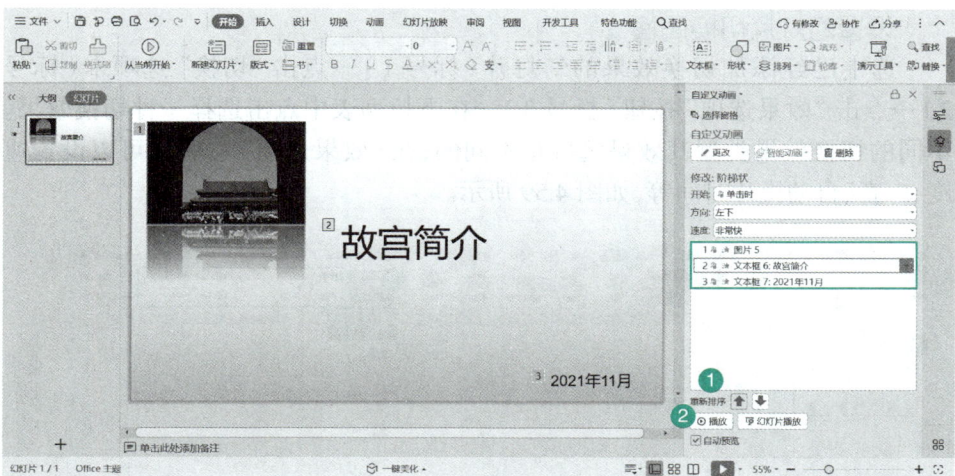

图 4.58 设置播放顺序

4.8　幻灯片切换效果的设置

知识点框架：

```
                          ┌──── 向幻灯片添加切换方式
                          │
幻灯片切换效果的设置 ──────┤
                          │
                          └──── ※设置幻灯片切换属性
```

4.8.1　幻灯片切换效果的设置简介

用户可以为幻灯片设置切换效果，设置切换属性。幻灯片的切换属性包括效果选项、换片方式、持续时间等。

4.8.2　高频考点

设置幻灯片切换属性

选中已经添加切换效果的幻灯片（标号1）→点击"切换"选项卡（标号2）→点击"效果选项"按钮（标号3）→在下拉列表中点击选择一种切换效果。不同的切换效果类型其效果选项是不同的，在"效果选项"右侧还可以设置速度、声音、自动换片时间等，如图4.59所示。

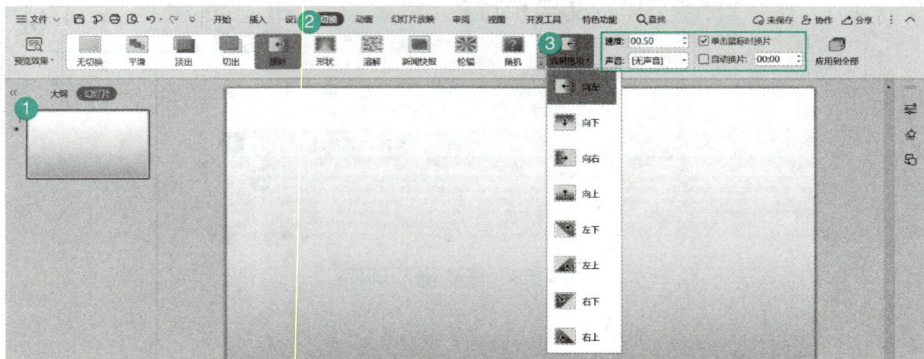

图 4.59　设置幻灯片切换属性

4.8.3 实战演练

习题：

小王需要为演示文稿的每一页幻灯片添加相同的"淡出"效果，为"语文成绩"和"数学成绩"幻灯片设置不同的切换属性，并设置自动换片时间为 3 秒，请帮他完成此项操作。

解析：

4.8.3
习题讲解

① 选中需要添加切换效果的幻灯片→点击"切换"选项卡（标号 1）→点击选择添加的切换效果"淡出"（标号 2）→设置自动换片时间为 3 秒（标号 3）→点击"应用到全部"按钮（标号 4），所选设置即可应用到所有的幻灯片中，如图 4.60 所示。

图 4.60　设置幻灯片切换属性

② 选中已经添加切换效果的幻灯片"语文成绩"（标号 1）→点击"切换"选项卡（标号 2）→点击"效果选项"按钮（标号 3）→在下拉列表中点击选择切换效果属性"全黑"（标号 4），如图 4.61 所示。重复上述步骤为"数学成绩"幻灯片设置相同的切换属性。

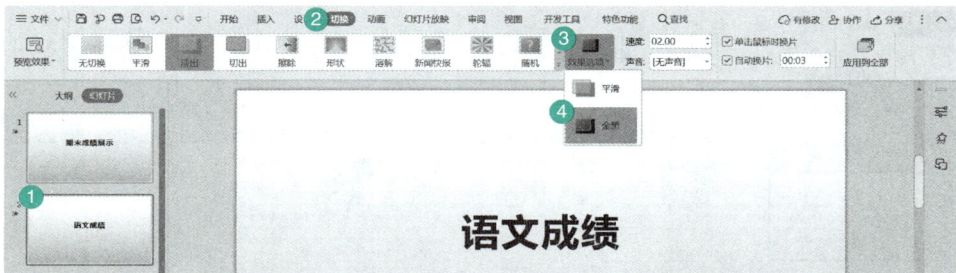

图 4.61　设置切换属性

4.9　音频和视频的使用

知识点框架：

音频和视频的使用

- 添加音频和背景音乐
- ※裁剪音频
- ※设置音频的播放方式
- 添加视频
- ※视频播放设置

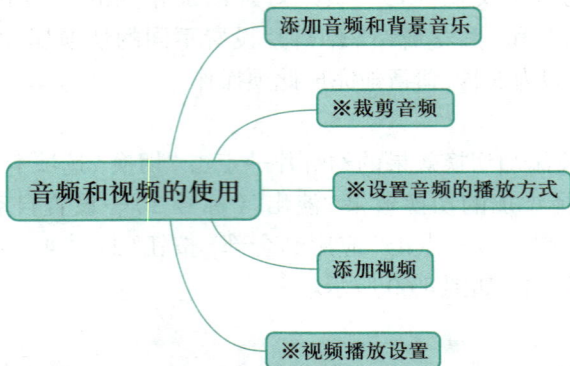

4.9.1　音频和视频的使用简介

在演示文稿中可以插入音频和视频，使演示文稿表现效果更加丰富。

4.9.2　高频考点

（1）裁剪音频

插入音频后，选中声音图标（标号 1），此时在菜单栏中会出现"音频工具"选项卡→点击"音频工具"选项卡（标号 2）→点击"裁剪音频"按钮（标号 3），如图 4.62 所示。

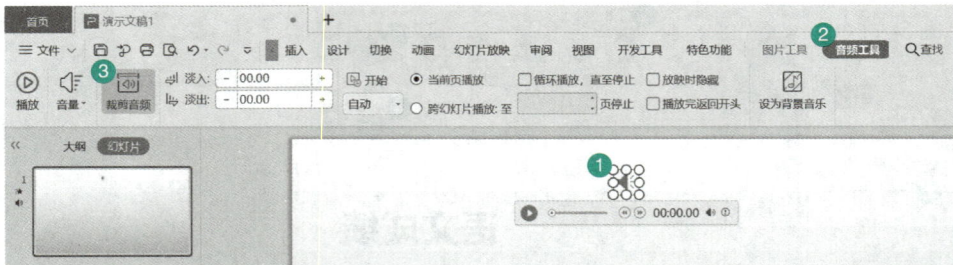

图 4.62　裁剪音频

在弹出的"裁剪音频"对话框中,拖动左侧的绿色起点标记和右侧的红色终点标记,确定音频的起止位置→点击"确定"按钮,即可完成音频的裁剪,如图4.63所示。

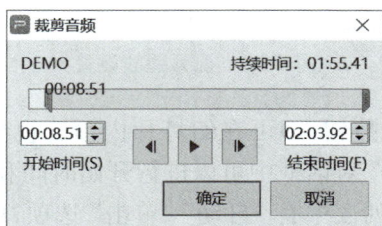

图4.63　"裁剪音频"对话框

（2）设置音频的播放方式

选中声音图标（标号1）→点击"音频工具"选项卡（标号2）→点击"开始"下拉按钮,在下拉列表中可点击选择音频的播放开始方式,如图4.64所示。

图4.64　设置音频的播放方式

自动:在放映幻灯片时自动开始播放音频。

单击:幻灯片放映时通过点击音频图标手动播放。

勾选"跨幻灯片播放"单选项,在放映过程中点击切换到下一张幻灯片时音频仍继续播放;勾选"循环播放,直至停止"复选框时,连续循环播放此音频直到切换幻灯片或手动停止播放为止;勾选"放映时隐藏"复选框时,放映时会隐藏声音图标。

（3）视频播放设置

选中所插入的视频,此时在菜单栏中会出现"视频工具"选项卡,在此选项卡中可进行视频的播放设置,操作方式与音频播放设置类似,如图4.65所示。

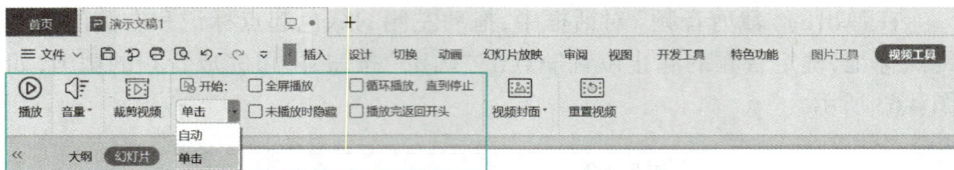

图 4.65   视频播放设置

点击"播放 / 暂停"按钮,即可在幻灯片内预览视频;点击"裁剪视频"按钮,在弹出的"裁剪视频"对话框中可以进行开始时间和结束时间的设置;点击"开始"下拉按钮,下拉列表中有"自动""单击"选项,可根据播放要求进行设置;通过勾选"全屏播放"复选框、"未播放时隐藏"复选框、"循环播放,直到停止"复选框、"播放完返回开头"复选框等进行相应的设置。

4.9.3   实战演练

习题:

小王需要在幻灯片中插入音频文件,并设置播放方式为"单击",在幻灯片放映过程中需要隐藏音频图标,并且播放完毕时返回开头,请帮他完成此项操作。

解析:

① 点击"插入"选项卡(标号 1)→点击"音频"按钮(标号 2)→在下拉列表中点击"嵌入音频"按钮(标号 3),如图 4.66 所示。

4.9.3
习题讲解

图 4.66   插入音频

② 在弹出的"插入音频"对话框中,选中音频文件(标号 1)→点击"打开"按钮(标号 2),如图 4.67 所示。

③ 选中刚插入的音频图标,菜单栏将会显示"音频工具"选项卡(标号 1)→点击"开始"下拉按钮→在列表中点击选择"单击"(标号 2)→勾选"放映时隐藏"和"播放完返回开头"复选框,如图 4.68 所示。

图 4.67　"插入音频"对话框

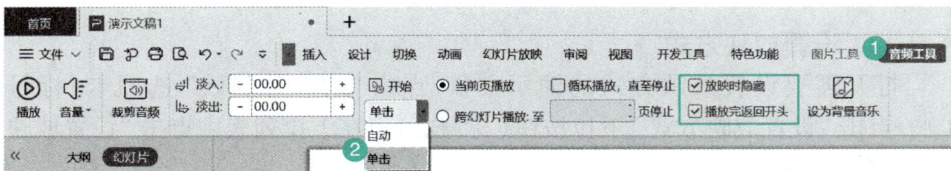

图 4.68　设置音频播放方式

4.10　幻灯片放映的设置

知识点框架：

```
                            ┌─ 隐藏幻灯片

                            ├─ ※设置放映方式
        幻灯片放映的设置 ─┤
                            ├─ 放映过程控制

                            └─ ※采用排练计时
```

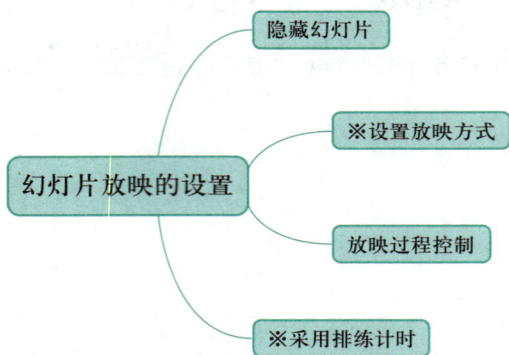

4.10.1　幻灯片放映的设置简介

用户可以根据自己的需求创建不同的幻灯片放映方式，以便适应不同的场合。应用排练计时可以事先对放映过程进行排练并记录放映时间，以便在演示时达到最好的效果。

4.10.2　高频考点

（1）设置放映方式

打开需要设置放映方式的演示文稿，点击"幻灯片放映"选项卡（标号1）→点击"设置放映方式"下拉按钮（标号2）→在下拉列表中点击"设置放映方式"命令（标号3），如图4.69所示。

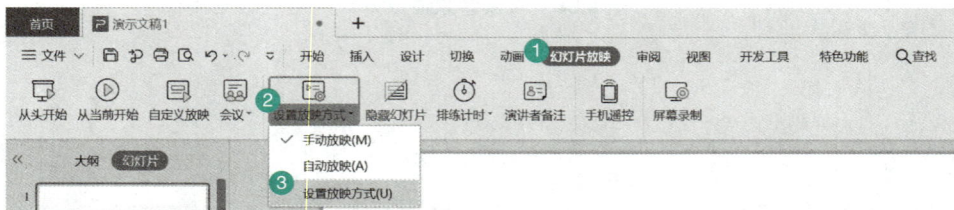

图 4.69　设置放映方式

在弹出的"设置放映方式"对话框中,在"放映类型"选项组内设置放映方式,在"放映幻灯片"选项组内设置幻灯片的放映范围,在"换片方式"选项组内设置手动或其他方式,在"放映选项"选项组内设置"循环放映,按 ESC 键终止"和设置绘图笔颜色,如图 4.70 所示。

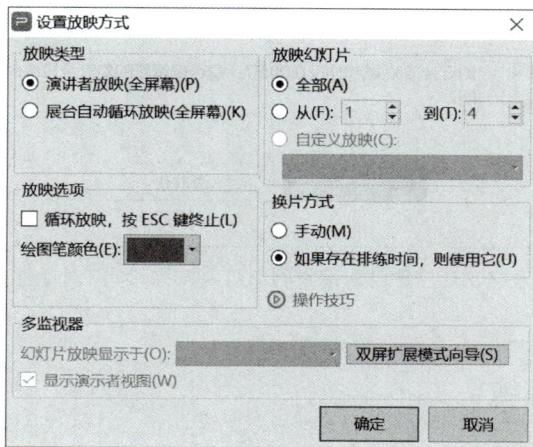

图 4.70 "设置放映方式"对话框

（2）采用排练计时

打开需要设置排练计时的演示文稿→点击"幻灯片放映"选项卡（标号1）→点击"排练计时"按钮（标号2），如图 4.71 所示。

图 4.71 设置排练计时

幻灯片将会进入放映状态,同时将会弹出"预演"工具栏,如图 4.72 所示。工具栏中显示当前幻灯片的放映时间和总放映时间。

图 4.72 "预演"工具栏

幻灯片放映结束时,将会弹出是否保留新的排练时间对话框,如图4.73所示。若选择"是",幻灯片浏览视图下,每张幻灯片的左下角将会显示幻灯片的放映时间。

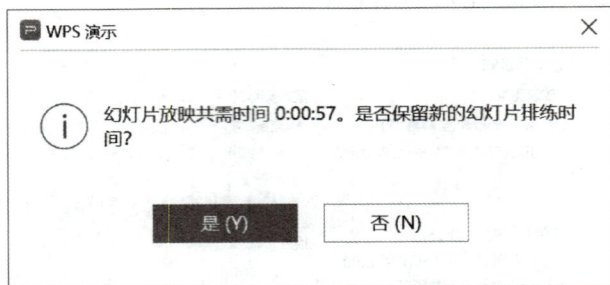

图4.73　"是否保留新的幻灯片排练时间"对话框

4.10.3　实战演练

习题:

小王需要将演示文稿中的幻灯片设置为"展台自动循环放映(全屏幕)",每张幻灯片的自动放映时间为5秒,请帮他完成此项操作。

解析:

① 打开需要设置放映方式的演示文稿→点击"幻灯片放映"选项卡(标号1)→点击"设置放映方式"按钮(标号2),如图4.74所示。

4.10.3
习题讲解

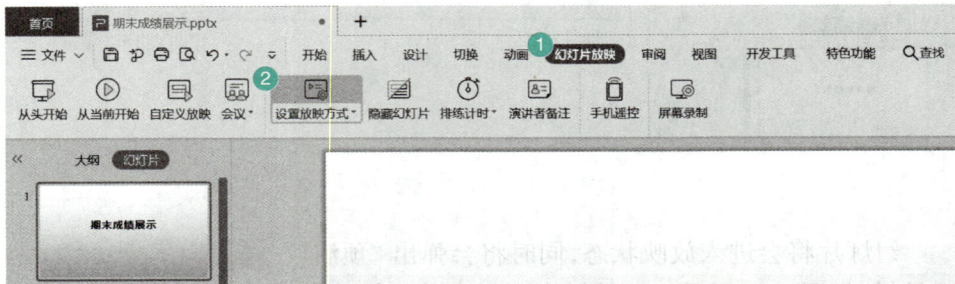

图4.74　设置放映方式

② 在弹出的"设置放映方式"对话框中，"放映类型"选项组内点击选择"展台自动循环放映（全屏幕）"→点击"确定"按钮，如图 4.75 所示。

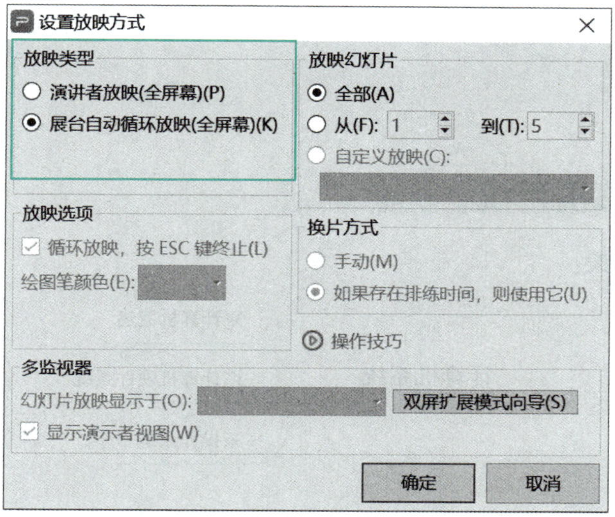

图 4.75　设置放映类型

③ 选中一张幻灯片，点击"切换"选项卡（标号 1）→勾选"自动换片"复选框，设置自动换片时间为 5 秒（标号 2）→点击"应用到全部"按钮（标号 3），如图 4.76 所示。操作完成。

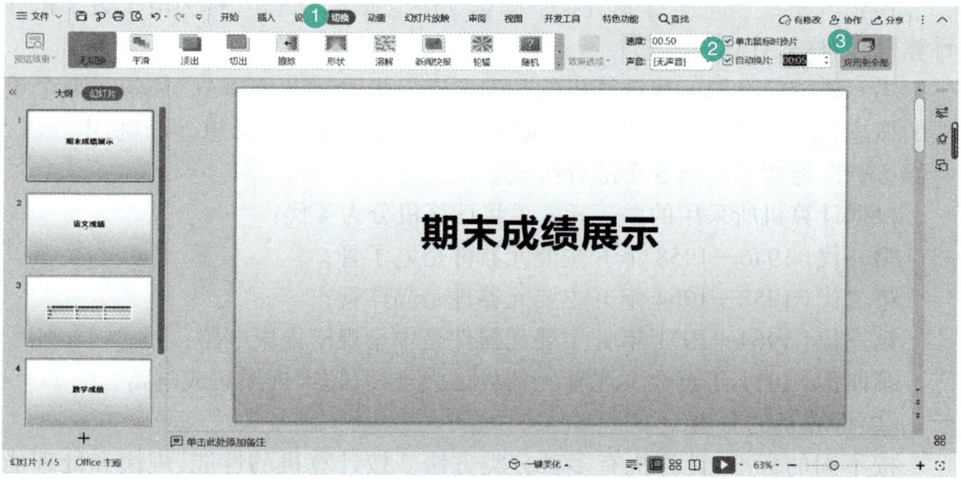

图 4.76　设置自动换片时间

第五章 公共基础知识专题

5.1 计算机系统

知识点框架：

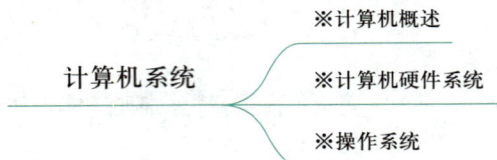

计算机系统
- ※计算机概述
- ※计算机硬件系统
- ※操作系统

5.1.1 高频考点

计算机概述、计算机硬件系统、操作系统。

（1）计算机概述

① 计算机的发展

1946 年第一台电子计算机在美国宾夕法尼亚大学诞生，称为电子数字积分计算机，简称 ENIAC。

冯·诺依曼在第一代计算机的基础上进一步研制出 EDVAC，引进了两个重要的概念：二进制和存储程序。根据冯·诺依曼的原理和思想，计算机由输入、存储、运算、控制和输出 5 个部分组成。

根据计算机所采用的电子元器件将计算机分为 4 代：

第一代（1946—1958 年）：主要元器件是电子管；

第二代（1958—1964 年）：主要元器件是晶体管；

第三代（1964—1971 年）：主要元器件是中小规模集成电路；

第四代（1971 年至今）：主要元器件是大规模、超大规模集成电路。

② 计算机的分类

按不同的标准，计算机有多种分类方法。按计算机的性能、规模和处理能力，可分为巨型机、大型通用机、微型计算机、工作站和服务器等。按计算机的用途可分为通用计算机和专用计算机。

③ 未来的计算机

未来的计算机将朝着巨型化、微型化、网络化和智能化方向发展。未来计算机的发展趋势：模糊计算机、生物计算机、光子计算机、超导计算机、量子计算机。研究量子计算机的目的是解决计算机的能耗问题。

④ 计算机中的数据

计算机内部的数据以二进制表示，用 0 和 1 两个数字表示，逢 2 进 1。计算机中最小的单位是 b（位），存储容量的基本单位是 B（字节）。8 个二进制位称为 1 个字节。

（2）计算机硬件系统

计算机硬件系统由运算器、控制器、存储器、输入设备和输出设备 5 个部分组成。其中运算器和控制器是计算机的核心部件，这两部分合称中央处理器，简称 CPU。

① 运算器

运算器是计算机处理数据形成信息的加工厂，它的主要功能是对二进制数码进行算术运算或逻辑运算。运算器的性能指标是衡量整个计算机性能的重要因素，其性能指标包括机器字长和运算速度。

机器字长：指计算机一次能同时处理的二进制数据的位数。

运算速度：指每秒钟所能执行加法指令的条数。

② 控制器

控制器负责指挥计算机的各个部件按照指令要求进行工作。计算机的工作过程就是按照控制器的控制信号，自动有序的执行指令。计算机只能执行命令，它被指令所控制。机器指令通常由操作码和操作数两部分组成。

操作码：指明指令所要完成操作的性质和功能。

操作数：指明操作码执行时的操作对象。

③ 存储器

存储器是存储程序和数据的部件。存储器分为内存储器和外存储器两大类。

内存储器（也叫内存）：内存用来存储当前正在执行的程序和数据。内存容量小，存取速度快，CPU 可以直接访问和处理内存。内存储器又分为随机存储器（RAM）和只读存储器（ROM）。RAM 既可以进行读操作，也可以进行写操作，但在断电后存储的信息就会丢失。ROM 中存放的信息只读不写，在制造时信息被存入并永久保存。

外存储器（也叫外存）：外存的容量一般比较大，断电后仍能保存数据。CPU 不能直接访问外存，必须先调入内存才能运行。计算机常用的外存有硬盘、光盘、U 盘等。

④ 输入/输出设备

输入设备用于把原始数据和处理这些数据的程序输入到计算机中。常用的输入设备包括鼠标、键盘、扫描仪、光笔、摄像头、语音输入装置等。

输出设备用于将计算机中的数据或信息以数字、字符、图像和声音等方式输出给用户。常见的输出设备包括显示器、打印机、绘图仪、语音输出系统等。

（3）操作系统

① 操作系统的功能

计算机操作系统通常具备的五大功能是处理器（即 CPU）管理、存储器管理、文件管理、设备管理和作业管理。

处理器管理：主要任务是对进程进行管理。主要功能有创建和撤销进程，协调进程的运行，实现进程之间的信息交换，以及按照算法把处理器分配给进程。

存储器管理：主要任务是为多道程序的运行提供良好的环境，提高存储器的利用率，方便用户使用。主要功能有内存分配和回收、内存保护、地址映射等。

文件管理：主要任务是对用户文件和系统文件进行管理，以方便用户使用，并保证文件的安全性。主要功能有对文件存储空间的管理、目录管理、文件的读/写管理以及文件的共享与保护等。

设备管理：主要任务是完成用户进程提出的 I/O 请求，为用户进程分配所需的 I/O 设备，并完成指定的 I/O 操作。主要功能有缓冲管理、设备分配和设备处理以及虚拟设备等功能。

作业管理：每个用户请求计算机系统完成的一个独立的操作称为作业。作业管理包括作业的输入和输出、作业的调度与控制等。

② 操作系统的发展

操作系统经历了如下的发展过程：手工操作（无操作系统）、批处理系统、多道程序系统、分时系统、实时操作系统、个人计算机操作系统。

③ 操作系统的分类

根据使用环境和对作业处理方式的不同，操作系统分为多道批处理操作系统、分时操作系统、实时操作系统、网络操作系统、分布式操作系统、嵌入式操作系统。

5.1.2　实战演练

关于计算机系统知识的考查主要集中在公共基础知识题中,考查点主要集中在计算机的发展历程、计算机分类、计算机硬件系统的基本组成、操作系统的主要功能以及操作系统的分类等。

习题:

1. 在冯·诺依曼体系结构的计算机中引进了两个重要概念,一个是二进制,另外一个是(　　)。

A. 内存储器　　　　B. 存储程序　　C. 机器语言　　　D. ASCII 编码

2. 一般情况下,划分计算机 4 个发展阶段的主要依据是(　　)。

A. 计算机所跨越的年限长短　　　　B. 计算机所采用的基本元器件

C. 计算机的处理速度　　　　　　　D. 计算机用途的变化

3. 作为现代计算机基本结构的冯·诺依曼体系包括(　　)。

A. 输入、存储、运算、控制和输出 5 个部分

B. 输入、数据存储、数据转换和输出 4 个部分

C. 输入、过程控制和输出 3 个部分

D. 输入、数据计算、数据传递和输出 4 个部分

4. 研究量子计算机的目的是解决计算机的(　　)。

A. 速度问题　　　　　　　　　　　B. 存储容量问题

C. 计算精度问题　　　　　　　　　D. 能耗问题

5. 字长作为 CPU 的主要性能指标之一,主要表现在(　　)。

A. CPU 计算结果的有效数字长度

B. CPU 一次能处理的二进制数据的位数

C. CPU 最长的十进制整数的位数

D. CPU 最大的有效数字位数

6. 计算机的指令系统能实现的运算有(　　)。

A. 数值运算和非数值运算

B. 算术运算和逻辑运算

C. 图形运算和数值运算

D. 算术运算和图像运算

7. 在微型计算机中,控制器的基本功能是(　　)。

A. 实现算术运算

　　B. 存储各种信息

　　C. 控制机器各个部件协调一致工作

　　D. 保持各种控制状态

8. 手写板或鼠标属于(　　)。

　　A. 输入设备　　　　　　　　B. 输出设备

　　C. 中央处理器　　　　　　　D. 存储器

9. 计算机硬件系统主要包括运算器、控制器、存储器、输入设备和(　　　)。

　　A. 键盘　　　　　B. 鼠标　　　　　C. 显示器　　　　D. 输出设备

10. 计算机操作系统通常具备的五大功能是(　　　)。

　　A. CPU 管理、显示器管理、键盘管理、打印机管理和鼠标器管理

　　B. 启动、打印、显示、文件存取和关机

　　C. 硬盘管理、U 盘管理、CPU 的管理、显示器管理和键盘管理

　　D. 处理器(CPU)管理、存储管理、文件管理、设备管理和作业管理

11. 允许在一台主机上同时连接多台终端,且多个用户可以通过各自的终端同时交互地使用计算机的操作系统是(　　　)。

　　A. 分时操作系统　　　　　　B. 网络操作系统

　　C. 实时操作系统　　　　　　D. 分布式操作系统

　　参考答案:BBADB　BCADD　A

5.2　数据结构与算法

　　知识点框架:

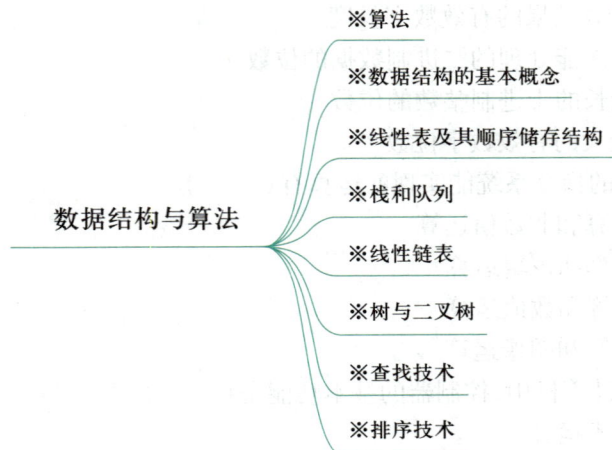

数据结构与算法
- ※算法
- ※数据结构的基本概念
- ※线性表及其顺序储存结构
- ※栈和队列
- ※线性链表
- ※树与二叉树
- ※查找技术
- ※排序技术

5.2.1 高频考点

算法、数据结构的基本概念、线性表及其顺序储存结构、栈和队列、线性链表、树与二叉树、查找技术、排序技术。

（1）算法

算法是指对解题方案的准确而完整的描述。

① 算法的特征

可行性：基本运算必须执行有限次来实现；

确定性：算法的每一步都是明确的，都必须有明确定义，不能有模棱两可的解释；

有穷性：算法必须能在有限的时间内执行完；

输入与输出：一个算法有 0 个或多个输入，有 1 个或多个输出。

② 算法复杂度

算法的时间复杂度：指执行算法所需要的运算次数。

算法的空间复杂度：指执行这个算法所需要的存储空间。

（2）数据结构的基本概念

数据结构指数据在计算机中如何表示、存储、管理，各数据元素之间具有怎样的关系、怎样互相运算等。

① 数据结构分类

逻辑结构：各数据元素之间所固有的前后逻辑关系（与实际存储位置无关）；

存储结构：指数据的逻辑结构在计算机中的表示、逻辑结构在计算机中的存储方式。

② 线性结构和非线性结构

线性结构：即各数据元素具有"一对一"关系的数据结构，包括数组、线性链表、堆栈、队列等。

非线性结构：前后件的关系是"一对多"或"多对多"，包括二维数组、多维数组、广义表、树、图等。

（3）线性表及其顺序储存结构

线性表是最简单、最常用的一种线性数据结构。

① 非空线性表的结构特征

有且只有一个根结点，它无前件；

有且只有一个终端结点，它无后件；

除根结点与终端结点外，其他所有结点有且只有一个前件，也有且只有一个后件。线性表中结点的个数 n 称为线性表的长度。当 $n=0$ 时，称为空表。

② 线性表的顺序存储结构

线性表可以采取顺序存储结构也可以采取链式存储结构。其中顺序存储结构有以下特点：

线性表中所有元素所占的存储空间是连续的；

线性表中各数据元素在存储空间中是按逻辑顺序依次存放的。

（4）栈和队列

① 栈

栈是一种运算受限的线性表，其中插入和删除只能在一端（栈顶）进行，不允许在另一端（栈底）进行操作。栈也被称为"先进后出"或者"后进先出"表。

栈的基本运算有入栈运算、出栈运算、读栈顶数据元素。

入栈运算：往栈中插入一个数据元素。

出栈运算：从栈中删除一个数据元素。

读栈顶数据元素：将栈顶数据元素的值赋给某个变量。

② 队列

队列是一种特殊的线性表，只允许在表的前端（队头）进行删除，在表的后端（队尾）进行插入。队列也被称为"先进先出"表。

队列的顺序存储结构一般采取循环队列的形式。循环队列就是将队列存储空间的最后一个位置绕到第一个位置，形成逻辑上的环状空间。

根据 rear（队尾指针）=front（队头指针）计算循环队列中元素的个数：

当 rear>front 时，元素个数等于 rear-front；

当 rear=front 时，元素个数等于 0 或者等于 c（循环队列容量）；

当 rear<front 时，元素个数等于 c-|front-rear|。

（5）链表

线性链表是线性表的链式存储结构，简称链表。

链表相比顺序表的优点如下：

链表在插入或者删除运算中不用移动大量数据元素，因此运算效率高。

链表存储空间可以动态分配并易于扩充。

（6）树与二叉树

① 树

树是一种简单的非线性结构，其数据元素之间具有明显的层次结构。

树的结点分为根结点、分支结点、叶子结点。除根结点和叶子结点外,每个结点只有一个前件(前驱),多个后件(后继)。每个结点的唯一前驱结点称为该结点的父结点,多个后继结点称为该结点的子结点。父结点相同的互称兄弟结点。

一个结点的后件的个数称为该结点的度(分支度),所有结点中最大的度称为树的度。树的最大层次称为树的深度。

② 二叉树

在二叉树的第 k 层上最多有 2^{k-1}($k \geq 1$)个结点。

深度为 m 的二叉树最多有 2^m-1($m \geq 1$)个结点。

对于任何二叉树而言,度为 0(叶子结点)的结点总是比度为 2 的结点多一个。

具有 n 个结点的二叉树深度至少为 $\lceil \log_2 n \rceil + 1$,其中,$\lceil \log_2 n \rceil$ 表示取 $\log_2 n$ 的整数部分。

③ 满二叉树

满二叉树在第 k 层上有 2^{k-1} 个结点,深度为 m 的满二叉树有 2^m-1 个结点。

④ 完全二叉树

完全二叉树是指除了最后一层外,每一层上的所有结点都有两个子结点,在最后一层上只缺少右边的若干结点。完全二叉树中,度为 1 的结点个数,不是 0 就是 1。

⑤ 二叉树的遍历

二叉树的遍历是指不重复地访问二叉树中所有的结点。根据遍历方式的不同,可分为前序遍历、中序遍历和后序遍历,各遍历方式如下:

前序遍历首先访问根结点,然后遍历左子树,最后遍历右子树(根左右);

中序遍历首先遍历左子树,然后访问根结点,最后遍历右子树(左根右);

后序遍历首先遍历左子树,然后遍历右子树,最后访问根结点(左右根)。

(7)查找技术

① 顺序查找

从线性表的第一个元素开始与目标元素进行逐个比较,如果相等,则查找成功,结束查找。若与线性表中的所有元素比较后仍未找到与目标元素相等的元素,则查找失败。

最好的情况,第一个元素就是目标元素,则查找次数为 1。

最坏的情况,最后一个元素才是目标元素,或者没有目标元素,则查找次数为 n,时间复杂度为 $O(n)$。因此在平均情况下,需要比较 $n/2$ 次。

② 二分法查找

二分法查找只适用于顺序存储结构的有序线性表，也被称为折半查找。

将目标元素与线性表中间项对比，如果与中间项的值相等，则查找成功，结束查找；

若小于中间项的值，则在线性表的前半部分用二分法继续查找；

若大于中间项的值，则在线性表的后半部分用二分法继续查找。

最坏的情况，二分法查找需要比较 $\log_2 n$ 次，时间复杂度为 $O(\log_2 n)$。

（8）排序技术

① 冒泡排序法

冒泡排序是一种较简单的排序方法，其原理就是在数据元素序列中依次比较相邻的元素，若某个元素的后一个元素小于它，则交换位置，消除逆序。通过两两相邻元素的比较和交换，不断地消除逆序，直到所有数据元素有序为止。

当线性表长度为 n，最坏的情况是，冒泡排序法需要比较 $n(n-1)/2$ 次，时间复杂度为 $O(n^2)$。

② 快速排序法

快速排法是对冒泡排序法的一种改进，通常在线性表中选取第一个元素 X，将线性表中小于 X 的元素移到 X 的前面，大于 X 的元素移到 X 的后面。通过一趟排序将线性表分割成两部分，再使用此方法，对分割的数据进行快速排序，直到线性表变成有序序列。

最坏的情况，快速排序法需要比较 $n(n-1)/2$ 次，时间复杂度为 $O(n^2)$。

③ 简单选择排序法

从待排序的数据元素中取出最小的元素与第一个元素交换位置，再从剩下的元素中取出最小的元素与第二个元素交换位置，重复此操作依次交换，直到线性表变成有序序列。

最坏的情况下，简单选择排序法需要比较 $n(n-1)/2$ 次，时间复杂度为 $O(n^2)$。

④ 堆排序法

若有 n 个元素的序列，将元素按顺序组成一棵完全二叉树，所有结点的值大于或等于（小于或等于）左右子结点的值。

最坏的情况，堆排序法需要比较 $n\log_2 n$ 次，时间复杂度为 $O(n\log_2 n)$。

⑤ 简单插入排序法

将无序表中的 n 个待排序的元素依次取出，放入有序表中的正确位置上。插入元素时，插入位置及其后的记录依次向后移动。

最坏的情况，简单插入排序法需要比较 $n(n-1)/2$ 次，时间复杂度为 $O(n^2)$。

⑥ 希尔排序法

希尔排序法将相隔某个增量 n 的元素构成一个子序列,对每个子序列都进行简单插入排序。在排序过程中逐次减少增量,直到增量等于 1,所有元素都在一个组中时,完成排序。

希尔排序的效率与所选取的增量有关,希尔排序是非稳定排序。

5.2.2 实战演练

关于数据结构和算法的知识考查主要集中在公共基础知识题中,考查点主要集中在算法和数据结构的基本概念、线性表及其顺序存储结构、栈和队列、线性链表、树与二叉树、查找技术、排序技术等。

习题:

1. 下列叙述中正确的是(   )。

A. 算法复杂度是指算法控制结构的复杂程度

B. 算法复杂度是指设计算法的难易程度

C. 算法的复杂度与问题的规模无关

D. 算法的复杂度包括时间复杂度与空间复杂度

2. 下列结构中为非线性结构的是(   )。

A. 树　　　　　　　B. 向量　　　　C. 队列　　　　D. 栈

3. 在线性表的顺序存储结构中,其存储空间连续,各个元素所占的字节数(   )。

A. 不同,但元素的存储顺序与逻辑顺序必须一致

B. 不同,且其元素的存储顺序与逻辑顺序可能不一致

C. 相同,元素的存储顺序与逻辑顺序一致

D. 相同,但其元素的存储顺序与逻辑顺序可能不一致

4. 设栈与队列初始状态为空。将元素 A,B,C,D,E,F,G,H 依次轮流入栈和入队,然后依次轮流出栈和退队,则输出序列可能为(   )。

A. A,B,C,D,H,F,G,E　　　　　　B. B,G,C,E,F,D,H,A

C. D,C,B,A,E,F,G,H　　　　　　D. G,B,E,D,C,F,A,H

5. 循环队列的存储空间为 Q(1:200),初始状态 front=rear=200。经过一系列正常的入队与退队操作后,front−rear=1,则循环队列中的元素个数为(   )。

A. 1　　　　　　B. 28　　　　　　C. 198　　　　　D. 0 或 200

6. 下列叙述中正确的是（　　　）。

A. 在循环队列中，队头指针的动态变化决定队列的长度

B. 在循环队列中，队头指针和队尾指针的动态变化决定队列的长度

C. 在带链的队列中，队尾指针的动态变化决定队列的长度

D. 在带链的栈中，栈顶指针的动态变化决定栈中元素的个数

7. 下列叙述中正确的是（　　　）。

A. 线性表链式存储结构的存储空间一般要少于顺序存储结构

B. 线性表链式存储结构与顺序存储结构的存储空间都不是连续的

C. 线性表链式存储结构的存储空间可以是连续的，也可以是不连续的

D. 顺序存储结构能存储有序表，链式存储结构不能存储有序表

8. 下列叙述中正确的是（　　　）。

A. 链式存储结构比顺序存储结构节省存储空间

B. 线性表的链式存储结构与顺序存储结构所需要的存储空间是相同的

C. 顺序存储结构只针对线性结构，链式存储结构只针对非线性结构

D. 顺序存储结构的存储一定是连续的，链式存储结构的存储空间不一定是连续的

9. 某二叉树共有 399 个结点，其中有 199 个度为 2 的结点，则该二叉树中的叶子结点数为（　　　）。

A. 不存在这样的二叉树　　　　　　B. 201

C. 198　　　　　　　　　　　　　　D. 200

10. 设二叉树的前序序列为 ABDEGHCFIJ，中序序列为 DBGEHACIFJ。则按层次输出（从上到下，同层从左到右）的序列为（　　　）。

A. ABCDEFGHIJ　　　　　　　　　B. DGEHIBJFCA

C. JIHGFDECBA　　　　　　　　　D. GHDIEFCBA

11. 在具有 2n 个结点的完全二叉树中，叶子结点个数为（　　　）。

A. $n+1$　　　　　B. n　　　　　C. （$n+1$）/2　　　　　D. （$n-1$）/2

12. 深度为 7 的完全二叉树中共有 125 个结点，则该完全二叉树中的叶子结点数为（　　　）。

A. 61　　　　　　　B. 63　　　　　　C. 66　　　　　　D. 68

13. 设顺序表的长度为 40，对该表进行冒泡排序。在最坏情况下需要的比较次数为（　　　）。

A. 80　　　　　　　B. 42　　　　　　C. 780　　　　　　D. 800

14. 为了对有序表进行二分查找，则要求有序表（　　　）。

A. 只能顺序存储

B. 只能链式存储

C. 可以顺序存储也可以链式存储

D. 不可以顺序存储也不可以链式存储

参考答案：DACDD　BCDDA　BBCA

5.3 程序设计基础

知识点框架：

5.3.1 高频考点

程序设计方法与风格、结构化程序设计、面向对象的程序设计。

（1）程序设计方法与风格

常用的程序设计方法有结构化程序设计方法和面向对象的程序设计方法。

"清晰第一，效率第二"是当今主导的程序设计风格，应以简单清晰、易读易懂为主。要形成良好的程序设计风格，应注意：源程序文档化、数据说明原则、语句的结构、输入和输出。

（2）结构化程序设计

结构化程序设计的原则是自顶向下、逐步求精、模块化及限制使用 goto语句。

结构化程序设计的基本结构包括顺序结构、选择结构和循环结构。

（3）面向对象的程序设计

面向对象方法的优点：与人类习惯的思维方法一致、稳定性好、可重用性好、易于开发大型软件产品、可维护性好。

面向对象方法的基本要素如下：

对象：对象可以用来表示客观世界中的任何实体，由对象名、属性、操作 3 部分组成。对象有以下几个特点：标识唯一性、分类性、多态性、封装性和模块独立性好。

类和实例：类是具有共同属性、共同方法的对象的集合，是关于对象的抽象描述。对象是类的具体化，是类的实例。

消息：消息传递是对象间通信的手段，一个对象发送消息向另外一个对象请求服务。

继承：继承是在已有的类（父类）基础上，定义新的类（子类）。子类在继承了父类所有的特性后，还可以定义自己的特性。子类可以有一个或多个父类。继承具有传递性。

多态性：多态性指同样的消息被不同的对象接收时导致不同的行为的现象。在面向对象的软件技术中，多态性是指子类对象可以像父类对象那样使用，同样的消息既可以发送给父类对象又可以发送给子类对象。

5.3.2 实战演练

关于程序设计基础的知识考查主要集中在公共基础知识题中，考查点主要集中在程序设计的方法与风格、结构化程序设计的原则和基本结构、面向对象方法的优点和基本要素等。

习题：

1. 下面属于良好程序设计风格的是（   ）。

A. 源程序文档化

B. 程序效率第一

C. 随意使用无条件转移语句

D. 程序输入输出的随意性

2. 结构化程序设计的基本原则不包括（   ）。

A. 多态性   B. 自顶向下   C. 模块化   D. 逐步求精

3. 结构化程序设计风格强调的是（   ）。

A. 程序的执行效率   B. 程序的易读性

C. 不考虑 goto 语句的限制使用   D. 程序的可移植性

4. 结构化程序的 3 种基本结构是（   ）。

A. 递归、迭代和回溯   B. 过程、函数和子程序

C. 顺序、选择和循环   D. 调用、返回和选择

5. 下面对"对象"概念描述正确的是（   ）。

A. 属性就是对象

B. 操作是对象的动态属性

C. 任何对象都必须有继承性

D. 对象是对象名和方法的封装体

6. 下面不属于对象主要特征的是( )。

A. 对象唯一性

B. 对象分类性

C. 对象多态性

D. 对象可移植性

7. 下面不属于对象构成成分的是( )。

A. 规则   B. 属性   C. 方法(或操作)   D. 标识

8. 面向对象方法中,继承是指( )。

A. 一组对象所具有的相似性质

B. 一个对象具有另一个对象的性质

C. 各对象之间的共同性质

D. 类之间共享属性和操作的机制

9. 下列选项中,不是面向对象主要特征的是( )。

A. 复用   B. 抽象   C. 继承   D. 封装

参考答案:AABCB　DADA

5.4　软件工程基础

知识点框架:

```
                              ※软件工程基本概念
                              ※结构化分析方法
          软件工程基础         ※结构化设计方法
                              ※软件测试
                              ※程序的调试
```

5.4.1　高频考点

软件工程基本概念、结构化分析方法、结构化设计方法、软件测试、程序的调试。

（1）软件工程基本概念

① 软件定义与分类

软件是包括程序、数据及相关文档的完整集合。软件按功能可以分为应用软件、系统软件、支撑软件（或工具软件）。

应用软件是为解决特定领域的应用而开发的软件。

系统软件是计算机管理自身资源，提高计算机使用效率并服务于其他程序的软件。

支撑软件是介于系统软件和应用软件之间，协助用户开发软件的工具性软件。

② 软件危机

软件危机主要表现在：软件开发进度难以预测；软件开发成本难以控制且不断提高；软件需求的增长得不到满足；软件产品质量难以保证；软件产品难以维护；软件开发生产率的提高赶不上硬件的发展和应用需求的增长等。

③ 软件工程

软件工程是应用于计算机软件的定义、开发和维护的一整套方法、工具、文档、实践标准和工序。软件工程三要素是方法、工具和过程。

④ 软件的生命周期

软件的生命周期从提出、实现、使用维护到停止使用退役的过程。软件的生命周期分为三个阶段：

软件定义阶段：包括可行性研究、需求分析。

软件开发阶段：包括总体设计、详细设计、编码和测试。

软件维护阶段：包括使用、维护和退役。

（2）结构化分析方法

① 需求分析

需求分析是软件生命周期中的一个重要环节，目的是了解用户对软件在功能、性能和设计等方面的期望。

需求分析阶段的工作主要有 4 个方面：需求获取、需求分析、编写需求规格说明书、需求评审。

② 软件需求规格说明书

软件需求规格说明书是需求分析阶段的最后成果。软件需求规格说明书应重点描述软件的目标，软件的功能需求、性能需求、外部接口、属性及约束条件。软件需求规格说明书的特点：正确性，无歧义性，完整性，可验证性，一致性，可理解性，可修改性，可追踪性。

③ 常用工具

结构化分析方法常用工具有：数据流图（DFD 图）、数据字典（DD）、判定表、判定树。

（3）结构化设计方法

① 软件设计

软件设计是根据需求分析阶段确定的功能设计软件系统的整体结构、划分功能模块等，即确定系统的物理模型。从技术角度来看，软件设计包括软件结构设计、数据设计、接口设计、过程设计 4 个要点。从工程管理角度来看，软件设计分为概要设计（结构设计）和详细设计两部分。

② 软件设计的原理

软件设计应遵循软件工程的基本原理，主要包括抽象、逐步求精（模块化）、信息屏蔽（局部化）、模块独立性 4 个方面。

模块独立性的高低是设计好坏的关键，独立程度可由耦合性和内聚性定性标准度量。好的软件设计应做到高内聚、低耦合。

耦合性：用于衡量不同模块相互连接的紧密程度。

内聚性：用于衡量一个模块内部各个元素间彼此结合的紧密程度。

（4）软件测试

软件测试是保证软件质量、可靠性的关键步骤，目的是发现软件中的错误。

① 软件测试方法

软件测试具有多种方法，根据是否需要运行被测软件可以分为静态测试、动态测试；根据是否考虑软件内部逻辑结构可以分为白盒测试、黑盒测试。

白盒测试：逻辑覆盖测试（判定 – 条件覆盖）、基本路径测试等。

黑盒测试：等价类划分法、边界值分析法、错误推测法等。

② 软件测试过程

软件测试的过程一般按 4 个步骤依次进行：单元测试、集成测试、验收测试（确认测试）、系统测试。

（5）程序的调试

调试是在发现错误之后排除错误的过程。程序调试的任务是诊断和改正程序中的错误。

5.4.2 实战演练

关于软件工程基础的知识考查主要集中在公共基础知识题中，考查点主要集中在软件的分类、软件的生命周期、结构化分析和设计的方法、软件测试的分类、程序调试的任务。

习题：

1. 构成计算机软件的是（　　　　）。

A. 源代码   B. 程序和数据

C. 程序和文档   D. 程序、数据及相关文档

2. 下面描述中，不属于软件危机表现的是（　　　　）。

A. 软件过程不规范   B. 软件开发生产率低

C. 软件质量难以控制   D. 软件成本不断提高

3. 下面属于软件工程三要素的是（　　　　）。

A. 方法、工具和过程   B. 方法、工具和平台

C. 方法、工具和环境   D. 工具、平台和过程

4. 软件生命周期是指（　　　　）。

A. 软件产品从提出、实现、使用维护到停止使用退役的过程

B. 软件从需求分析、设计、实现到测试完成的过程

C. 软件的开发过程

D. 软件的运行维护过程

5. 软件生命周期中的活动不包括（　　　　）。

A. 市场调研   B. 需求分析   C. 软件测试   D. 软件维护

6. 下面不能作为软件需求分析工具的是（　　　　）。

A. 系统结构图   B. 数据字典（D-D）

C. 数据流程图（DFD 图）   D. 判定表

7. 在软件开发中，需求分析阶段产生的主要文档是（　　　　）。

A. 可行性分析报告   B. 软件需求规格说明书

C. 概要设计说明书   D. 集成测试计划

8. 下面不属于软件需求分析阶段任务的是（　　　　）。

A. 需求配置   B. 需求获取

C. 需求分析   D. 需求评审

9. 软件设计一般划分为两个阶段，依次是（　　　　）。

A. 总体设计（概要设计）和详细设计

B. 算法设计和数据设计

C. 界面设计和结构设计

D. 数据设计和接口设计

10. 软件设计中划分模块的一个准则是（　　　）。

A. 低内聚低耦合　　　　　　　　B. 高内聚低耦合

C. 低内聚高耦合　　　　　　　　D. 高内聚高耦合

11. 软件测试的目的是（　　　）。

A. 评估软件可靠性　　　　　　　B. 发现并改正程序中的错误

C. 改正程序中的错误　　　　　　D. 发现程序中的错误

12. 下面不属于软件测试实施步骤的是（　　　）。

A. 集成测试　　　　　　　　　　B. 回归测试

C. 确认测试　　　　　　　　　　D. 单元测试

13. 下面属于白盒测试方法的是（　　　）。

A. 等价类划分法　　　　　　　　B. 逻辑覆盖

C. 边界值分析法　　　　　　　　D. 错误推测法

14. 程序调试的任务是（　　　）。

A. 设计测试用例　　　　　　　　B. 验证程序的正确性

C. 发现程序中的错误　　　　　　D. 诊断和改正程序中的错误

参考答案：DAAAA　ABAAB　DBBD

5.5　数据库设计基础

知识点框架：

数据库设计基础
- ※数据库系统的基本概念
- ※数据模型
- ※关系代数
- ※数据库设计与管理

5.5.1　高频考点

数据库系统的基本概念、数据模型、关系代数、数据库设计与管理。

（1）数据库系统的基本概念

数据是描述事物的符号记录，可以是符号、文字，也可以是声音、图像等。数据库是指长期存储在计算机内的、有组织的、可共享的数据集合。数据库管理系统是操纵和管理数据库的大型系统软件,是数据库系统的核心。数据库系统是由数据库及其管理软件等组成的系统。数据库系统包含数据库和数据库管理系统,而数据库管理系统是数据库系统的核心。

① 数据库系统基本特点

数据库系统具有以下几种特点:数据的集成性、数据的高共享性和低冗余性、数据独立性高、数据统一管理与控制。

② 数据库技术的发展

数据管理技术的发展经历了 3 个阶段:

人工管理阶段:人工管理阶段是人为地管理数据,效率低且不能提供完整、统一的管理和数据共享。

文件系统阶段:文件系统阶段是数据库系统发展的初级阶段,能够简单地共享数据并管理数据,但不能提供完整、统一的管理和数据共享。

数据库系统阶段:数据库系统阶段中占据主导地位的是关系数据库系统,其结构简单、方便使用、逻辑性强。

③ 数据库体系结构

数据库系统在其内部分为三级模式,即概念模式、内模式和外模式。数据库只有一个概念模式和一个内模式,但有多个外模式。

数据库系统在三级模式之间提供了两级映射:外模式 / 概念模式的映射和概念模式 / 内模式的映射。两级映射提高了数据库中数据的逻辑独立性和物理独立性。

（2）数据模型

① 数据模型基本概念

数据模型是用于描述数据或信息的标记,通常由数据结构、数据操作、数据约束 3 部分组成。

数据模型按照不同的应用层次分为以下 3 种类型:概念数据模型、逻辑数据模型、物理数据模型。

② E-R 模型

E-R 模型也称为实体联系模型,在数据库设计中被广泛用作数据建模的工具,主要包含以下 3 种基本概念:实体、联系、属性。

实体:指客观存在并且可以相互区别的事物。

联系:指实体之间的对应关系,反映现实世界事物之间的相互关联。

属性:描述实体的特性。

实体集间的联系分为 3 类:一对一联系（$1:1$）、一对多联系（$1:n$）、多对多联系（$n:m$）。

在 E-R 图中，用矩形框表示实体集，并在矩形框内写上实体名；用椭圆框表示属性，并在椭圆框内写上属性名；用菱形框表示联系，并在菱形框内写上联系名。用无向连线连接图形，并在连线上标明联系类型。

③ 关系模型

关系模型是一种基于表的数据模型，它是建立在关系上的数据操作，常用的关系操作有数据查询、数据删除，数据插入和数据修改 4 种。

关系模型的 3 种数据约束：实体完整性约束、参照完整性约束、用户定义的完整性约束。

（3）关系代数

关系代数是关系与关系之间的运算，即表与表之间的运算。运算的对象和结果都是关系。

差（$R-S$）：结果由属于关系 R 但不属于关系 S 的行构成（R 与 S 的列数相同，各列数据类型也一致）。

并（$R \cup S$）：结果由属于关系 R 或关系 S 的行构成（R 与 S 的列数相同，各列数据类型也一致）。

交（$R \cap S$）：结果由关系 R 和关系 S 中相同的行构成。$R \cap S=R-(R-S)$（R 与 S 的列数相同，各列数据类型也一致）。

笛卡儿积（$R \times S$）：关系 R 中的每一行分别与关系 S 中的每一行，两两组合的结果。结果表的行数是 R 与 S 的行数的乘积，列数是 R 与 S 的总和。

投影（π）：筛选表中的一部分列的内容（但全部行），投影操作记为 π。

选择（σ）：筛选表中的一部分行的内容（但全部列），选择操作记为 σ。

除法（$\div$）：除运算近似看作是笛卡儿积的逆运算。当 $S \times T=R$ 时，必有 $R \div S=T$，T 称为 R 除以 S 的商。

连接和自然连接：连接运算也称 θ 连接，是对两个关系进行的运算，是从两个关系的笛卡儿积中选择满足给定属性间一定条件的那些元组。

设有 m 元关系 R 和 n 元关系 S，R 和 S 两个关系的连接运算用如下公式表示。

$$R \bowtie S=\sigma_{A\theta B}(R \times S)$$

其中，A 和 B 分别为 R 和 S 上度数相等且可比的属性组。连接运算从关系 R 和关系 S 的笛卡儿积 $R \times S$ 中，找出关系 R 在属性组 A 上的值与关系 S 在属性组 B 上的值满足 θ 关系的所有元组。

当 θ 为"="时，称为等值连接；当 θ 为"<"时，称为小于连接；当 θ 为">"

时,称为大于连接。

自然连接是连接中的一个特例,连接的两个关系通过相同属性的比较,进行等值连接,相当于 θ 恒为 "=",且在结果中把重复的属性列去掉,表达式记作 $R \bowtie S$。

(4)数据库设计与管理

通常将数据库设计的开发过程分解为需求分析阶段、概念设计阶段、逻辑设计阶段和物理设计阶段,并以数据结构与模型的设计为主线。

需求分析的方法主要有结构化分析方法和面向对象分析方法,常用工具是数据流图和数据字典。

E-R 方法是概念设计常用的方法,具体步骤如下:选择局部应用、视图设计、视图集成。

数据库的逻辑设计主要工作是将 E-R 图转换为关系模型,实体转化为元组,属性转化为关系的属性,联系转化为关系。

数据库物理设计的主要目的是对数据库内部物理结构做调整并选择合理的存取路径,以提高数据库访问速度,有效利用存储空间。

关系模式规范化的目的是使关系结构更合理,消除存储异常,使数据冗余更小,便于插入、删除和更新操作等。

5.5.2　实战演练

关于数据库设计基础的知识考查主要集中在公共基础知识题中,考查点主要集中在数据库系统的基本概念、E-R 模型、关系模型、关系代数、数据库设计的过程、关系模式规范化的目的等。

习题:

1. 在数据管理技术发展的 3 个阶段中,没有专门的软件对数据进行管理的是(　　)。

A. 文件系统阶段

B. 人工管理阶段

C. 文件系统阶段和数据库阶段

D. 人工管理阶段和文件系统阶段

2. 下列叙述中正确的是(　　)。

A. 数据库系统避免了一切冗余

B. 数据库系统减少了数据冗余

C. 数据库系统中数据的一致性是指数据类型一致

D. 数据库系统比文件系统能管理更多的数据

3. 关于数据库管理阶段的特点,下列说法中错误的是(　　　)。

A. 数据独立性差

B. 数据的共享性高,冗余度低,易扩充

C. 数据真正实现了结构化

D. 数据由 DBMS 统一管理和控制

4. 在数据管理技术发展的三个阶段中,数据共享最好的是(　　　)。

A. 人工管理阶段　　　　　　　　B. 文件系统阶段

C. 数据库系统阶段　　　　　　　D. 3 个阶段相同

5. 下面描述中不属于数据库系统特点的是(　　　)。

A. 数据共享　　　　　　　　　　B. 数据完整性高

C. 数据冗余度大　　　　　　　　D. 数据独立性高

6. 数据库系统的三级模式不包括(　　　)。

A. 概念模式　　　　　　　　　　B. 内模式

C. 外模式　　　　　　　　　　　D. 数据模式

7. 在数据库系统中,数据模型包括概念模型、逻辑模型和(　　　)。

A. 物理模型　　　　　　　　　　B. 空间模型

C. 时间模型　　　　　　　　　　D. 谓词模型

8. 每所学校都有一名校长,而每名校长只在一所学校任职,则实体学校和实体校长之间的联系是(　　　)。

A. 一对一　　　　　　　　　　　B. 一对多

C. 多对一　　　　　　　　　　　D. 多对多

9. E-R 图中用来表示实体的图形是(　　　)。

A. 菱形　　　　　B. 三角形　　　C. 矩形　　　　D. 椭圆形

10. 下列关于关系模型中键(码)的描述正确的是(　　　)。

A. 至多由一个属性组成

B. 由一个或多个属性组成,其值能够唯一标识关系中的一个元组

C. 可以由关系中任意一个属性组成

D. 关系中可以不存在键

11. 关系数据模型的 3 个组成部分中不包括(　　　)。

A. 关系的数据操纵　　　　　　　B. 关系的并发控制

C. 关系的数据结构　　　　　　　D. 关系的完整性约束

12. 有两个关系 R 和 T 如下表所示：

R		
A	B	C
a	1	2
b	5	4
c	3	2
d	8	3

T	
A	B
a	1
b	5
c	3
d	8

则由关系 R 得到关系 T 的运算是（   ）。

　　A. 并　　　　　　　　B. 交　　　　　　C. 选择　　　　　　D. 投影

13. 关系 R 经过运算 $\sigma_{A=B \wedge C>2 \wedge D<2}(R)$ 的结果为（   ）。

R			
A	B	C	D
a	a	5	4
b	g	1	5
c	c	6	1
d	e	8	3

　　A.（c, c, 6, 1）　　　　　　　　　B.（d, e, 8, 3）

　　C.（a, a, 5, 4）　　　　　　　　　D.（c, c, 6, 1）和（a, a, 5, 4）

14. 关系数据库规范化的目的是解决关系数据库中的（   ）。

A. 数据操作复杂的问题

B. 查询速度低的问题

C. 插入、删除异常及数据冗余问题

D. 数据安全性和完整性保障的问题

15. 在关系数据库设计中，关系模式设计属于（   ）。

A. 物理设计　　　　　　　　　B. 需求分析

C. 概念设计　　　　　　　　　D. 逻辑设计

参考答案：BBACC　DAACB　BDACD

第六章 WPS 综合应用基础专题

6.1 WPS 首页

6.1.1 高频考点

WPS 首页是用户使用 WPS 工作的起始页，首页主要分为全局搜索框、设置和账号、导航栏、应用栏、文档列表和消息中心 6 个区域，如图 6.1 所示。

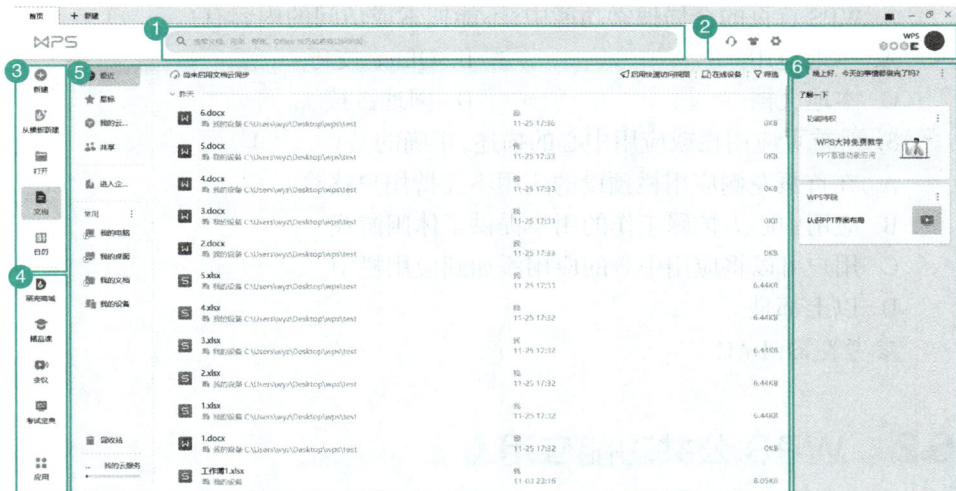

图 6.1　WPS 首页

各区域说明：

① 全局搜索框：可以从云文档或者本地文档中搜索文档、Office 技巧和模板资料，同时支持访问网页链接。

② 设置和账号：包含服务中心、皮肤设置、全局设置和个人头像。

③ 导航栏：可以帮助用户快速新建和打开文档，以及设置首页中部显示文

档列表或日程视图。

④ 应用栏：包含文档常用的扩展应用和应用中心。

⑤ 文档列表：打开 WPS 首页，默认在中部显示文档列表，文档列表中显示最近访问、星标、云文档或共享中的文档，便于管理和访问文档；也可以从"常用"区域访问经常访问的本地位置。

⑥ 消息中心：消息中心由多个区域构成，主要用于显示账号相关的状态变更信息和协作信息，也会有办公技巧等内容推送。

6.1.2　实战演练

习题：

1. WPS 首页文件导航栏中不包括的内容为（　　　）。

A. 最近 　　　　　　　　　　B. 好友

C. 星标 　　　　　　　　　　D. 共享

2. WPS 首页的全局搜索功能中，不能搜索或访问的内容有（　　　）。

A. 本地应用 　　　　　　　　B. Office 技巧

C. 本地文档 　　　　　　　　D. 网址链接

3. 对首页应用栏或应用中心的描述，正确的是（　　　）。

A. 在首页左侧应用栏预设的应用不支持用户移除

B. 应用中心为忙碌工作的用户提供了休闲游戏

C. 用户可以将应用中心的应用添加到应用栏中

D. 以上都是

参考答案：BAC

6.2　WPS 公共功能应用

知识点框架：

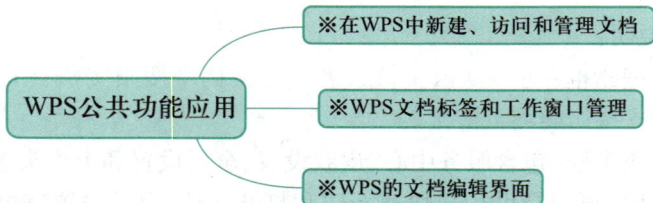

WPS公共功能应用
　※在WPS中新建、访问和管理文档
　※WPS文档标签和工作窗口管理
　※WPS的文档编辑界面

6.2.1 高频考点

（1）在 WPS 中新建、访问和管理文档

① 新建文档

在 WPS 首页的顶部点击"+"（标号 1）或点击左侧导航栏的"新建"按钮（标号 2），如图 6.2 所示→打开新建界面，在文档类型选择区选择所需的文档类型（标号 3）→如果需要选择模板，在"品类专区"选择需要的模板类型（标号 4）→在模板中新建所需的模板或者空白文档（标号 5），如图 6.3 所示。

图 6.2　新建文档

图 6.3　新建界面

② 访问文档

首页的文档列表区分为文档导航栏（标号 1）和文件列表视图（标号 2）。在文档导航栏选择所需的栏目，文件列表视图就会显示相应的文档列表，点击某个文档将会在文档信息面板（标号 3）中显示该文档的完整名称、路径、大小、历史版本（仅限于文档）等详细信息。点击"快速访问"按钮（标号 4），即可打开快速访问列表，WPS 支持将云文档、文件夹、共享文件夹和网址在内的多种内容添加到快速访问列表，如图 6.4 所示。

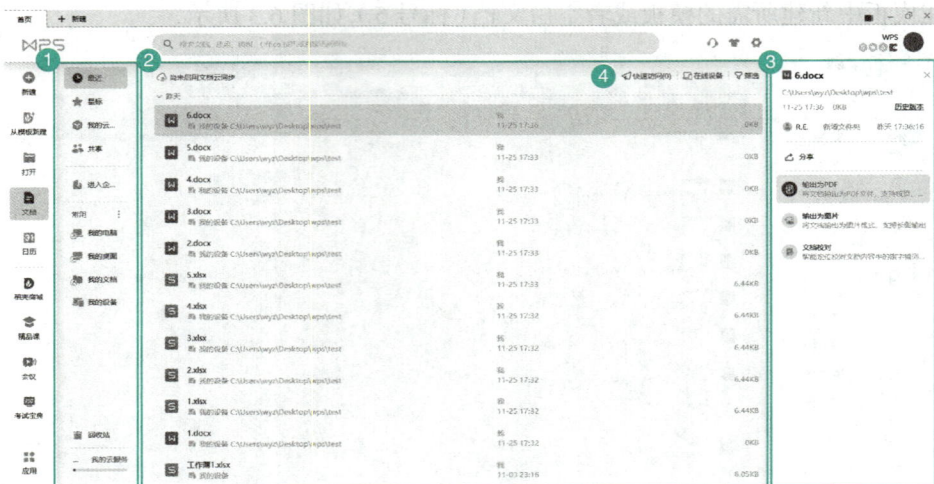

图 6.4 访问文档

文档导航栏说明如下：

最近：用户最近打开的文档。

星标：被用户归纳为星标的文档。

我的云文档：用户在云文档中存储的文档。

共享：用户分享给其他用户或者其他用户分享给自己的文档。

常用：包括用户使用 WPS 经常访问的本地文件夹，默认包括"我的电脑""我的桌面""我的文档"和"我的设备"4 个位置。

③ 管理文档

鼠标悬浮在文档列表的某个文档上，右侧将会出现上传到云文档、分享、星标和其他等操作按钮（标号 1），也可以用鼠标右键点击某个文档（标号 2），即可弹出文档的操作菜单，包含转存、分享、打开、重命名、添加星标等操作，如图 6.5 所示。

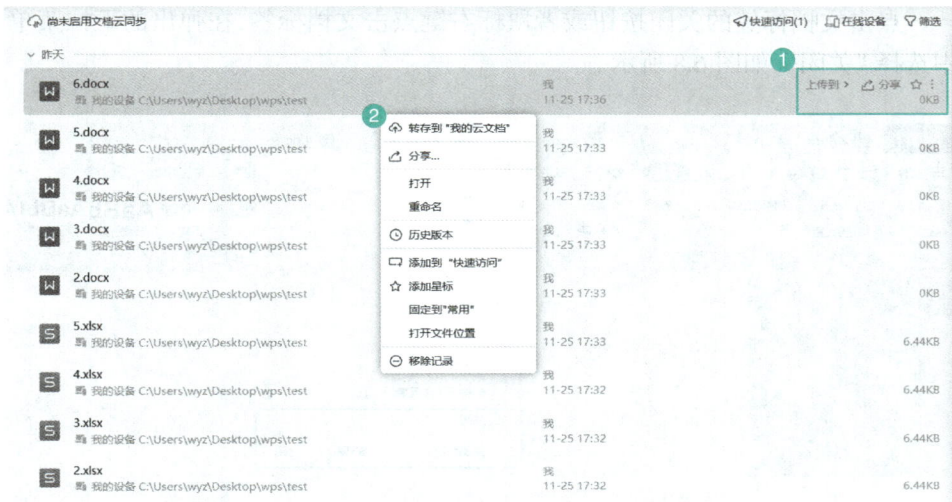

图 6.5 管理文档

（2）WPS 文档标签和工作窗口管理

① 用标签管理打开的文档

WPS 的文档是用标签来管理文档，文档默认是以标签形式打开的，如图 6.6 所示。

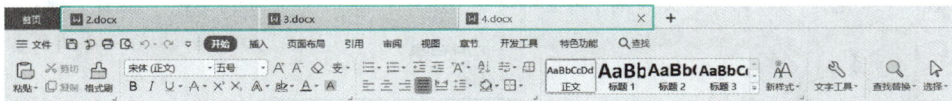

图 6.6 文档标签

文档标签可以通过点击文档标签、按 Ctrl+Tab 组合键、通过系统任务按钮悬停时展开的缩略图进行切换，如图 6.7 所示。

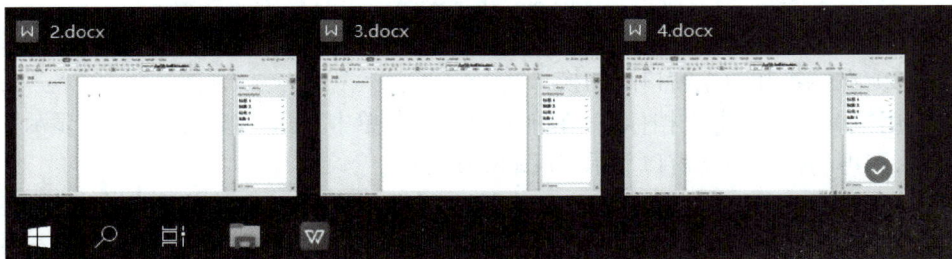

图 6.7 文档标签切换

点击文档标签的关闭按钮或者鼠标右键点击文档标签，在弹出的下拉菜单中选择"关闭"，如图 6.8 所示。

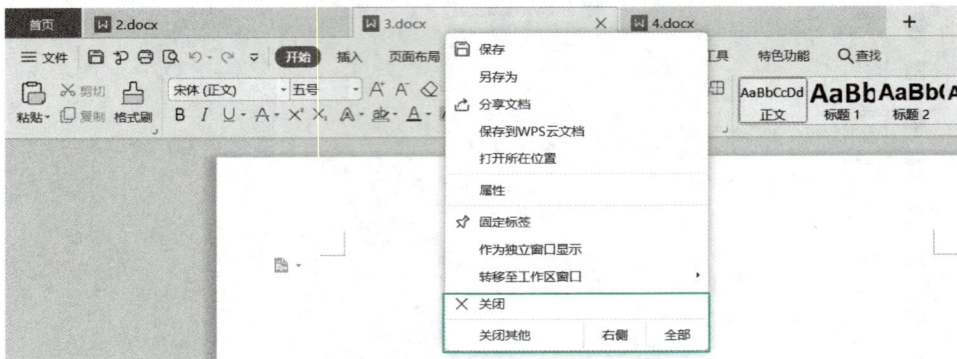

图 6.8　关闭标签

用鼠标右键点击文档标签，在弹出的下拉菜单中选择"固定标签"，如图 6.9 所示，将把该标签固定在窗口的最左侧，并且标签不显示关闭按钮。

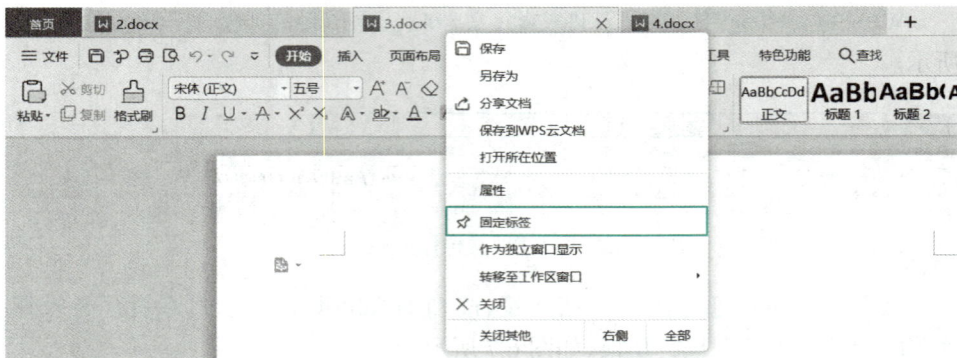

图 6.9　固定标签

② 在标签和独立窗口间切换

用鼠标右键点击文档标签，在弹出的下拉菜单中点击"作为独立窗口显示"按钮，即可切换为独立窗口显示，如图 6.10 所示。

通过窗口右上方的按钮对窗口文档进行操作，包含"文档信息"（标号 1）、"窗口置顶"（标号 2）和"作为标签显示"（标号 3）按钮，点击"作为标签显示"按钮，切换为标签显示，如图 6.11 所示。

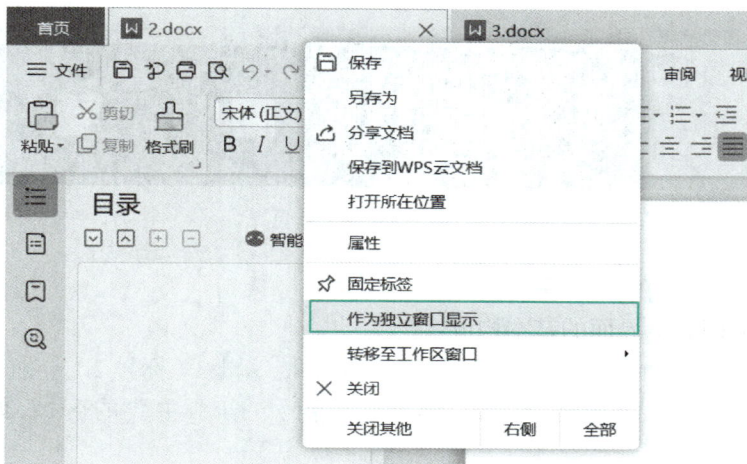

图 6.10 切换为独立窗口

③ 使用工作窗口组织和管理标签

用鼠标右键点击文档标签→在弹出的下拉菜单中选择"转移至工作区窗口"→选择"新工作区窗口",或者点击文档标签上下拖拽,即可在新的工作区窗口打开,如图 6.12 所示。

图 6.11 切换为标签

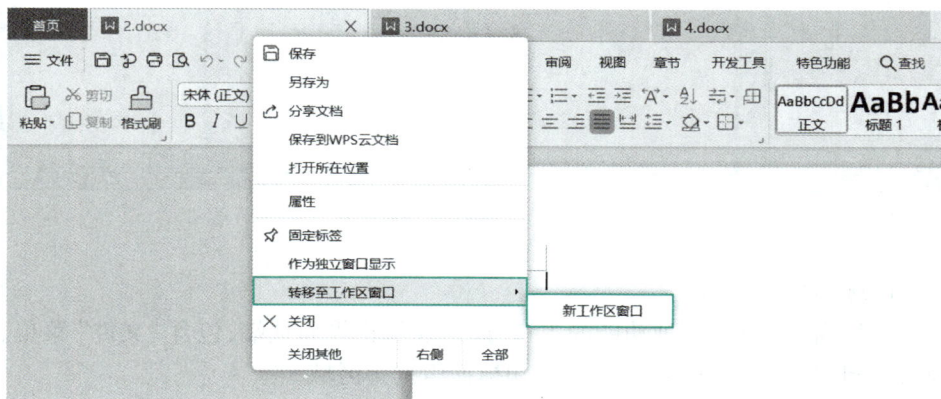

图 6.12 新建工作区窗口

点击"工作区"按钮(标号 1)→点击"新建"按钮即可创建工作区(标号 2)→右键点击工作区即可对工作区进行重命名、删除等操作,如图 6.13 所示。

图 6.13   管理工作区

（3）WPS 的文档编辑界面

① 文档编辑界面的基本构成

文档编辑界面分为工具面板（标号1）、文档编辑区（标号2）、导航窗格（标号3）和任务窗格（标号4）以及状态栏（标号5）4个主要的区域，如图 6.14 所示。

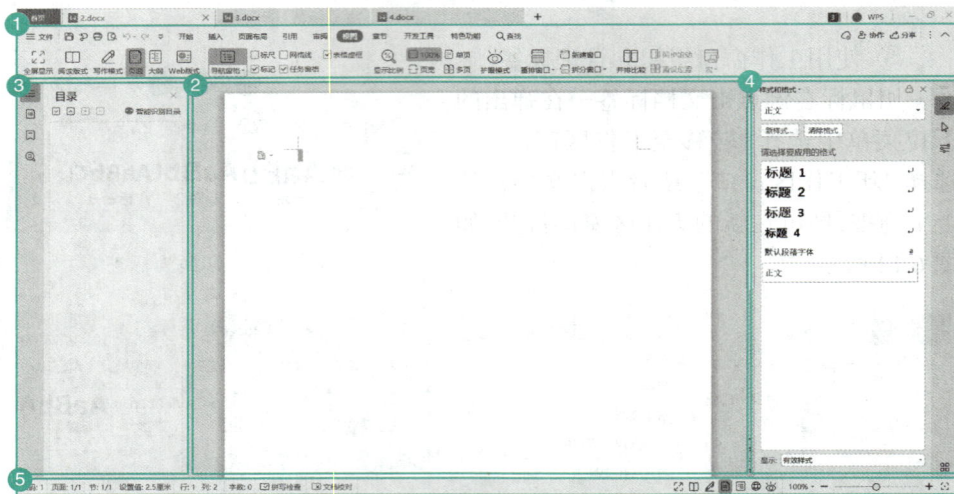

图 6.14   文档编辑界面

区域功能说明如下：

工具面板：提供各种功能的入口，固定在编辑界面顶端，包含"文件"菜单、快速访问工具栏、选项卡和功能区、快捷搜索框等区域。

文档编辑区：文档编辑和显示的主要区域，位于窗口的正中间。

导航窗格和任务窗格：帮助视图导航和提供高级编辑的辅助面板，位于文档的两侧，默认不显示。

状态栏：显示文档状态、统计文档数据和提供视图控制，固定在界面的底部。

② 常用功能介绍

点击"文件"按钮，下拉列表中提供了新建、打开、保存、输出和打印等功能，如图 6.15 所示。

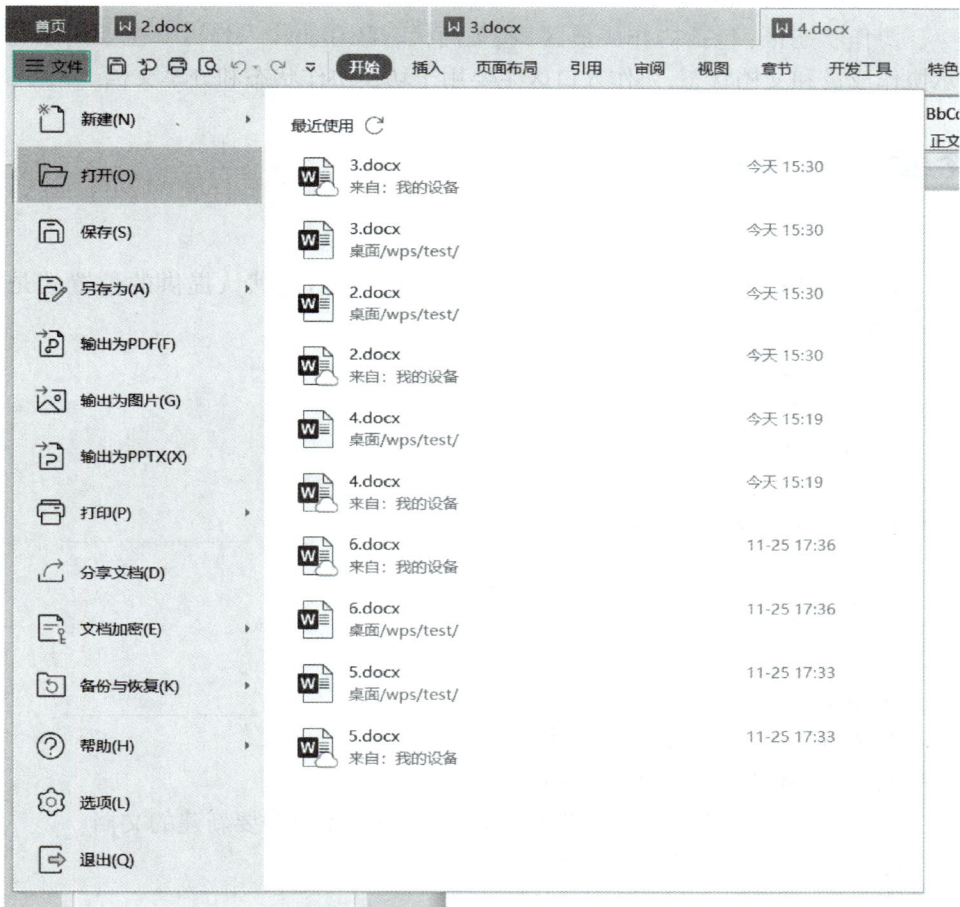

图 6.15　文件菜单

工具面板中提供了快速访问区（标号 1）、选项卡（标号 2）和功能区（标号 3）以及协作状态区（标号 4），如图 6.16 所示。

图 6.16　工具面板

工具面板功能说明如下：

快速访问区：提供保存、输出为 PDF、打印、打印预览、撤回和恢复 6 个快速功能。

选项卡和功能区：不同的文档有不同的选项卡，选项卡位于功能区上方，选中某个选项卡，功能区会显示对应的工具入口。

协作状态区：包括协作成员区域、文档状态区和协作入口区。主要用于显示协作成员和文档状态，协作入口区主要用于切换协作状态和分享文档。

6.2.2   实战演练

习题：

1. 在 WPS 首页文档访问界面的常用位置中，不是默认提供的位置的是（　　　）。

A. 我的文档

B. 我的下载

C. 我的桌面

D. 我的电脑

2. 首页的快速访问支持添加（　　　）。

A. 网址

B. 共享文件

C. 云文档

D. 以上都是

3. 在 WPS 中新建文档，可以使用（　　　）。

A. 点击顶部标签栏的"+"按钮

B. 登录后，在"我的云文档"列表中，选择右键菜单中要新建的文档

C. 点击首页左侧导航栏的"新建"按钮

D. 以上都是

4. 下列关于 WPS 中工作窗口模式和文档标签管理的描述，不正确的是（　　　）。

A. WPS 中所有的文档都是默认以标签的形式打开

B. WPS 多个文档标签默认在工作窗口顶部的标签栏中显示

C. 固定标签的文档，可以点击标签栏的"关闭"按钮关闭

D. WPS 每个窗口都有独立的标签列表，是一个独立的工作环境

5. 当标签栏打开多个文档标签时，（　　　）不可以切换文档标签。

A. 使用 Ctrl+Tab组合键切换

B. 点击窗口的状态栏进行切换

C. 点击 WPS 标签栏的标签进行切换

D. 系统任务悬停时展开的缩略图进行切换

6. 关于文档编辑界面,描述正确的是( )。

A. 导航窗格一般放在文档编辑区的左侧

B. 协作状态区不在工具面板中

C. 文档编辑区包括任务窗格

D. 状态栏在界面的顶部

参考答案: BDDCB A

6.3 PDF 文件应用

知识点框架:

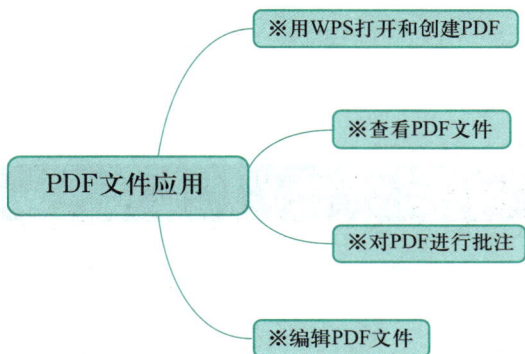

6.3.1 高频考点

(1)用 WPS 打开和创建 PDF

点击 WPS 首页的"打开"按钮(标号 1)→在弹出的"打开文件"对话框中,选中需要打开的 PDF 文件(标号 2)→点击"打开"按钮(标号 3),如图 6.17 所示。

WPS 可以从文件新建 PDF、从扫描仪新建 PDF、通过新建空白页创建 PDF,如图 6.18 所示。

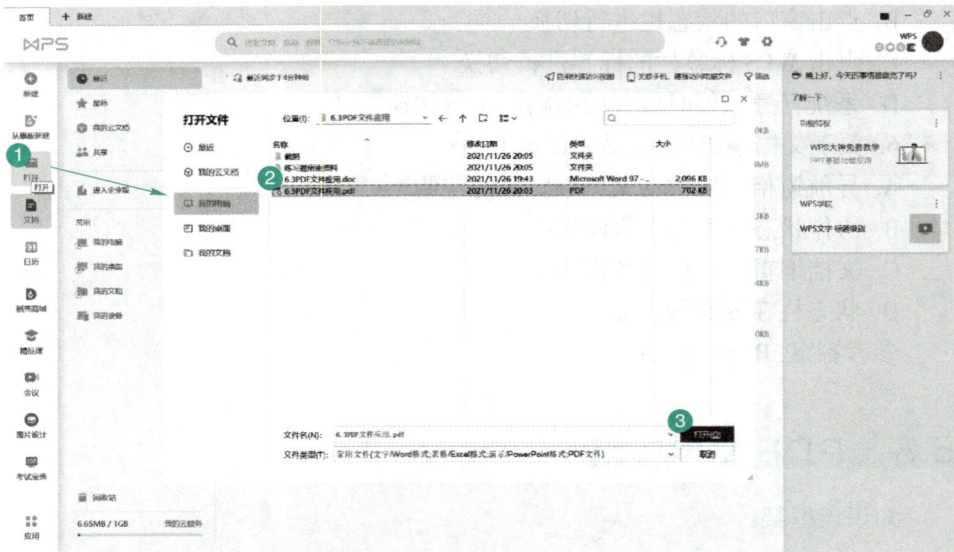

图 6.17   打开 PDF

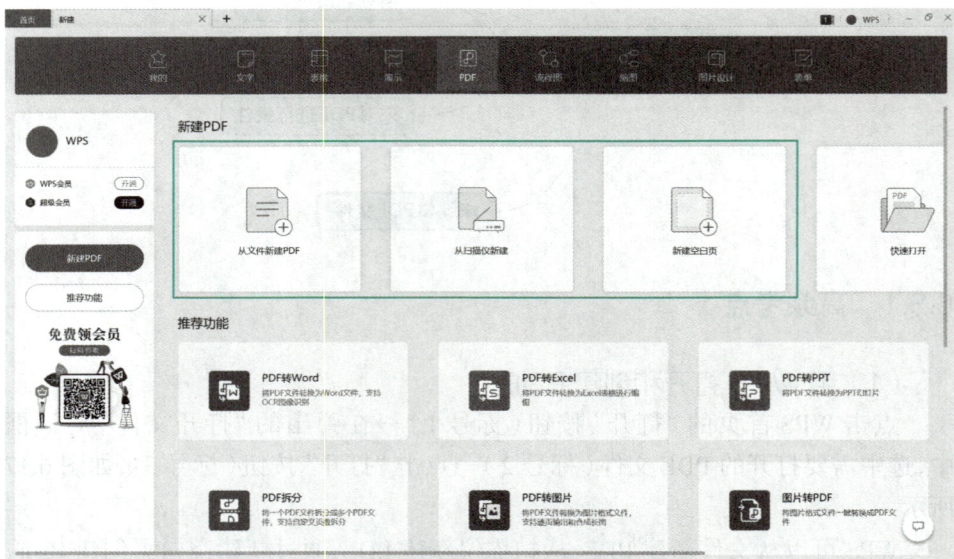

图 6.18   创建 PDF

（2）查看 PDF 文件

打开 PDF 文件，PDF 主界面内将会显示文档标签区域（标号 1）、功能选项卡区域（标号 2）、左侧导航栏区域（标号 3）、文档显示区域（标号 4）、底部任务栏区域（标号 5），如图 6.19 所示。

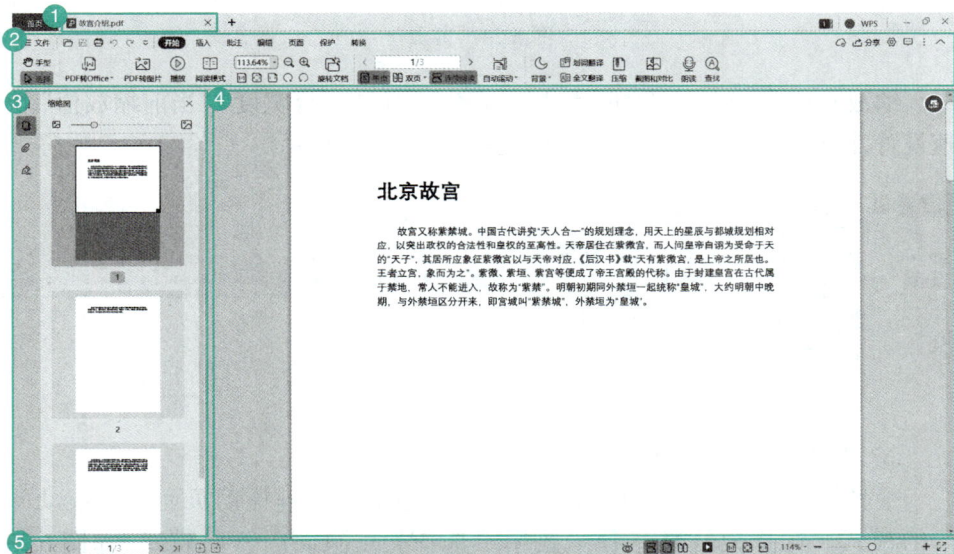

图 6.19　查看 PDF 文件

① 视图布局

WPS PDF 提供了 5 种视图布局：单页连续阅读、双页连续阅读、独立封面阅读、单页不连续阅读、双页不连续阅读，如图 6.20 所示。

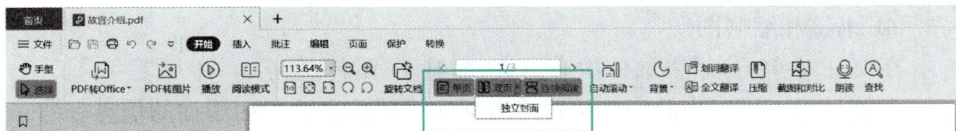

图 6.20　视图布局

② 翻页和缩放页面

滚动翻页是指通过鼠标滚轮进行上下滚动，或通过键盘的上、下、左、右箭头键进行页面的滚动，以及 Home 键回到第一页，End 键跳转到最后一页。

跳页是指从某一页跳转到另一页进行显示。输入数字即可跳转到某一页，点击"<"或">"即可跳转到上一页或者下一页，如图 6.21 所示。

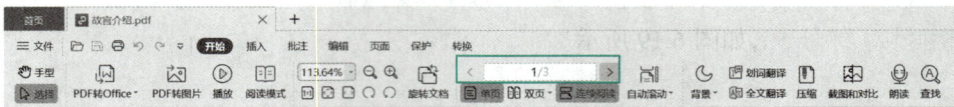

图 6.21　翻页

缩放页面是指通过"实际大小""适合页面""适合宽度""当前缩放值"快速设置，同时还可以进行旋转页面的设置，如图 6.22 所示。

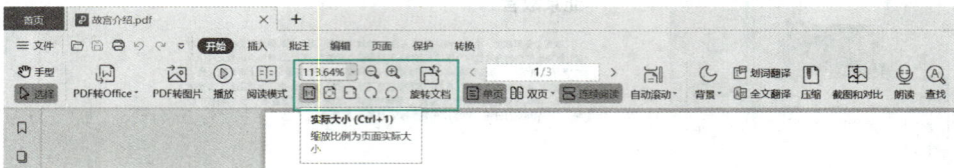

图 6.22　缩放页面

③ 手型模式和选择模式

手型模式是一种主要在阅读过程中利用鼠标左键拖动页面进行滚动阅读的模式。选择模式是一种主要用于选择 PDF 页面内容的模式，如图 6.23 所示。

图 6.23　手型模式和选择模式

④ 书签和缩略图

在 PDF 左侧导航栏处，依次有书签、缩略图、附件、签名 4 个功能。

书签是用于标记当前阅读位置或者标注重要信息位置而添加的信息。

缩略图是一种页面内容预览图，用户可以通过缩略图快速预览所有页面内容并跳转到对应页面，如图 6.24 所示。

（3）对 PDF 进行批注

点击"批注"选项卡，将会显示"高亮""文字批注""文本框"等批注功能，如图 6.25 所示。

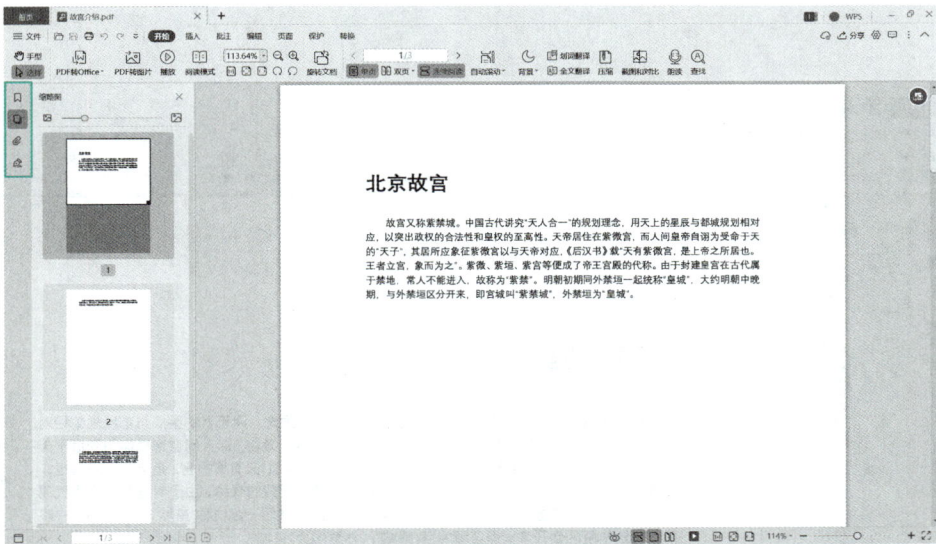

图 6.24　书签和缩略图

图 6.25　批注选项卡

① 文本高亮和区域高亮

添加文本高亮：点击"批注"选项卡（标号 1）→点击"选择"按钮（标号 2）→用鼠标选中文本→点击"高亮"（标号 3），如图 6.26 所示。

删除或修改文本高亮：用鼠标右键点击已添加文本高亮的内容→在弹出的快捷菜单中，点击"删除"按钮即可删除文本高亮，点击"设置批注属性"按钮即可修改文本高亮，如图 6.27 所示。

添加区域高亮：点击"批注"选项卡（标号 1）→点击"区域高亮"按钮（标号 2）→用鼠标选中区域，即可为所选区域添加高亮效果（标号 3），如图 6.28 所示。

② 注释

注释是对批注的解释和说明，是批注内容的重要部分，注释和批注一一对应。

以文本高亮为例。用鼠标右键点击已添加文本高亮的内容，在弹出的快捷菜单中，可以进行"回复注释""展开当前注释""展开所有注释""关闭所有注释"等设置，如图 6.27 所示。

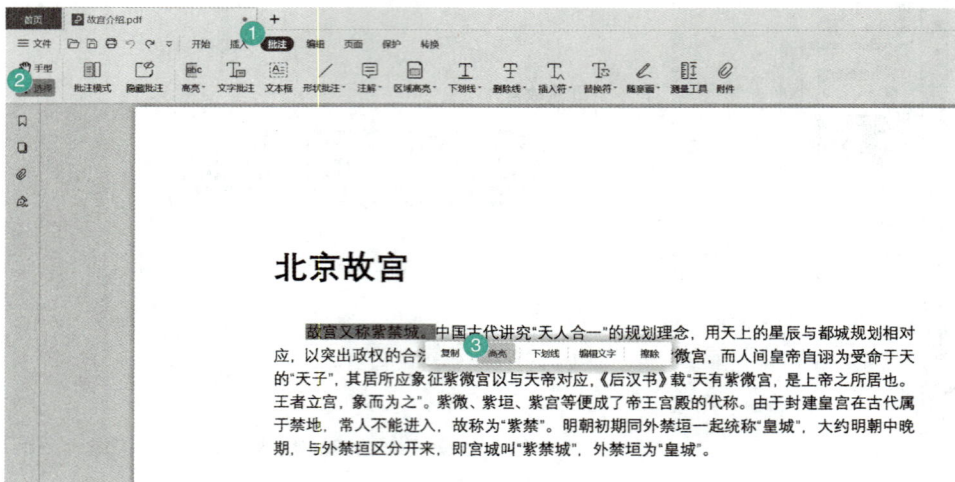

图 6.26   文本高亮

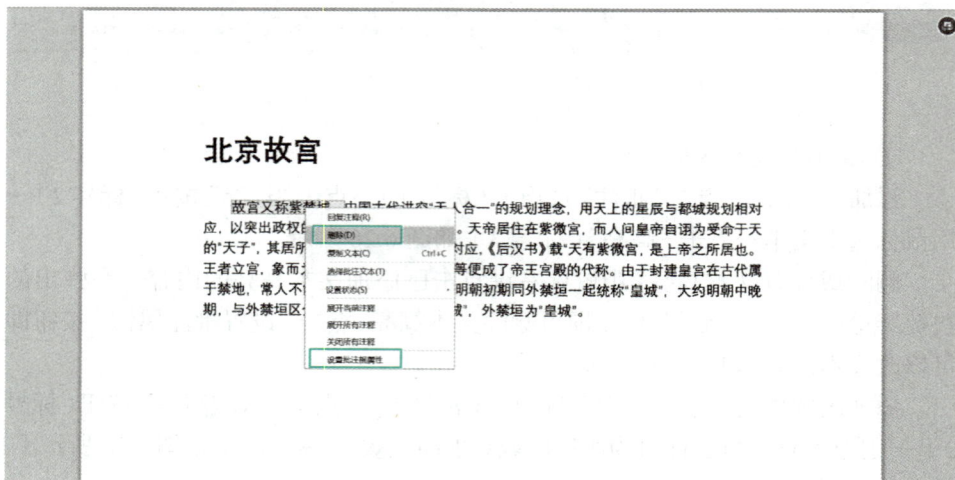

图 6.27   删除或修改文本高亮

图 6.28　区域高亮

双击高亮文本，将会弹出注释面板，面板内显示作者、时间、注释编辑框、回复注释等，如图 6.29 所示。

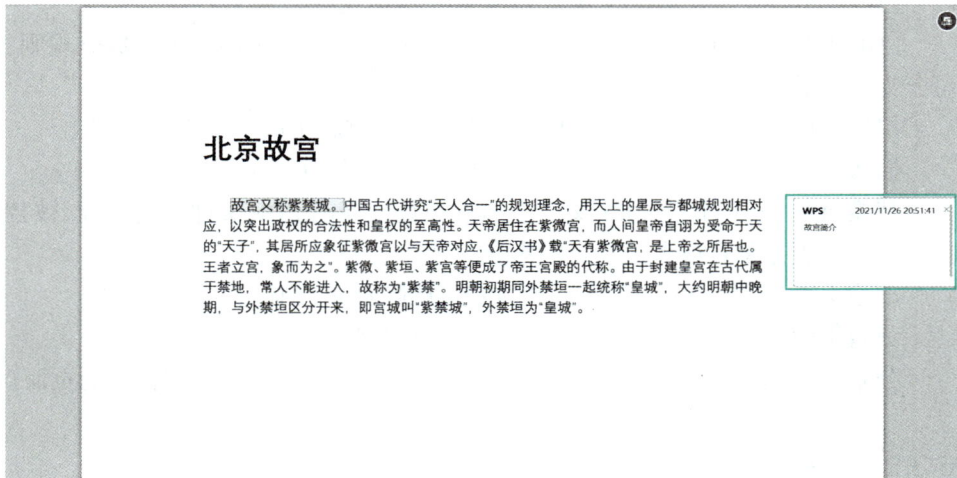

图 6.29　注释

（4）编辑 PDF 文件

点击"页面"选项卡，将会显示"PDF 合并""PDF 拆分""提取页面""插入页面"等，如图 6.30 所示。

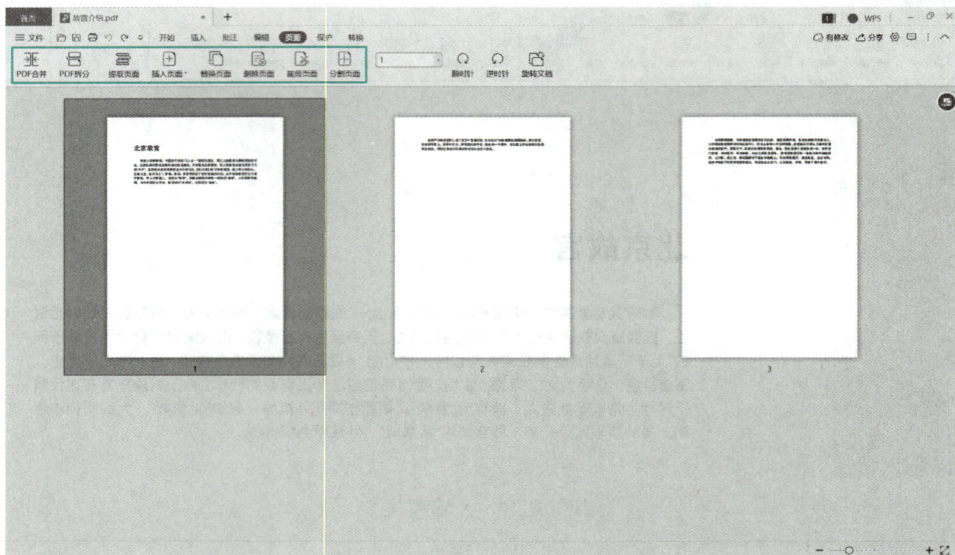

图 6.30   PDF 页面设置

PDF 合并：指多份 PDF 文件合并为一份 PDF 文件。

PDF 拆分：指 PDF 文件中的页面将会被拆分为多个文件。按照拆分规则，可分为逐页拆分和选择页面范围拆分。

提取页面：提取当前 PDF 文件中的部分页面重新生成一个 PDF 文件。

插入页面：可插入空白页面或从其他文件中选择插入页面。

替换页面：使用其他 PDF 文件中的页面替换当前 PDF 文件中的页面，被替换的页面必须是单页或者连续页的集合。

删除页面：删除当前所选页面或自定义删除页面范围。

裁剪页面：将 PDF 页面中的部分内容裁剪出来。

分割页面：将一个 PDF 页面拆分为多个页面，常用于多行多列排版的页面。

6.3.2   实战演练

习题：

1. 以下有关 PDF 编辑的描述，错误的是（　　　）。

A. 可以将一份 PDF 文件拆分为多份 PDF 文件，也可以将多份 PDF 文件合并为一份 PDF 文件

B. WPS 中可以对 PDF 文件内的文字和图片进行编辑

C. 旋转页面时，可以指定任意旋转角度

D. 可以同时设置页眉和页脚，并且支持在页眉或页脚的左边区域、中间区域、右边区域添加内容

2. 以下有关 PDF 特性，描述错误的是（　　　）。

A. 可以轻易修改文件页面内容

B. 可以设置打开密码、文档权限密码、提高安全性

C. 具有跨系统、跨平台的一致性

D. 文字放大后不模糊、不失真

3. 以下有关 PDF 文件查看，描述错误的是（　　　）。

A. 手势模式可以在文档显示区域内移动鼠标，鼠标指针会根据页面内容的不同而及时改变鼠标样式和行为

B. 支持单页连续阅读、双页连续阅读、独立封面阅读、单页不连续阅读、双页不连续阅读 5 种常用的视图布局

C. 阅读过程中支持对页面中的文本和图片进行复制

D. 对于由 PowerPoint 格式转换成的 PDF 文件，可以使用幻灯片播放来进行演示

4. 以下有关 PDF 页面管理功能，描述错误的是（　　　）。

A. 支持将其他 PDF 文件中的页面插入到本文件中

B. 支持统旋转整个文档，无法旋转单个页面

C. 支持使用其他 PDF 文件中的页面替换本文件中的页面

D. 支持提取部分页面生成一个新的 PDF 文件

5. 以下有关在 WPS 中管理 PDF 页面，描述错误的是（　　　）。

A. 支持合并或拆分页面

B. 支持替换或删除页面

C. 支持提取或插入页面

D. 尚不支持裁剪或分割页面

6. 以下有关在 WPS 中新建 PDF 文件，描述错误的是（　　　）。

A. 支持从视频新建 PDF

B. 支持从扫描仪新建 PDF

C. 支持从文件新建 PDF

D. 支持新建空白页

参考答案：CAABD　A

6.4　WPS 云办公与云服务

知识点框架：

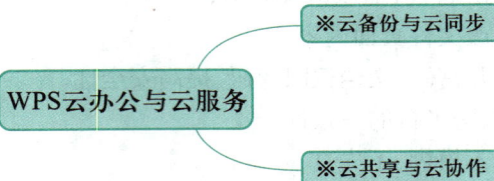

※云备份与云同步

WPS云办公与云服务

※云共享与云协作

6.4.1　高频考点

（1）云备份与云同步

① 上传本地文件至云空间

点击首页上的"文档"按钮（标号 1）→点击"我的云文档"按钮（标号 2）→点击右上角的上传按钮（标号 3）→ 选择"添加文件"或"添加文件夹"，如图 6.31 所示。

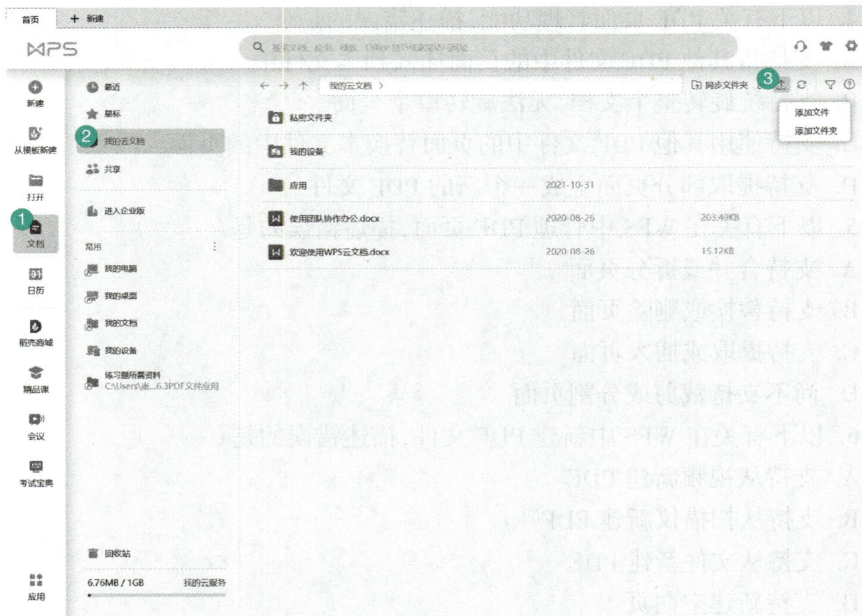

图 6.31　上传本地文件至云空间

② 文档云同步

文档云同步功能主要是用于自动备份查看或编辑过的文档。具体操作步骤如下：

在首页点击右上角的"全局设置"按钮（标号 1）→点击"设置"按钮（标号 2），如图 6.32 所示→在"设置中心"标签页内，打开"文档云同步"选项，如图 6.33 所示。

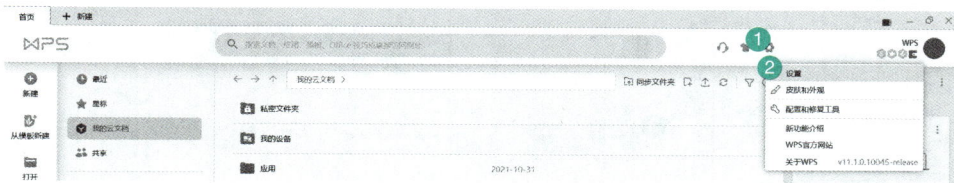

图 6.32　设置自动同步

图 6.33　文档云同步

③ 桌面云同步

WPS 提供的桌面云同步功能，使得多台设备的桌面文件保持完全一致。具体操作步骤如下：

在首页点击"应用"按钮(标号 1)→在弹出的"应用中心"对话框中点击"快捷工具"按钮(标号 2)→在弹出的"WPS 办公助手"对话框中点击"桌面云同步"(标号 3),开启桌面云同步,如图 6.34 所示。

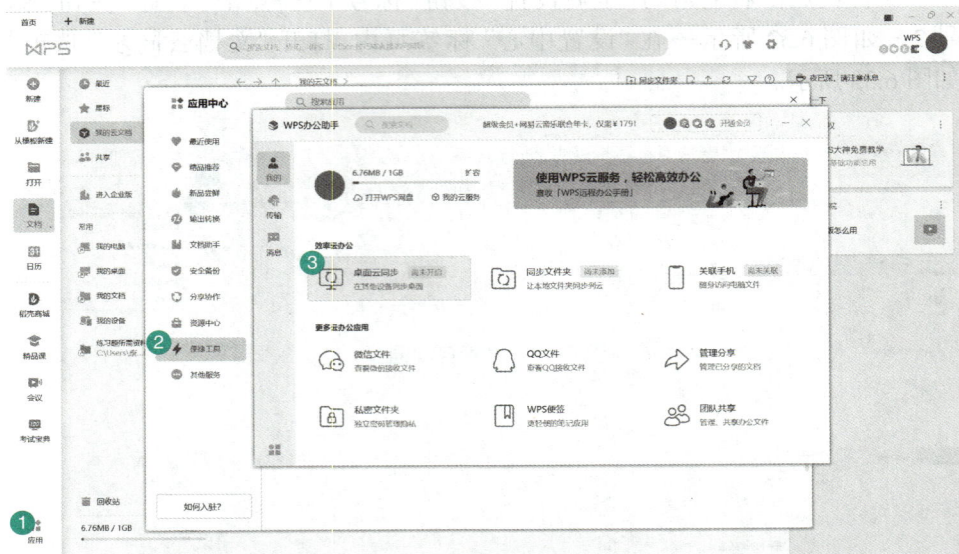

图 6.34　桌面云同步

(2)云共享与云协作

① 文件分享

存储在 WPS 云空间的文件,都可以以链接的形式与其他人共享。点击首页的"我的云文档"(标号 1)→选中需要分享的文件→点击鼠标右键→在弹出的快捷菜单中点击"分享"按钮(标号 2),如图 6.35 所示。

在弹出的对话框中,设置分享权限,之后点击"创建并分享"按钮,如图 6.36所示。权限的划分分为:任何人、指定人。具体的操作权限可分为:可查看、可编辑。

创建链接后,还可以修改权限、修改共享的时长。点击"复制链接"按钮,并发送给他人,即可实现文件的共享,如图 6.37 所示。

② 多人同时编辑

点击首页的"我的云文档"(标号 1)→选中需要多人同时编辑的文件,点击鼠标右键→在弹出的快捷菜单中点击"进入多人编辑"按钮(标号 2),如图 6.38所示。

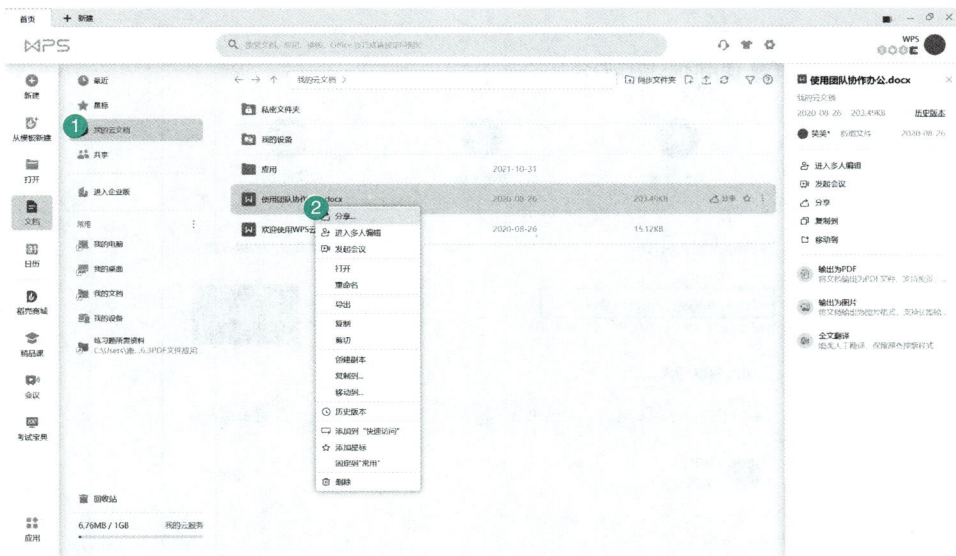

图 6.35　文件分享

图 6.36　设置分享权限

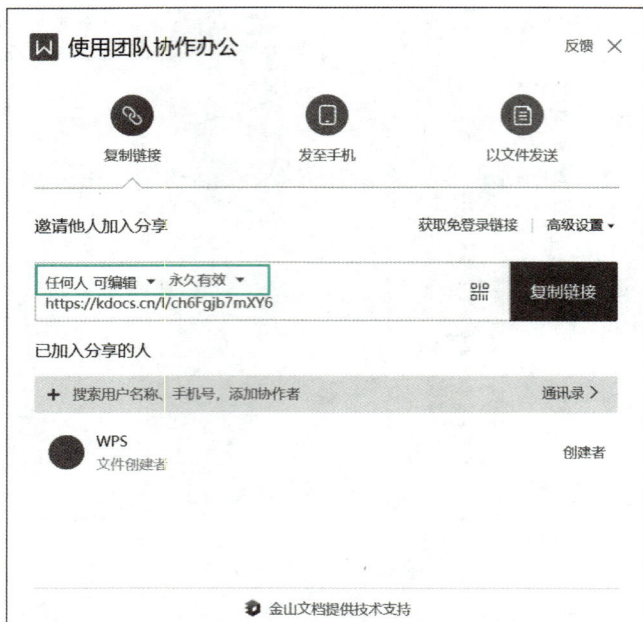

图 6.37　复制链接

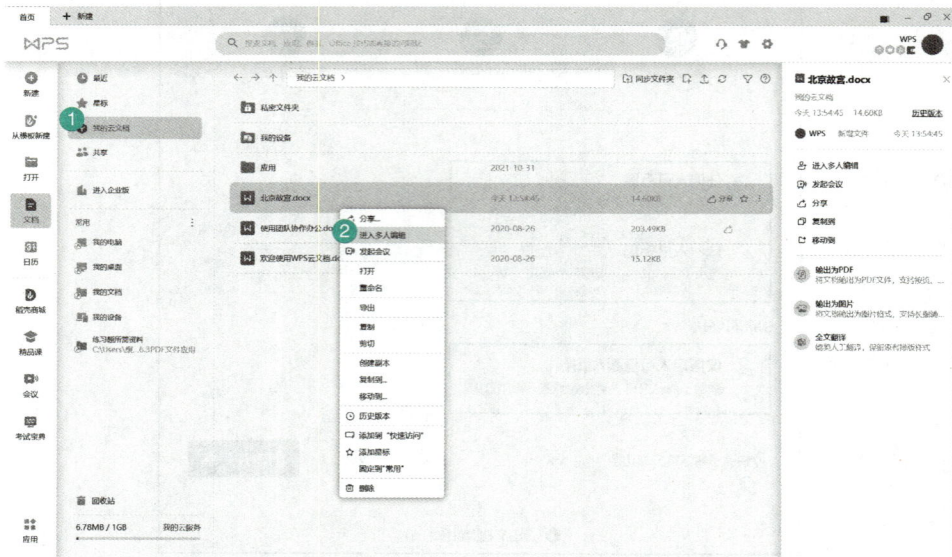

图 6.38　多人同时编辑

将会打开文档并进入多人协同编辑模式,点击文档右上角可查看当前文档的在线协作人员(标号 1),随时关注文档的协作状态;点击"历史记录"按钮(标号 2),在弹出的下拉列表中,点击"协作记录"即可查看文档的协作记录;点击"历史版本"即可查看文档的历史版本,如图 6.39 所示。

图 6.39　查看多人协作内容

③ 远程会议

点击首页的"会议"图标,如图 6.40 所示,将会进入会议界面。

参与会议:输入会议加入码或会议链接,点击"加入会议"按钮(标号 1)。

发起会议:点击"新会议"按钮(标号 2),可发起一个远程会议,如图 6.41所示。

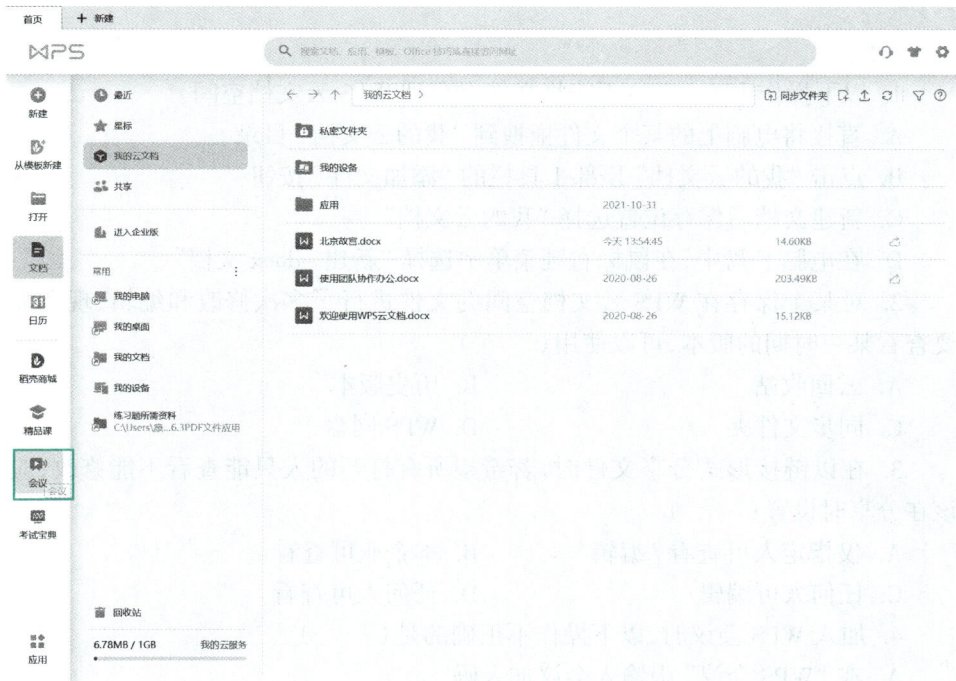

图 6.40　会议

图 6.41　加入会议或发起会议

6.4.2　实战演练

习题：

1. 以下操作中,(　　　)不能将文件保存到 WPS 云文档空间。

A. 直接将电脑上的某个文件拖拽到"我的云文档"目录

B. 点击"我的云文档"顶部工具栏的"添加文件"按钮

C. 新建文档后保存位置选择"我的云文档"

D. 在电脑 F 盘中,在鼠标右键菜单中选择"新建 –docx 文档"

2. 对某个保存在 WPS 云文档空间的文件进行了多次修改和编辑,现在需要查看某一时期的版本,可以使用(　　　)。

A. 云回收站　　　　　　　　　B. 历史版本

C. 同步文件夹　　　　　　　　D. WPS 网盘

3. 在以链接形式分享文件时,若希望所有打开的人只能查看不能修改,应该在分享时设置(　　　)。

A. 仅指定人可查看 / 编辑　　　B. 本企业可查看

C. 任何人可编辑　　　　　　　D. 任何人可查看

4. 加入 WPS 会议时,以下操作不正确的是(　　　)。

A. 在"WPS 会议"中输入会议加入码

B. 输入会议名称

C. 在浏览器地址栏中输入会议链接

D. 点击会议邀请链接

5. 若要编辑 WPS 云文档中的文件,下列说法中错误的是( )。

A. 云文档必须下载到本地才可直接调用 WPS 客户端进行编辑

B. 云文档无须下载到本地即可调用 WPS 客户端进行编辑

C. 云文档无须依赖本地 WPS 客户端亦可在网页端编辑

D. 云文档可以在网页中进行多人实时在线协作编辑

6. 以下有关 WPS "协同编辑" 的叙述中,错误的是( )。

A. 只有 "协同编辑" 发起人才可以查看当前文档的在线协作人员

B. 多人可以同时编辑同一文档

C. 参与人可以随时收到更新的消息通知

D. 参与人可以随时查看文档的协作记录

7. 以下有关 WPS "远程会议" 的叙述中,错误的是( )。

A. 会议发起人可以在需要时锁定会议,禁止其他人加入会议

B. 会议发起人可以将他人移出会议

C. 可以通过二维码方式邀请他人加入会议

D. 只有会议发起人可以演示文档

8. 以下有关 WPS 云办公服务,描述错误的是( )。

A. 可以实现文档的安全管理

B. 可以实现多人实时在线协作编辑

C. 可以让电子文档实现同步更新,但必须是同一个终端

D. 可以打破终端、时间、地理和文档处理环节的限制

参考答案:DBDBA ADC

读者意见反馈

为收集对本书的意见建议，进一步完善本书编写并做好服务工作，读者可将对本书的意见建议通过如下渠道反馈至我社。

咨询电话　　400-810-0598

反馈邮箱　　gjdzfwb@pub.hep.cn

通信地址　　北京市朝阳区惠新东街 4 号富盛大厦 1 座

　　　　　　高等教育出版社总编辑办公室

邮政编码　　100029

防伪查询说明

用户购书后刮开封底防伪涂层，使用手机微信等软件扫描二维码，会跳转至防伪查询网页，获得所购图书详细信息。

防伪客服电话　（010）58582300